空间操控的先进控制技术

刘付成　卢　山　孙　玥　等著

国防工業出版社
·北京·

内容简介

空间操控是指具备机动能力的航天器对空间目标实施交会停靠、抓捕维修、拖曳离轨等操作。由于空间操控涉及到双星、多星之间的相互运动关系，因此航天器间的相对导航、制导与控制技术是实现空间操控的基础。全书系统地介绍了空间操控和在轨服务任务中，飞行器间的相对导航、制导与控制技术的基础理论与方法。全书以航天器相对运动动力学模型为基础，分别从相对导航、相对运动制导控制、机械臂协同控制三个方面详细介绍了空间操控所涉及的相对状态估计技术、自主逼近与停靠技术、稳定伴飞控制技术、相对位姿一体化控制技术、平台-机械臂协同控制技术和力柔顺控制技术等控制系统关键技术。

本书可作为相关专业的高年级本科生和研究生的参考教材，也可为从事航天器 GNC 系统开发的研究人员和工程技术人员提供必要的专业知识和工程借鉴。

图书在版编目（CIP）数据

空间操控的先进控制技术/刘付成等著．—北京：国防工业出版社，2020.1

ISBN 978-7-118-12015-8

Ⅰ.①空… Ⅱ.①刘… Ⅲ.①航天器—飞行控制 Ⅳ.①V448.2

中国版本图书馆 CIP 数据核字(2020)第 002912 号

※

国防工業出版社出版发行

（北京市海淀区紫竹院南路 23 号　邮政编码 100048）

天津嘉恒印务有限公司印刷

新华书店经售

*

开本 710×1000　1/16　**印张** 12　**字数** 210 千字

2020 年 1 月第 1 版第 1 次印刷　**印数** 1—2000 册　**定价** 78.00 元

（本书如有印装错误，我社负责调换）

国防书店：(010)88540777　　发行邮购：(010)88540776

发行传真：(010)88540755　　发行业务：(010)88540717

《空间操控的先进控制技术》编写委员会

前言

空间技术的应用领域在近一二十年中得到了飞速的拓展，除了在空间科学应用方面得到继续深化外，在空间在轨操控等领域也对空间技术提出了新的需求和任务。

空间操控是指具备机动能力的航天器对空间目标实施交会停靠，并利用携带的操作工具对航天器实施在轨维修、补给、组装，或对空间碎片实施捕获、拖曳离轨等操作。早期的空间操控任务局限于对具备主动合作功能的目标飞行器的交会对接，且自主性较低。进入 21 世纪以来，空间操控任务作为未来航天技术应用的重点方向，更多地呈现出多样化、复杂化、智能化的特点，具体表现在以下方面。

· 多样化。操控对象从传统的合作式交会对接飞船、空间站，逐步向不具备主动合作功能的常规卫星、空间碎片等目标拓展。

· 复杂化。操控动作从简单的依靠对接机构的停靠对接，逐步向依靠机械臂、飞网等工具对目标进行捕获、零件更换、燃料补给、拖曳离轨等任务拓展。

· 智能化。操控流程从早期的地面规划、有人参与、自动执行，逐步向在轨自主规划、自主判断、自主执行等功能拓展。

为了满足空间操控的未来应用需求和发展趋势，控制系统的先进性是核心前提。由于空间操控涉及到双星、多星之间的相互运动关系，因此航天器控制系统也从解决传统的单星测量与控制问题，向解决多星之间的测量与控制问题方向发展，其中航天器间的相对导航、制导与控制技术是实现空间操控的基础。相对导航解决的是看到目标，确定目标相对于自身的位置、姿态等信息；制导是根据相对导航的测量信息，结合任务需求，合理规划飞行控制指令；控制则是根据控制指令，采用合适的执行机构，实现期望的飞行状态的过程。基于相对导航、制导与控制技术，结合智能自主控制，可极大地增强空间操控的自主性、精确性,尤其是在减轻地面测控负担、降低航天器运行费用和提高航天器自主生存能力方面具有重要意义,是航天器控制技术的一个重要发展趋势。

本书介绍了空间操控和在轨服务任务中,飞行器间的相对导航、制导与控制技术的基本理论与方法,全书共分为6章。第1章主要介绍空间操控的任务背景、研究范畴、需求分析和关键技术;第2章主要介绍相对轨道动力学建模;第3章主要介绍自主接近过程中的相对导航方法;第4、5章主要介绍操控过程中飞行器的相对运动规划和控制方法;第6章主要介绍采用机械臂进行操作的平台-机械臂协同控制。

本书是作者多年来从事航天工程技术研发的经验总结,本书可作为相关专业的高年级本科生和研究生的教材,也可为从事航天器控制系统开发的研究人员和工程技术人员提供必要的专业知识和工程借鉴。本书力图根据多年来的研究、开发和实践经验,瞄准未来技术发展趋势,将技术创新和工程应用有机地结合,做到深入浅出、学以致用。由于作者的水平有限,书中难免有疏漏和不妥之处,敬请广大读者批评指正,不吝赐教。

作　者

2019年10月

目录

第1章 绪论

1.1 空间操控的应用背景

空间操控是指在太空中通过人为参与或自主规划的方式,针对空间碎片或在轨卫星,利用机器人(或类机器人卫星)来完成空间交会、拖曳清除、在轨维修、在轨装配以及燃料补加等任务的操作,为航天器提供寿命保证与延长、能力提升、功能拓展等服务。

按照执行任务的不同,空间操控技术主要的应用包括以下几个领域[1]。

1. 自主交会对接

自主交会对接就是在无地面测控站的参与下依靠航天器自身的测控系统完成交会对接任务。一方面,对于一些载人交会对接难度大、成本高的任务,利用自主交会技术可以有效地节约成本,降低任务风险,提高任务的可行性;另一方面,对于有人参与的交会活动,利用自主交会技术可以减轻航天员的压力,并通过手动、自动方式的组合,提高任务的可靠性。自主交会对接也是空间操控技术的最早应用领域。

空间交会对接包含两部分相互衔接的空间操作。交会是指两个或两个以上的飞行器在空间轨道上按照预定位置和时间相会。预定位置范围多大,随着空间交会目的的不同有各种明确的规定。对接是指两个飞行器在空间轨道上交会后在机械结构上连成一个整体。交会对接一般有两个飞行器:一个称为目标飞行器,是被动的;另一个称为主动航天器,是主动的。交会对接飞行阶段基本按主动航天器相对目标运动状态参数测量方式来划分,这些运动状态是两个飞行器间的相对位置距离、相对速度和相对姿态。通常划分为三个基本阶段[2]。

2. 目标观测

对航天器的天基在轨观测主要包括在近距离对目标进行成像、通信等操作。为完成该类任务，要求平台具备近程的测量与控制能力，可实现对目标任意方位的逼近、绕飞、视线指向跟踪，配合有效载荷完成任务。

3. 在轨维修与组装

中高轨卫星大多具有较高的经济价值，由于大多数卫星失效时星上大部分器件还可正常工作，为节省整个系统的成本，可利用机械臂对失效的卫星进行故障维修，或是对燃料消耗殆尽的卫星进行燃料补给，恢复其功能。例如，欧洲 Galileo 全球卫星导航系统第 5 颗和第 6 颗 Galileo 卫星未进入预定轨道，虽然卫星可控、状态良好，但因自身推进力有限，无法到达预定入轨轨道。

同时，受到运载火箭的运载能力和尺寸的限制，未来大型太空基地、空间设施只能靠在轨组装完成，利用空间操控技术实现大型航天器的自主装配将极大减轻地面操作人员的工作强度和难度。

4. 拖曳离轨

故障后无法维修的卫星会长期占据轨道，特别是地球静止轨道卫星相对于地球是静止的，轨位资源有限，卫星一旦失效，会长期占据该位置，造成新的卫星无法进行替换，同时还会带来碰撞风险引起连锁反应。

针对这类废弃卫星，可依靠在轨操控平台携带飞网、飞爪等捕获装置，对目标进行在轨捕获后，通过轨道拖曳将目标转移至高轨的“坟墓轨道”或低轨的再入轨道。为完成该类任务，要求平台具备超近程的逼近/绕飞测量与控制能力，确保目标进入捕获载荷的有效工作范围内，从而实现捕获任务。

1.2 空间操控的发展历程

空间操控的应用始于交会对接，交会对接的工程实现最早始于 20 世纪 60 年代。1966 年，美国的“双子星座”(Gemini)飞船与改造后的“阿金纳”(Agena)火箭第二级实现了世界上首次在宇航员参与下的手控空间交会对接。接下来几年中，美国又进行了多次载人飞行，主要目的是在轨道上进行机动飞行、交会、对接等任务，为之后的“阿波罗”(Apollo)计划奠定基础。

空间交会对接技术在美国的“阿波罗”计划中得到充分的工程实践和发展。从月球上发射的登月舱(Lunar Excursion Module，LEM)返回月球轨道后，作为主动航天器与指令/服务舱(Command/Service Module，CSM)实现交会和对接。整个过程都有航天员参与完成。在远距离交会阶段，“阿波罗”飞船登月舱采用交会雷达探测目标，在最终接近段则依靠航天员的观察。星上系统能自主进行接近操作,但是在最后的捕获/对接阶段则需要依靠航天员手动操作。此外,“阿波罗”飞船在进入地球-月球过渡轨道后,需要进行中途轨道校正,以便“阿波罗”飞船与月球交会,这种交会的目的就是使“阿波罗”飞船进入环月轨道。由此可见,交会对接技术在“阿波罗”登月飞行中占有非常重要的地位。

20 世纪 80 年代后,美国的航天飞机在交会对接任务中发挥了重要的作用,不仅实现了与俄罗斯的“和平号”(Mir)空间站和国际空间站(International Space Station,ISS)的交会对接,顺利地实现了空间站的组装、运输等任务。同时依靠航天飞机,美国也回收了多颗失效的卫星,并对哈勃望远镜进行了修复。通过航天飞机的一系列任务,一方面验证了航天飞机具有和不同类型的航天器进行交会、对接的能力,另一方面也进一步成熟和完善了以自动操作为主,手动操作为辅的交会对接技术。

苏联是世界上进行交会对接活动次数最多的国家,并且其采用的交会对接方式主要以自动为主,而航天员主要负责完成观察任务和作为控制系统的备份。1967 年,苏联首次实现了无人航天器的自动交会对接,之后无论是无人的“进步号”(Progress)飞船与“和平号”空间站的对接,还是载人的“联盟号”(Soyuz)飞船与“和平号”空间站的对接,都采用了类似的自动交会对接系统。

进入 20 世纪 90 年代后,空间操控技术应用领域不断拓展。美、俄两国利用各自在交会对接领域的经验,在原先半自主交会技术的基础上进行了大量空间操控的研究和试验。而欧空局和日本等认识到重复美、俄在空间交会领域的发展道路意义不大,因此也将研究的重点放在空间自主操控的开发上。

1997 年,美国开始进行试验卫星系列(XSS)项目的研究,目的是研制一种全自主控制的微小卫星,这种卫星具有在轨检查、交会对接以及围绕轨道物体进行近距离机动的能力。2003 年和 2005 年,分别发射了 XSS-10 和 XSS-11,其中 XSS-10 实现了对火箭第二级的自主接近和撤退,而 XSS-11 在此基础上还与同一轨道上多个非合作目标进行了自主交会,在轨验证了针对不同目标的自主接近、交会、观测能力。

1999 年,美国国防部公布了“轨道快车”(Orbital Express)计划,目的在于开发研究未来空间在轨补给和修复、重构技术,并且通过在轨飞行演示和验证达到发展该技术的目的。“轨道快车”计划由两颗星构成,其中主动星“ASTRO”将进行一系列的自主接近、捕获操作,并对模拟故障卫星的目标星“NEXTSat”进行燃料输送、更换元器件等操作。2007 年 3 月,“轨道快车”试验卫星顺利发射升空,并在之后的几个月时间里先后完成了燃料传送和组件更换、自主停靠和捕获验证等试验。“轨道快车”计划的成功具有两方面的重要意义:一是通过维修更换故障组件、更新系统部件、调整卫星结构,使卫星能够在发射后进行维护保养和技术升级而不需要发射新的卫星,显著提升了在轨卫星的生存能力;二是通过使卫星更加灵活地变轨,极大地提高了卫星的空间侦察能力,并具备了轨道规避和攻击的能力,因此具有重要的军事价值,在空间作战领域将引发新一轮革命。

2001 年,美国轨道科学公司提出了“自主交会技术验证(Demonstration of Autonomous Rendezvous Technology,DART)项目,用于验证自主交会、接近技术。DART 卫星是在没有地面帮助的条件下,使用 GPS 作为远距离测量方式,近距离使用高级视频导航系统(Advanced Video Guidance System,AVGS)确定相对位置和方向,从最初的入轨到最后接近合作目标 5m。2005 年 4 月,DART 在美国范登堡空军基地发射升空,然后对目标航天器 MUBLCOM 进行了一系列的自主接近操作。但在接近目标至 100m 左右时,由于自主制导软件失效以及燃料箱压力过低,最终导致任务的失败。

日本在 1997 年发射了用于自主交会试验的“工程试验卫星 7 号”(Engineering Test Satellite Ⅶ,ETS-Ⅶ),其任务目标是在轨验证自主交会对接和空间机器人技术。ETS-Ⅶ的试验内容包括机械臂校准、卫星姿态与机器人运动的协调控制、机器人抓持小型物体、拨动开关、机器人柔顺控制下的销钉插孔、更换组件、桁架组装、借助机器人抓持目标卫星进行的交会对接试验等。在之后的一年多时间里,ETS-Ⅶ利用激光交会雷达和全球定位系统 GPS 进行相对导航,成功地完成了各项任务,验证了各种相对导航设备和控制算法。

以上的在轨自主操作试验多数是针对事先已经明确其界面特性的、有合作装置配合在轨操作的目标航天器,即使是少数针对非合作目标的试验(如 XSS-11),也只是进行自主交会,而没有复杂的捕获、对接等操作。但是空间操控领域最终的目标是实现与现存的或未来的目标航天器进行自主在轨服务操作,且这些目标航天器从来没有考虑到要进行在轨服务,即真正的非合作目标在轨操作。因此,SUMO 任务被提上日程。

SUMO/FREND 计划主要目的是为了对静止轨道的通信卫星进行维修或者燃料补给,它是一个典型的面向非合作目标的自主交会、逼近、抓捕并实施在轨服务的演示任务,重点对机器视觉、多机械臂(3 个七自由度机械臂)协同控制、自主控制方法等关键技术进行验证。其最突出的特点是,可为绝大多数的航天器服务,无需目标航天器预先安装抓捕装置、合作目标或信号发生器。

FREND 配有 3 个七自由度的机械臂,可精准抓取推进舱安装环上的螺钉,首先由一个臂完成接触抓取,然后其余两个臂完成抓捕。星上携带的相对导航敏感器完全是针对非合作设计的,远距离采用捕获跟踪敏感器,近距离采用视觉敏感器,超近距离采用双目立体测量相机进行抓捕导航测量。

从世界各国空间操控的发展历程可以看到,空间操控从早期的地面导引加航天员手动操作的方式,逐渐向自主化方向发展。其应用领域,也从早期的载人飞船主动交会扩展到非合作航天器抓捕、维修等任务[3]。

1.3 控制系统的关键技术

从空间操控的应用领域和发展历程中可以看到,要实现上述航天任务,航天器间的相对导航、制导与控制技术是基础,它在减轻地面测控负担、提升任务执行能力方面具有重要意义,也是航天技术的一个重要发展方向[4]。

传统的单个飞行器在轨主要依靠自身的位置和姿态信息进行平台控制。例如,航天器的轨道转移控制,需要确定变轨时刻的轨道位置;对地观测卫星在执行任务时,必须已知观测时刻卫星的位置,才能确定所测得图像在地球上对应的区域;航天器进行姿态控制时,需要利用星敏感器、陀螺等敏感器获得自身的姿态信息。

而相对导航、制导与控制技术,则是对两个或多个航天器之间的运动状态进行测量和控制[4]。相对导航是确定两者之间的相对位置和相对速度;相对制导则根据相对导航结果合理地确定主动航天器接近目标航天器的具体方法,即考虑接近过程中的避免碰撞和相对速度、姿态等要求,规划出符合工程实际的两者相对运动路径或期望接近过程;相对导航和制导最终通过相对轨道控制和姿态控制实施:在存在各种外干扰的情况下,通过控制律设计并通过执行机构的作用,使得两个航天器的相对运动状态能不断克服外干扰的影响,并始终保持对制导规划的跟踪。

相对导航制导与控制技术的发展已有 40 多年时间,正从探索、研究、试验阶段,逐步走向成熟和应用阶段,技术水平也从依靠地面站逐渐走向星上自主控制的方向。相对导航制导与控制技术综合了控制理论、航天器轨道、姿态动力学和运动学等学科知识;同时高质量敏感器单机的研制是保证相对导航制导与控制精度的前提,这其中对元器件的光学、电子学设计提出了较高的要求。下面对其中的关键技术进行梳理。

1.3.1　高精度自主接近技术

1. 高轨自主导航技术

为满足中高轨在轨操控平台自主运行的功能需求，平台必须具备自主导航的能力，结合目前星上可用的主要导航方式，即天文导航、惯性导航、全球导航卫星系统（GNSS）导航以及X脉冲星导航，综合各种导航方法的优势，使平台具备高轨全天域的自主定位能力。

2. 相对运动控制技术

对目标的自主接近，重点需要解决相对运动控制的问题。在近程逼近/伴飞/绕飞的过程中，由于在轨操控平台需具有对目标的视线快速捕获与稳定跟踪的能力，因此需同时具备姿态快速机动与高精度稳定控制的技术。根据在轨操作飞行器上的相对跟瞄设备，可测量得到相对位置和相对速度信息，通过采用线性二次最优控制律，可实现相对运动的最优控制。同时，通过采用实时闭环反馈+前馈的方式，对非线性项进行补偿，以提高自主接近的精度。

3. 超近距离相对姿态、位置一体化控制技术

为保证在轨操作飞行器在超近程能对目标特定部位进行跟踪，平台的姿态控制不能是简单的对地稳定等常规模式，而需要对目标部位进行姿态对准，即相对姿态的控制。另外，相对位置仍然需要完成接近、绕飞等操作，因此需要对姿态、轨道相对动力学统一进行建模、分析和控制律的设计。

4. 近距离防碰撞设计

此外，在自主接近过程中，飞行器的安全性尤为重要，需要防止两星发生碰撞。避免碰撞的方法重点是进行防撞策略的设计，需要建立一套碰撞判断准则，依靠星上实时的测量和预判，针对有碰撞风险的情况及时采取轨道规避机动，确保在轨操作飞行器的安全[5]。

1.3.2　特定部位识别与跟踪测量技术

在轨操控任务需要经历超近距离接近的过程，在超近距离相对测量时，合作目标上会装有反射器或标志灯，作为主动航天器上视觉导航敏感器的相标，而有些目标没有这些反馈信息，需要飞行器上的视觉导航敏感器自主提取特征点进行识别，并进一步得到相对位置和相对姿态信息。根据视觉导航敏感器的特点，可从以下几个方面展开研究。

1. 有形目标识别与跟踪的图像处理技术

无标志点的目标与合作目标相比难点在于特征点的提取、识别与跟踪,所以需要完成目标结构特征提取、三维结构估计与表面重构,目标的形心估计和高精度配准。

2. 目标位置与姿态参数测量技术

目前常用的视觉导航系统是配置两台相机,经过图像处理后得到特征点在其坐标系下的相应坐标,通过相对运动关系和坐标系转换可得到空间在轨操作飞行器与目标之间的相对位置和相对姿态信息。为提高测量精度,还需要进行滤波处理,将双目测量中的误差剔除,并对速度、角速度等信息进行估计,最终得到 12 维的相对运动状态。

1.3.3 在轨操作控制技术

在轨操作控制的重点是要对实施在轨操作的机械臂动力学和控制问题进行研究,为增加在轨操作的通用性,在轨操作飞行器上安装的机械臂是由多个、多段、多自由度构成[6]。

1. 机械臂建模

机械臂是一个柔性结构,和在轨操作飞行器一起构成了一个柔性系统。为确保机械臂的精确控制,首先需要对机械臂进行柔性动力学的建模,明确其动力学特性以及对外界输入的响应特点,并可实时得到机械臂的运动对在轨操作飞行器平台本身带来的影响。

2. 机械臂运动路径规划

机械臂运动路径的规划首先是要根据预期的末端位置,进行各关节角度和角速度的求解,并解决求解过程中的运动奇异问题。然后考虑各个机械臂之间的互相约束,采用规避障碍的方法对机械臂的可运动范围进行限定,防止多臂操作过程中互相干扰和碰撞等情况的发生。最后根据寻优方法,设计出一条操作精度高、指令序列少的运动轨迹,以此作为参考轨迹对机械臂实施控制。

3. 多体协调控制

空间飞行器上的机械臂在轨操作还有别于地面上的运动。在空间失重环境下,受动量、动量矩守恒的约束,机械臂在运动过程中会在安装部位对飞行器产生反作用力和力矩,从而会给在轨操作飞行器平台本身带来姿态和位置上的改变。如果不把这个影响考虑在内,机械臂将会捕获不到目标,因此机械臂上的伺服机构在操作机械臂跟踪规划的路径时,在轨操作飞行器本身还需要进行机械臂运动干扰的补偿,如相对位置补偿、飞行器姿态补偿,以达到多体协调运动控制的目的,提高捕获操作的控制精度,实现准确的在轨操作。

4. 组合体姿态控制技术

在轨操作飞行器与目标组合对接后,接管整个组合体的控制。由于组合体的构型、质量、惯量等参数均未知,在进行姿态动力学建模时存在不确定量。为保证组合体姿态的精确控制,需要对动力学中的未知参数进行辨识,并设计鲁棒性强的姿态控制律,可在参数无法精确确定的情况下实现姿态的稳定控制。

1.4 章节安排

本书主要内容的安排如下。

第1章 绪论,主要介绍空间操控的任务背景、研究范畴、需求分析、关键技术,最后对本书的整个内容做安排和说明。

第2章 航天器相对运动理论基础,主要介绍了相对轨道姿态控制的基础——航天器相对运动动力学模型,分为轨道和姿态两部分。

第3章 相对导航技术,分别对近距离高精度相对导航、双目视觉测量、超近距离十二维相对状态导航方法进行介绍和分析。

第4章 近距离相对运动控制技术,主要分析近距离相对运动轨道设计与控制,介绍了相对运动构型的设计方法、自主接近与停靠的相关技术以及长期稳定伴飞的控制技术,同时对视线跟踪情况下的姿态控制方法进行分析。

第5章 超近距离相对运动一体化控制技术,主要分析超近距离相对姿态、位置一体化控制技术,介绍超近距离相对运动动力学模型、交会对接轨迹设计以及相对位姿一体化控制算法。

第6章 平台-机械臂协同控制,主要介绍采用机械臂进行操作的平台-机械臂协同控制方法,讲解了空间机器人运动学及规划、平台与机械臂的一体化建模、多体协同控制以及在轨精细操作过程中的力柔顺控制方法。

第2章 航天器相对运动理论基础

2.1 概述

航天器相对运动是指在同一个力场作用下,一个或一组航天器相对于目标航天器或虚拟航天器的运动,相对运动描述一个航天器(主动航天器)在另一个航天器(目标航天器)附近持续运动的规律。相对运动包括轨道运动和姿态运动,相对运动模型是研究航天器近距离相对运动的理论基础。与航天器绝对运动(经典轨道运动)相比,航天器相对运动研究的问题变化形式更多,影响因素更为复杂。

以近地轨道空间为例,经典轨道运动主要研究航天器在地心引力、摄动力和控制力作用下的绕地球的运动轨迹与规律,主要解决面向地面应用的轨道设计、轨道保持与变轨机动问题;航天器相对运动则主要研究任务航天器在地心引力、摄动力和控制力作用下相对目标航天器的运动轨迹与规律,主要解决以目标航天器为参考系的轨道构型、转移轨迹和控制策略等问题。比较而言,虽然不同类型的航天器相对运动研究问题各有侧重,但都涉及航天器之间的相对位置或方位的确定、变化与保持,都提出了高精度相对导航、避免碰撞和节省能量的技术要求。从最基本的运动规律分析,航天器经典轨道运动是由地球引力决定的,而航天器相对运动不是由航天器之间产生的引力,而是由地球对不同航天器作用引力的差决定的。相对运动建模是研究航天器近距离相对运动的基础,相对运动方程的精确程度直接关系到相对运动的描述以及相对运动制导律的设计。

通常,相对运动研究有两种思路[7-9]:一是代数法,也称为动力学方法,以相对运动动力学方程为基础,方便用于相对运动制导与控制;二是几何法,也称为运动学方法,以轨道根数所表示的相对运动模型为基础,方便用于轨道设计和摄动分析。与动力学方法相比,运动学方法一方面通过设定航天器的长半轴避免了动力学方法的固有漂移;另一方面用轨道根数表达相对运动可以直接应用轨道摄动理论研究摄动对相对运动的影响。

1. 代数法

代数法以两航天器绝对位置矢量描述的基本运动方程为基础,在相对运动坐标系(Hill 坐标系)中,通过假设和简化处理建立相对运动模型。C-W 方程(也称 Hill 方程或 H-C-W 方程)是经典的相对运动模型,它以球形中心引力体和圆参考轨道为假设,未考虑摄动力的影响,尽管本身存在误差,但给出了最为简单的相对运动关系,在编队飞行、空间交会等方面有着广泛的应用。

2. 几何法

几何法基于轨道根数描述相对运动,通过空间几何关系在目标航天器轨道坐标系建立相对运动模型,其精确模型有两种形式[1]:一是通过坐标转换,以两航天器的 12 个绝对轨道根数为自变量描述;二是利用单位球模型,采用目标航天器绝对轨道根数和主动航天器的相对轨道根数描述。这两种精确模型本质上相同,都是从绝对运动的角度建立相对运动模型,适合描述任意偏心率及相对距离的相对运动,但形式复杂,不便于揭示相对运动规律。常用的模型是在一定假设条件下的简化近似模型,依据相对距离的不同可以选择不同阶次的近似模型,最常见的是一阶近似模型(线性化模型)。所选择的轨道根数形式不同,相对运动模型也不同。

若两航天器的相对运动距离很近或要实施特定的任务,如编队飞行、空间交会和空间机器人操控任务等,则必须考虑相对姿态运动,都需要建立六自由度相对运动模型。此类任务通常需要主动航天器执行对目标航天器的超近距离伴飞、姿态指向跟踪任务,使其星载测量传感器始终指向感兴趣的目标区域。为避免奇异问题,通常必须由四元数或修正罗德里格斯参数 MRP 描述绝对姿态运动,以此建立相对姿态误差动力学模型和姿态跟踪误差动力学模型来精确描述相对姿态运动,才能设计控制律完成相应的相对姿态控制任务。

2.2 相对轨道动力学建模

2.2.1 坐标系定义

相对运动中涉及的两类航天器经常定义为:被动航天器或目标航天器 T,

其运动参数用下标 t 表示；主动航天器或主动航天器 C，其运动参数用下标 c 表示。轨道设计与控制中用到的相关坐标系定义如下。

① 地心赤道惯性坐标系 $o_ix_iy_iz_i(s_i)$ 简称惯性坐标系：原点在地心 o_i ，x_i 轴在赤道面内指向春分点，y_i 轴在赤道平面内与 x_i 轴垂直并指向东，z_i 轴与 x_i 、y_i 轴构成右手正交坐标系。

②目标航天器轨道坐标系 $oxyz(s_o)$ 简称轨道坐标系：原点在目标航天器质心 o 上，由质心指向地心的坐标轴是 z 轴；x 轴在轨道平面上与 z 轴垂直，指向航天器的速度方向；y 轴和 x 、z 轴组成右手正交坐标系，与轨道平面的法线平行。

惯性坐标系与目标航天器轨道坐标系的定义及关系如图 2-1 所示。图中 Ω 、ω 、θ 分别为航天器的升交点赤经、近地点幅角和真近点角。

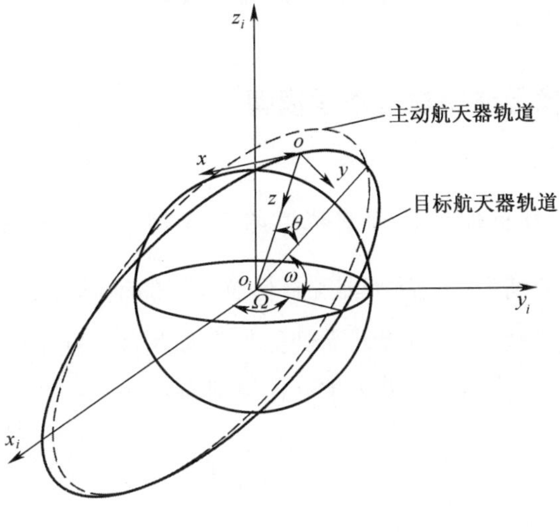

图 2-1　惯性坐标系与航天器轨道坐标系

③目标航天器曲线坐标系：如图 2-2 所示，曲线坐标系 $ox'y'z'$ 的原点 o 在目标航天器质心，z' 轴指向地心，x' 轴和 y' 轴为曲线轴，共同位于一个虚拟球面上，球面的半径为 r_t ，在 o 点处与目标航天器轨道坐标系的 xy 平面相切。x' 轴沿过 o 点处的球面纬线指向速度方向，y' 轴沿过 o 点处的球面经线与 x' 轴、z' 轴构成右手坐标系。图中 s_c 为主动航天器的星下点，s_c' 为星下点在目标航天器轨道平面内的投影。

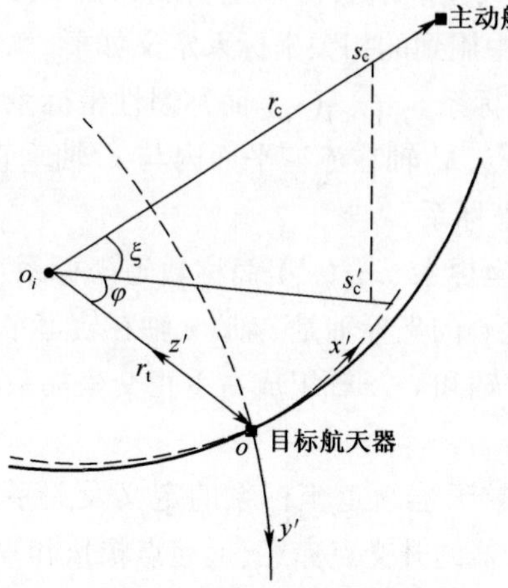

图 2-2　目标航天器曲线坐标系

2.2.2　代数法相对运动学模型

2.2.2.1　目标航天器椭圆轨道的二阶相对运动模型

记 $\boldsymbol{r}_c$ 和 $\boldsymbol{r}_t$ 分别为主动航天器和目标航天器的绝对位置矢量，$\boldsymbol{\rho}$ 为相对位置矢量，$\boldsymbol{f}_c$ 和 $\boldsymbol{f}_t$ 分别为两航天器受到的外力加速度。在惯性坐标系中，主动航天器和目标航天器的轨道动力学方程分别为

$$\ddot{\boldsymbol{r}}_c = -\frac{\mu \boldsymbol{r}_c}{r_c^3} + \boldsymbol{f}_c \tag{2-1}$$

$$\ddot{\boldsymbol{r}}_t = -\frac{\mu \boldsymbol{r}_t}{r_t^3} + \boldsymbol{f}_t \tag{2-2}$$

式中：μ 为地球引力常数。

式(2-1)减去式(2-2)得

$$\frac{\mathrm{d}^2 \boldsymbol{\rho}}{\mathrm{d}t^2} = -\frac{\mu}{r_t^3}\left[\frac{r_t^3}{r_c^3}\boldsymbol{r}_c - \boldsymbol{r}_t\right] + \boldsymbol{f}_c - \boldsymbol{f}_t \tag{2-3}$$

根据惯性坐标系与动坐标系的导数关系，有

$$\frac{\delta^2 \boldsymbol{\rho}}{\delta t^2} + 2\boldsymbol{\omega} \times \frac{\delta \boldsymbol{\rho}}{\delta t} + \boldsymbol{\omega} \times (\boldsymbol{\omega} \times \boldsymbol{\rho}) + \frac{\delta \boldsymbol{\omega}}{\delta t} \times \boldsymbol{\rho} = -\frac{\mu}{r_t^3}\left[\frac{r_t^3}{r_c^3}\boldsymbol{r}_c - \boldsymbol{r}_t\right] + \boldsymbol{f}_c - \boldsymbol{f}_t \tag{2-4}$$

在目标航天器轨道坐标系中,有

$$\boldsymbol{\rho}=[x\quad y\quad z]^{\mathrm{T}}\quad \boldsymbol{\omega}=[0\quad -n\quad 0]^{\mathrm{T}}\quad \boldsymbol{r}_{\mathrm{c}}=[x\quad y\quad z-r_{\mathrm{t}}]^{\mathrm{T}}$$
$$\boldsymbol{r}_{\mathrm{t}}=[0\quad 0\quad -r_{\mathrm{t}}]^{\mathrm{T}}\quad \dot{\boldsymbol{\omega}}=[0\quad -\dot{n}\quad 0]^{\mathrm{T}} \tag{2-5}$$

式中:n 为目标航天器轨道角速度。对运行在椭圆轨道上的目标航天器,有

$$\begin{cases} n=\sqrt{\dfrac{\mu}{a^3}}\dfrac{(1+e\cos\theta)^2}{(1-e^2)^{3/2}} \\ \dot{n}=-\dfrac{\mu}{a^3}\dfrac{2e\sin\theta\,(1+e\cos\theta)^3}{(1-e^2)^3} \end{cases} \tag{2-6}$$

将式(2-5)代入式(2-4)有

$$\begin{bmatrix}\ddot{x}\\ \ddot{y}\\ \ddot{z}\end{bmatrix}+2\begin{bmatrix}-n\dot{z}\\ 0\\ n\dot{x}\end{bmatrix}+\begin{bmatrix}-n^2x\\ 0\\ -n^2z\end{bmatrix}+\begin{bmatrix}-\dot{n}z\\ 0\\ \dot{n}x\end{bmatrix}=-\frac{\mu}{r_{\mathrm{t}}^3}f(x,y,z)\begin{bmatrix}x\\ y\\ z-r_{\mathrm{t}}\end{bmatrix}-\frac{\mu}{r_{\mathrm{t}}^3}\begin{bmatrix}0\\ 0\\ r_{\mathrm{t}}\end{bmatrix}+\begin{bmatrix}f_x\\ f_y\\ f_z\end{bmatrix} \tag{2-7}$$

式中:$f(x,y,z)=\left[\dfrac{x^2}{r_{\mathrm{t}}^2}+\dfrac{y^2}{r_{\mathrm{t}}^2}+\left(\dfrac{z}{r_{\mathrm{t}}}-1\right)^2\right]^{-\frac{3}{2}}$;$[f_x\quad f_y\quad f_z]^{\mathrm{T}}$ 为两个航天器外力加速度差在目标航天器轨道坐标系上的分量。式(2-7)没有经过任何简化,是在目标航天器轨道坐标系中描述相对运动关系的精确相对运动方程。

式(2-7)所示的模型虽然精确但较为复杂,根据具体应用可对其进行简化。

对 $f(x,y,z)$ 进行泰勒展开,保留二阶项,可以得到

$$f(x,y,z)=1+\frac{3z}{r_{\mathrm{t}}}-\frac{3}{2}\frac{x^2}{r_{\mathrm{t}}^2}-\frac{3}{2}\frac{y^2}{r_{\mathrm{t}}^2}+6\frac{z^2}{r_{\mathrm{t}}^2} \tag{2-8}$$

将式(2-8)代入式(2-7),并略去三阶及三阶以上项,有

$$\begin{cases} \ddot{x}-2n\dot{z}-n^2x-\dot{n}z+\dfrac{\mu}{r_{\mathrm{t}}^3}x\left(1+\dfrac{3z}{r_{\mathrm{t}}}\right)=f_x \\ \ddot{y}+\dfrac{\mu}{r_{\mathrm{t}}^3}y\left(1+\dfrac{3z}{r_{\mathrm{t}}}\right)=f_y \\ \ddot{z}+2n\dot{x}-n^2z+\dot{n}x-\dfrac{\mu}{r_{\mathrm{t}}^3}\left(2z-\dfrac{3}{2}\dfrac{x^2}{r_{\mathrm{t}}}-\dfrac{3}{2}\dfrac{y^2}{r_{\mathrm{t}}}+3\dfrac{z^2}{r_{\mathrm{t}}}\right)=f_z \end{cases} \tag{2-9}$$

式(2-9)是以时间为自变量的二阶相对运动方程。

2.2.2.2 目标航天器近圆轨道的二阶相对运动模型

若目标航天器轨道近似为圆轨道,即 $e \approx 0$,则有

$$\begin{cases} n = \sqrt{\dfrac{\mu}{r_t^3}} = \text{const} \\ \dot{n} = 0 \end{cases} \tag{2-10}$$

对式 $f(x,y,z) = \left[\dfrac{x^2}{r_t^2} + \dfrac{y^2}{r_t^2} + \left(\dfrac{z}{r_t} - 1\right)^2\right]^{-\frac{3}{2}}$ 进行一阶泰勒展开,代入式(2-7)并略去二阶项,可以得到

$$\begin{cases} \ddot{x} - 2n\dot{z} = f_x \\ \ddot{y} + n^2 y = f_y \\ \ddot{z} + 2n\dot{x} - 3n^2 z = f_z \end{cases} \tag{2-11}$$

式(2-11)就是著名的 C-W 方程。

在控制力为零且忽略摄动的情况下,C-W 方程的解析解可以写为

$$\begin{cases} x(t) = x_0 + 6(nt - \sin nt)z_0 + \left(\dfrac{4}{n}\sin nt - 3t\right)\dot{x}_0 + \dfrac{2}{n}(1 - \cos nt)\dot{z}_0 \\ y(t) = y_0 \cos nt + \dfrac{\dot{y}_0}{n}\sin nt \\ z(t) = (4 - 3\cos nt)z_0 - \dfrac{2}{n}(1 - \cos nt)\dot{x}_0 + \dfrac{\dot{z}_0}{n}\sin nt \\ \dot{x}(t) = 6n(1 - \cos nt)z_0 + (4\cos nt - 3)\dot{x}_0 + 2\dot{z}_0 \sin nt \\ \dot{y}(t) = -ny_0 \sin nt + \dot{y}_0 \cos nt \\ \dot{z}(t) = 3nz_0 \sin nt - 2\dot{x}_0 \sin nt + \dot{z}_0 \cos nt \end{cases} \tag{2-12}$$

由式(2-12)可以看到,y 轴和 z 轴的相对运动只存在常值项和周期项,因此这两个轴上的相对运动存在周期性。而 x 轴上的相对运动还存在长期漂移项 $(6nz_0 - 3\dot{x}_0)t$,而当该项为 0,即 $\dot{x}_0 = 2nz_0$ 时,x 轴上的相对运动也存在周期性。因此,根据 C-W 方程可以得出结论:两星的相对运动存在周期性的条件为 $\dot{x}_0 = 2nz_0$。

在控制力 $\boldsymbol{f}$ 为常值的情况下,C-W 方程的解析解为

$$
\begin{cases}
x(t) = x_0 + 6(nt - \sin nt)z_0 + \left(\dfrac{4}{n}\sin nt - 3t\right)\dot{x}_0 + \dfrac{2}{n}(1 - \cos nt)\dot{z}_0 - \\
\qquad 2f_z \dfrac{\sin nt - nt}{n^2} + f_x\left(\dfrac{4 - 4\cos nt}{n^2} - \dfrac{3}{2}t^2\right) \\
y(t) = y_0\cos nt + \dfrac{\dot{y}_0}{n}\sin nt + f_y \dfrac{1 - \cos nt}{n^2} \\
z(t) = (4 - 3\cos nt)z_0 - \dfrac{2}{n}(1 - \cos nt)\dot{x}_0 + \dfrac{\dot{z}_0}{n}\sin nt + f_z \dfrac{1 - \cos nt}{n^2} - 2f_x \dfrac{nt - \sin nt}{n^2} \\
\dot{x}(t) = 6n(1 - \cos nt)z_0 + (4\cos nt - 3)\dot{x}_0 + 2\dot{z}_0\sin nt - 2f_z \dfrac{\cos nt - 1}{n} + f_x \dfrac{4\sin nt - 3nt}{n} \\
\dot{y}(t) = -ny_0\sin nt + \dot{y}_0\cos nt + f_y \dfrac{\sin nt}{n} \\
\dot{z}(t) = 3nz_0\sin nt - 2\dot{x}_0\sin nt + \dot{z}_0\cos nt + f_z \dfrac{\sin nt}{n} - 2f_x \dfrac{1 - \cos nt}{n}
\end{cases}
\tag{2-13}
$$

设相对位置和相对速度矢量为

$$
\boldsymbol{r}(t) = [x(t) \quad y(t) \quad y(t)]^{\mathrm{T}} \quad \boldsymbol{v}(t) = [\dot{x}(t) \quad \dot{y}(t) \quad \dot{z}(t)]^{\mathrm{T}}
$$

则控制力为零时的 C-W 方程可以写为

$$
\begin{bmatrix} \boldsymbol{r}(t) \\ \boldsymbol{v}(t) \end{bmatrix} = \begin{bmatrix} \boldsymbol{\phi}_{rr}(t) & \boldsymbol{\phi}_{rv}(t) \\ \boldsymbol{\phi}_{vr}(t) & \boldsymbol{\phi}_{vv}(t) \end{bmatrix} \begin{bmatrix} \boldsymbol{r}(0) \\ \boldsymbol{v}(0) \end{bmatrix} \tag{2-14}
$$

状态转移矩阵[10]为

$$
\boldsymbol{\phi}(t) = \begin{bmatrix} \boldsymbol{\phi}_{rr}(t) & \boldsymbol{\phi}_{rv}(t) \\ \boldsymbol{\phi}_{vr}(t) & \boldsymbol{\phi}_{vv}(t) \end{bmatrix} \tag{2-15}
$$

其中

$$
\boldsymbol{\phi}_{rr}(t) = \begin{bmatrix} 1 & 0 & 6(nt - \sin nt) \\ 0 & \cos nt & 0 \\ 0 & 0 & 4 - 3\cos nt \end{bmatrix},
$$

$$
\boldsymbol{\phi}_{rv}(t) = \begin{bmatrix} 4\sin nt/n - 3t & 0 & 2(1 - \cos nt)/n \\ 0 & \sin nt/n & 0 \\ -2(1 - \cos nt)/n & 0 & \sin nt/n \end{bmatrix}
$$

$$
\boldsymbol{\phi}_{vr}(t) = \begin{bmatrix} 0 & 0 & 6n(1 - \cos nt) \\ 0 & -n\sin nt & 0 \\ 0 & 0 & 3n\sin nt \end{bmatrix},
$$

$$
\boldsymbol{\phi}_{vv}(t)=\begin{bmatrix} -3+4\cos nt & 0 & 2\sin nt \\ 0 & \cos nt & 0 \\ -2\sin nt & 0 & \cos nt \end{bmatrix}
$$

2.2.3 几何法相对运动学模型

这里主要以主动航天器、目标航天器的轨道根数为参数，依据空间几何关系建立相对运动学方程描述航天器的相对运动。

2.2.3.1 基于平均轨道要素的相对运动模型

定义目标航天器的轨道要素 $\boldsymbol{e}=[a \quad u \quad i \quad q_1 \quad q_2 \quad \Omega]$，其中 $q_1=e\cos\omega$，$q_2=e\sin\omega$，之所以没有采用常用的轨道要素形式，是由于对圆轨道来说近地点幅角 ω 和真近点角 θ 没有定义。

定义两个航天器之间的相对位置、相对速度矢量 $\boldsymbol{X}=[x \quad y \quad z \quad \dot{x} \quad \dot{y} \quad \dot{z}]^{\mathrm{T}}$。两个航天器之间的轨道要素差为

$$
\delta\boldsymbol{e}=\boldsymbol{e}_{\mathrm{c}}-\boldsymbol{e}_{\mathrm{t}} \tag{2-16}
$$

相对位置、速度矢量 $\boldsymbol{X}$ 和轨道要素差 $\delta\boldsymbol{e}$ 之间存在以下的几何转换关系[11]，即

$$
\boldsymbol{X}(t)=[\boldsymbol{A}(t)+\alpha\boldsymbol{B}(t)]\delta\boldsymbol{e}(t) \tag{2-17}
$$

其中，$\alpha=3J_2R_e^2$。

对两个航天器之间的密切轨道要素差，存在以下的状态传递关系，即

$$
\delta\boldsymbol{e}_{\mathrm{osc}}(t)=\boldsymbol{\Phi}_e(t,t_0)\delta\boldsymbol{e}_{\mathrm{osc}}(t_0) \tag{2-18}
$$

定义两个航天器之间基于密切轨道要素的相对运动状态转移矩阵为 $\boldsymbol{\Phi}_{J_2}(t,t_0)$，即

$$
\boldsymbol{X}(t)=\boldsymbol{\Phi}_{J_2}(t,t_0)\boldsymbol{X}(t_0) \tag{2-19}
$$

根据式(2-17)至式(2-19)可得

$$
\boldsymbol{\Phi}_{J_2}(t,t_0)=[\boldsymbol{A}(t)+\alpha\boldsymbol{B}(t)]\boldsymbol{\Phi}_e(t,t_0)[\boldsymbol{A}(t_0)+\alpha\boldsymbol{B}(t_0)]^{-1} \tag{2-20}
$$

平均轨道要素差到密切轨道要素差的转换矩阵为 $\boldsymbol{D}(t)$，则

$$
\delta\boldsymbol{e}_{\mathrm{osc}}(t)=\boldsymbol{D}(t)\delta\boldsymbol{e}_{\mathrm{mean}}(t) \tag{2-21}
$$

平均轨道要素差的状态传递关系为

$$
\delta\boldsymbol{e}_{\mathrm{mean}}(t)=\bar{\boldsymbol{\Phi}}_{\bar{e}}(t,t_0)\delta\boldsymbol{e}_{\mathrm{mean}}(t_0) \tag{2-22}
$$

根据式(2-21)及式(2-22)，可得

$$\delta \boldsymbol{e}_{\text{osc}}(t)=\boldsymbol{D}(t)\overline{\boldsymbol{\Phi}}_{\bar{e}}(t,t_0)\boldsymbol{D}^{-1}(t_0)\delta \boldsymbol{e}_{\text{osc}}(t_0) \tag{2-23}$$

由式(2-23)可得

$$\boldsymbol{\Phi}_e(t,t_0)=\boldsymbol{D}(t)\overline{\boldsymbol{\Phi}}_{\bar{e}}(t,t_0)\boldsymbol{D}^{-1}(\mathrm{t}_0) \tag{2-24}$$

将式(2-24)代入式(2-20),可得

$$\boldsymbol{\Phi}_{J_2}(t,t_0)=[\boldsymbol{A}(t)+\alpha\boldsymbol{B}(t)]\boldsymbol{D}(t)\overline{\boldsymbol{\Phi}}_{\bar{e}}(t,t_0)\boldsymbol{D}^{-1}(t_0)[\boldsymbol{A}(t_0)+\alpha\boldsymbol{B}(t_0)]^{-1} \tag{2-25}$$

根据上述过程同样可以推导基于平均轨道要素的相对运动状态转移矩阵 $\overline{\boldsymbol{\Phi}}_{J_2}(t,t_0)$,即

$$\boldsymbol{X}(t)=\overline{\boldsymbol{\Phi}}_{J_2}(t,t_0)\boldsymbol{X}(t_0) \tag{2-26}$$

式中:$\overline{\boldsymbol{\Phi}}_{J_2}(t,t_0)=[\overline{\boldsymbol{A}}(t)+\alpha\overline{\boldsymbol{B}}(t)]\overline{\boldsymbol{\Phi}}_{\bar{e}}(t,t_0)[\overline{\boldsymbol{A}}(t_0)+\alpha\overline{\boldsymbol{B}}(t_0)]^{-1}$ 。

计算相对运动状态转移矩阵 $\boldsymbol{\Phi}_{J_2}(t,t_0)$ 和 $\overline{\boldsymbol{\Phi}}_{J_2}(t,t_0)$ 中用到的矩阵元素的详细推导过程,可参见相关参考文献[12-16]。

2.2.3.2 以真近点角为自变量的相对运动模型

2.2.3.1 节推导的相对运动状态转移矩阵形式相当复杂,而在进行接近与机动绕飞轨道设计与制导过程中,需要一种形式简单、精度可靠的相对运动状态转移矩阵。Yamanaka[17]不考虑摄动因素,推导了以目标航天器真近点角 θ 为自变量,适用于 $e\in[0,1)$,且对于所有的 θ 都不存在奇异性的相对运动状态转移矩阵,其形式简单且具有较高的精度,称为 T-H 方程。

在式(2-9)中,忽略二阶项及外力加速度,可得到

$$\begin{cases}\ddot{x}-2n\dot{z}-n^2x-\dot{n}z+\dfrac{\mu}{r_{\mathrm{t}}^3}x=0\\[2ex]\ddot{y}+\dfrac{\mu}{r_{\mathrm{t}}^3}y=0\\[2ex]\ddot{z}+2n\dot{x}-n^2z+\dot{n}x-\dfrac{2\mu z}{r_{\mathrm{t}}^3}=0\end{cases} \tag{2-27}$$

对式(2-27)进行以下变换,即

$$\begin{bmatrix}\tilde{x}\\ \tilde{y}\\ \tilde{z}\end{bmatrix}=(1+e\cos\theta)\begin{bmatrix}x\\ y\\ z\end{bmatrix} \tag{2-28}$$

并将对时间的导数转化为对目标航天器真近点角 θ 的导数,即

$$\frac{\mathrm{d}(\ )}{\mathrm{d}t} = \dot{\theta}\frac{\mathrm{d}(\ )}{\mathrm{d}\theta} = \dot{\theta}(\ )', \frac{\mathrm{d}^2(\ )}{\mathrm{d}t^2} = \dot{\theta}^2\frac{\mathrm{d}^2(\ )}{\mathrm{d}\theta^2} + \ddot{\theta}\frac{\mathrm{d}(\ )}{\mathrm{d}\theta} = \dot{\theta}^2(\ )'' + \ddot{\theta}(\ )' \tag{2-29}$$

可以得到形式简洁的相对运动方程,即

$$\begin{cases} \tilde{x}'' = 2\tilde{z}' \\ \tilde{y}'' = -\tilde{y} \\ \tilde{z}'' = \dfrac{3z}{\lambda - 2\tilde{x}'} \end{cases} \tag{2-30}$$

式中:$\lambda = 1 + e\cos\theta$。

对式(2-30)求解,可以得到相对运动状态转移矩阵。在轨道平面内,有

$$(\boldsymbol{\Phi}_{\theta_0}^{\theta})_{x,z} = \boldsymbol{\Phi}_\theta \boldsymbol{\Phi}_{\theta_0}^{-1} \tag{2-31}$$

$$\boldsymbol{\Phi}_\theta = \begin{bmatrix} 1 & -c\left(1+\dfrac{1}{\eta}\right) & s\left(1+\dfrac{1}{\eta}\right) & 3\eta^2 J \\ 0 & s & c & 2-3esJ \\ 0 & 2s & 2c-e & 3(1-2esJ) \\ 0 & s' & c' & \dfrac{-3es}{\eta^2} \end{bmatrix}_\theta$$

$$\boldsymbol{\Phi}_{\theta_0}^{-1} = \frac{1}{1-e^2}\begin{bmatrix} 1-e^2 & 3es\dfrac{\left(1+\dfrac{1}{\eta}\right)}{\eta} & -es\left(1+\dfrac{1}{\eta}\right) & -ec+2 \\ 0 & \dfrac{-3s\left(1+\dfrac{e^2}{\eta}\right)}{\eta} & s\left(1+\dfrac{1}{\eta}\right) & c-2e \\ 0 & -3\left(\dfrac{c}{\eta}+e\right) & c\left(1+\dfrac{1}{\eta}\right)+e & -s \\ 0 & 3\eta+e^2-1 & -\eta^2 & es \end{bmatrix}_{\theta_0}$$

在垂直于轨道平面方向,有

$$(\boldsymbol{\Phi}_{\theta_0}^{\theta})_y = \frac{1}{\eta}\begin{bmatrix} c & s \\ -s & c \end{bmatrix}_{\theta-\theta_0} \tag{2-32}$$

式中:$s = \eta\sin\beta$;$c = \eta\cos\beta$;$s' = \cos\beta + e\cos2\beta$;$c' = -(\sin\beta + e\sin2\beta)$;$\eta = 1 + e\cos\beta$;$J = r_t^2 n(t-t_0)/p^2$,$p = a(1-e^2)$。矩阵中的下标代表角度 β 的取值。

为了表述方便,将式(2-31)和式(2-32)综合,可写成

$$\boldsymbol{\Phi}=\begin{bmatrix}\boldsymbol{\Phi}_{rr} & \boldsymbol{\Phi}_{r\dot{r}}\\ \boldsymbol{\Phi}_{\dot{r}r} & \boldsymbol{\Phi}_{\dot{r}\dot{r}}\end{bmatrix} \tag{2-33}$$

式(2-33)中的元素是式(2-31)和式(2-32)中元素的组合。式(2-33)所表示的状态转移矩阵,适用于目标航天器运行在圆轨道或椭圆轨道的情况,且不存在奇异性。

在使用上述相对状态转移矩阵时,需要对相对位置 $\boldsymbol{r}$ 和相对速度 $\boldsymbol{v}$ 进行以下变换,即

$$\begin{cases}\tilde{\boldsymbol{r}}=\lambda\boldsymbol{r}\\ \tilde{\boldsymbol{v}}=-e\sin\theta\boldsymbol{r}+\dfrac{p^2\boldsymbol{v}}{r_t^2 n\lambda}\end{cases} \tag{2-34}$$

和反变换

$$\begin{cases}\boldsymbol{r}=\dfrac{\tilde{\boldsymbol{r}}}{\lambda}\\ \boldsymbol{v}=\dfrac{r_t^2 n(e\sin\theta\tilde{\boldsymbol{r}}+\lambda\tilde{\boldsymbol{v}})}{p^2}\end{cases} \tag{2-35}$$

2.2.3.3 基于相对轨道要素的相对运动模型

由于 C-W 方程固有的局限性,Alfriend、Schaub 等提出了相对轨道要素方法描述两星的相对运动[18]。定义两星的经典轨道要素:半长轴 a,偏心率 e,轨道倾角 i,升交点赤经 Ω,近地点幅角 ω,真近点角 θ,纬度幅角 $u(u=\omega+\theta)$,平近点角 M。主动星相对于目标星的相对轨道要素为

$$\Delta a=a_c-a_t,\Delta e=e_c-e_t,\Delta i=i_c-i_t,\Delta\Omega=\Omega_c-\Omega_t,\Delta\omega=\omega_c-\omega_t$$

$$\Delta\theta=\theta_c-\theta_t,\Delta u=u_c-u_t,\Delta M=M_c-M_t$$

则两星的相对位置在目标星的轨道坐标系下表示为

$$\begin{bmatrix}x\\ y\\ z\end{bmatrix}=\boldsymbol{L}_{ti}(\Omega_t,i_t,u_t)\,\boldsymbol{L}_{it}(\Omega_c,i_c,u_c)\begin{bmatrix}0\\ 0\\ -r_c\end{bmatrix}-\begin{bmatrix}0\\ 0\\ -r_t\end{bmatrix} \tag{2-36}$$

式中:$\boldsymbol{L}_{ti}(\Omega_t,i_t,u_t)$ 为地球惯性坐标系到目标星轨道坐标系的转换矩阵;$\boldsymbol{L}_{it}(\Omega_c,i_c,u_c)$ 为主动星轨道坐标系到地球惯性坐标系的转移矩阵。定义

$$\begin{aligned}\boldsymbol{L}_{\mathrm{ta}} &= \boldsymbol{L}_{ti}(\Omega_{\mathrm{t}}, i_{\mathrm{t}}, u_{\mathrm{t}})\,\boldsymbol{L}_{i\mathrm{a}}(\Omega_{\mathrm{c}}, i_{\mathrm{c}}, u_{\mathrm{c}}) \\ &= \boldsymbol{L}_x\left(-\frac{\pi}{2}\right)\boldsymbol{L}_z\left(\frac{\pi}{2}\right)\boldsymbol{L}_z(u_{\mathrm{t}})\,\boldsymbol{L}_x(i_{\mathrm{t}})\,\boldsymbol{L}_z(\Omega_{\mathrm{t}})\,\boldsymbol{L}_z(-\Omega_{\mathrm{c}})\,\boldsymbol{L}_x(-i_{\mathrm{c}})\,\boldsymbol{L}_z(-u_{\mathrm{c}}) \\ &\quad \cdot \boldsymbol{L}_z\left(-\frac{\pi}{2}\right)\boldsymbol{L}_x\left(\frac{\pi}{2}\right)\end{aligned} \tag{2-37}$$

将式(2-37)展开后代入式(2-36),可得

$$\begin{bmatrix} x \\ y \\ z \end{bmatrix} = r_{\mathrm{c}}\begin{bmatrix} k_1 \\ k_2 \\ k_3 \end{bmatrix} + \begin{bmatrix} 0 \\ 0 \\ r_{\mathrm{t}} \end{bmatrix} \tag{2-38}$$

其中,

$$\begin{aligned} k_1 &= -\cos\Delta\Omega\sin u_{\mathrm{t}}\cos u_{\mathrm{c}} + \sin\Delta\Omega\sin u_{\mathrm{t}}\sin u_{\mathrm{c}}\cos i_{\mathrm{c}} + \sin\Delta\Omega\cos u_{\mathrm{t}}\cos u_{\mathrm{c}}\cos i_{\mathrm{c}} \\ &\quad + \cos\Delta\Omega\cos u_{\mathrm{t}}\sin u_{\mathrm{c}}\cos i_{\mathrm{t}}\cos i_{\mathrm{c}} + \cos u_{\mathrm{t}}\sin u_{\mathrm{c}}\sin i_{\mathrm{t}}\sin i_{\mathrm{c}} \\ k_2 &= \sin\Delta\Omega\sin i_{\mathrm{t}}\cos u_{\mathrm{c}} + \cos\Delta\Omega\sin i_{\mathrm{t}}\cos i_{\mathrm{c}}\sin u_{\mathrm{c}} - \cos i_{\mathrm{t}}\sin i_{\mathrm{c}}\sin u_{\mathrm{c}} \\ k_3 &= -\cos\Delta\Omega\cos u_{\mathrm{t}}\cos u_{\mathrm{c}} + \sin\Delta\Omega\cos u_{\mathrm{t}}\sin u_{\mathrm{c}}\cos i_{\mathrm{c}} - \sin\Delta\Omega\sin u_{\mathrm{t}}\cos u_{\mathrm{c}}\cos i_{\mathrm{t}} \\ &\quad - \cos\Delta\Omega\sin u_{\mathrm{t}}\sin u_{\mathrm{c}}\cos i_{\mathrm{t}}\cos i_{\mathrm{c}} - \sin u_{\mathrm{t}}\sin u_{\mathrm{c}}\sin i_{\mathrm{t}}\sin i_{\mathrm{c}} \end{aligned}$$

假设 $\Delta\Omega$、Δi 和 Δu 为小量,根据三角函数的近似公式并且忽略高阶小量,可得

$$\begin{cases} k_1 \approx \Delta u + \Delta\Omega\cos i_{\mathrm{t}} \\ k_2 \approx \Delta\Omega\sin i_{\mathrm{t}}\cos u_{\mathrm{c}} - \Delta i\sin u_{\mathrm{c}} \\ k_3 \approx -1 \end{cases} \tag{2-39}$$

将式(2-39)代入式(2-38),可得

$$\begin{bmatrix} x \\ y \\ z \end{bmatrix} = \begin{bmatrix} r_{\mathrm{c}}(\Delta u + \Delta\Omega\cos i_{\mathrm{t}}) \\ r_{\mathrm{c}}(\Delta\Omega\sin i_{\mathrm{t}}\cos u_{\mathrm{c}} - \Delta i\sin u_{\mathrm{c}}) \\ r_{\mathrm{t}} - r_{\mathrm{c}} \end{bmatrix} \tag{2-40}$$

式(2-40)即为采用相对轨道要素法描述的相对运动方程的解。该方程不仅适用于近圆轨道,也适用于椭圆轨道,且与 C-W 方程不同的是,在推导过程中不存在近距离和近圆假设,因此具有更广泛的适用性。

对于近圆轨道,可以将真近点角和地心距进行级数展开,并保留一阶小量,得到

$$\begin{cases} \theta_{\mathrm{t}} \approx M_{\mathrm{t}} + 2e_{\mathrm{t}}\sin M_{\mathrm{t}} \\ \theta_{\mathrm{c}} \approx M_{\mathrm{c}} + 2e_{\mathrm{c}}\sin M_{\mathrm{c}} \end{cases} \tag{2-41}$$

$$\begin{cases} r_{\mathrm{t}} \approx a_{\mathrm{t}}(1 - e_{\mathrm{t}}\cos M_{\mathrm{t}}) \\ r_{\mathrm{c}} \approx a_{\mathrm{c}}(1 - e_{\mathrm{c}}\cos M_{\mathrm{c}}) \end{cases} \tag{2-42}$$

同时,平近点角 M 可以表示为

$$\begin{cases} M_{\mathrm{t}} = \dfrac{2\pi(t - t_{\mathrm{pt}})}{T_{\mathrm{t}}} \\ M_{\mathrm{c}} = \dfrac{2\pi(t - t_{\mathrm{pc}})}{T_{\mathrm{c}}} \end{cases} \tag{2-43}$$

式中:t_{pt}和 t_{pc}分别为目标星和主动星经过真近点角的时刻;T_{t}和 T_{c}分别为目标星和主动星的轨道周期。由此可得

$$\begin{aligned} \Delta u &= u_{\mathrm{c}} - u_{\mathrm{t}} = (\omega_{\mathrm{c}} + \theta_{\mathrm{c}}) - (\omega_{\mathrm{t}} + \theta_{\mathrm{t}}) \\ &= \Delta\omega + 2\pi\left(\frac{-t_{\mathrm{pc}}}{T_{\mathrm{c}}} + \frac{t_{\mathrm{pt}}}{T_{\mathrm{t}}}\right) + 2(e_{\mathrm{c}}\sin M_{\mathrm{c}} - e_{\mathrm{t}}\sin M_{\mathrm{t}}) + \frac{2\pi(T_{\mathrm{t}} - T_{\mathrm{c}})t}{(T_{\mathrm{t}}T_{\mathrm{c}})} \end{aligned} \tag{2-44}$$

从式(2-44)看出,纬度幅角之差 Δu 存在长期项。当 $a_{\mathrm{c}}=a_{\mathrm{t}}=a$,即 $T_{\mathrm{c}}=T_{\mathrm{t}}=T$ 时,长期项可以消除,此时将式(2-42)和式(2-44)代入式(2-40),并且假设 $\Delta M=M_{\mathrm{a}}-M_{\mathrm{t}}$为小量,忽略高阶小量后,可得

$$\begin{bmatrix} x \\ y \\ z \end{bmatrix} = a\begin{bmatrix} \Delta\omega - \dfrac{2\pi\Delta t_{\mathrm{p}}}{T} + 2\Delta e\sin M_{\mathrm{t}} + \Delta\Omega\cos i_{\mathrm{t}} \\ \Delta\Omega\sin i_{\mathrm{t}}\cos u_{\mathrm{c}} - \Delta i\sin u_{\mathrm{c}} \\ \Delta e\cos M_{\mathrm{t}} \end{bmatrix} \tag{2-45}$$

根据式(2-45)中 x 轴和 z 轴的表达式可以列出椭圆方程为

$$\frac{\left[x - a\left(\dfrac{\Delta\omega - 2\pi\Delta t_{\mathrm{p}}}{T + \Delta\Omega\cos i_{\mathrm{t}}}\right)\right]^2}{(2\Delta ea)^2} + \frac{z^2}{(\Delta ea)^2} = 1 \tag{2-46}$$

当两星轨道的半长轴存在偏差 $\Delta a(\Delta T=T_{\mathrm{c}}-T_{\mathrm{t}})$且偏差为小量时,式(2-45)变为

$$\begin{bmatrix} x \\ y \\ z \end{bmatrix} = \begin{bmatrix} \left(\begin{aligned} & a_{\mathrm{a}}\left[\Delta\omega + 2\pi\left(\frac{-t_{\mathrm{pa}}}{T_{\mathrm{c}}} + \frac{t_{\mathrm{pt}}}{T_{\mathrm{t}}}\right) + 2e_{\mathrm{a}}\sin M_{\mathrm{c}}\right. \\ & \left. - 2e_{\mathrm{t}}\sin M_{\mathrm{t}} + \Delta\Omega\cos i_{\mathrm{t}}\right] - \frac{2\pi a_{\mathrm{c}}\Delta Tt}{(T_{\mathrm{t}}T_{\mathrm{c}})} \end{aligned} \right) \\ a_{\mathrm{c}}(\Delta\Omega\sin i_{\mathrm{t}}\cos u_{\mathrm{c}} - \Delta i\sin u_{\mathrm{c}}) \\ -\Delta a + a_{\mathrm{c}}e_{\mathrm{c}}\cos M_{\mathrm{c}} - a_{\mathrm{t}}e_{\mathrm{t}}\cos M_{\mathrm{t}} \end{bmatrix} \tag{2-47}$$

式(2-47)中在 x 方向有长期漂移项 $2\pi a_{\mathrm{c}}\Delta Tt/(T_{\mathrm{t}}T_{\mathrm{c}})$,则在一个轨道周期 T_{t}内的漂移量为

$$\Delta x = \frac{-2\pi a_c \Delta T T_t}{(T_t T_c)} = -2\pi\left(a_c - \sqrt{a_t^3 / a_c}\right) \approx -3\pi\Delta a \tag{2-48}$$

根据上面的推导以及式(2-45)至式(2-48),可以得到以下结论。

(1) 当两星轨道的半长轴相等时,相对运动是一个周期运动。

(2) 当两星轨道的半长轴相等时,在轨道平面(xoz 平面)内,相对运动轨迹是一个椭圆,椭圆的长半轴在 x 轴上,大小为 $2a|\Delta e|$。

(3) 当两星轨道的长半轴不相等时,在 x 轴方向上,每个轨道周期相对距离变化量为 $3\pi|\Delta a|$。

尽管式(2-45)的推导中也做了近圆轨道的假设,但得出 a 相等时相对运动存在周期性的结论是普遍适用的。因为当两星轨道半长轴相等(即轨道周期相等)时,无论两星处于何种轨道,经过一个周期后,两星都回到了各自相同的位置,它们的相对位置自然也经过了一个周期的变化。因此,两星轨道半长轴相等可以认为是相对运动存在周期性的精确条件。而从 C-W 方程推出的相对运动周期性条件仅适用于小偏心率且近距离的情况;否则会产生较大的误差。

2.2.4 建模误差分析

2.2.2.2 节重点分析了基于圆轨道近距离假设的 C-W 方程建立的过程,由推导过程可以发现,C-W 方程有解析解,且形式简单,便于进行定性、定量分析和控制规律设计;但是 C-W 方程的前提假设(地球是理想球体,目标航天器运行在圆轨道)、方程的线性化处理以及没有考虑摄动等因素导致了两航天器在相对距离较远、交会时间过长或目标偏心率较大的情况下 C-W 方程精度不高等问题。同样,2.2.3.2 节建立的 T-H 方程虽然可以适用于椭圆轨道目标航天器的情况,但该方法用几何法建立相对轨道动力学模型,仍然会有来自线性化和摄动方面的误差,以上误差均与相对距离密切相关。因此有必要定量分析 C-W 方程和 T-H 方程的建模误差,以了解各种误差的影响特性,进而明确模型的适用范围。

模型误差分析有解析法和数值法两种手段。解析法从相对运动建模推导过程入手,得到造成各种误差的表达式,进而得到一些定性的结论,有助于研究模型误差的一般规律;数值法针对具体的仿真算例,通过数值积分定量计算,形象、直观地给出误差曲线,有助于理解模型误差的具体特性。本节采用数值法分析模型误差。

2.2.4.1 C-W 方程的线性化误差

C-W 方程在推导过程中采用了二体假设、圆轨道假设和线性化假设,因此当两航天器的轨道不满足小偏心率条件,或者航天器间的距离较大时,C-W方程的近似处理产生的误差随之增大,线性化略去的高阶小量开始有显著的影响。许多文献讨论了上述这些情况,因此,对 C-W 方程的改进主要是从以下三个方面考虑。

(1) 增加相对运动方程的非线性项。

(2) 考虑目标航天器偏心率不为零的情况。

(3) 考虑 J_2 摄动等的影响。

为描述椭圆轨道下两星的近距离相对运动,将式(2-7)保留一阶小量,可得

$$\begin{cases} \ddot{x} - 2\dot{\theta}\dot{z} - \ddot{\theta}z - \dot{\theta}^2 x + \bar{n}^2 x = u_x \\ \ddot{y} + \bar{n}^2 y = u_y \\ \ddot{z} + 2\dot{\theta}\dot{x} + \ddot{\theta}x - \dot{\theta}^2 z - 2\bar{n}^2 z = u_z \end{cases} \tag{2-49}$$

式中:$\bar{n}^2 = \mu / r_t^3$。

式(2-49)为 Lawden 方程。方程中 $\dot{\theta}$ 和 $\ddot{\theta}$ 可以根据目标星的轨道偏心率和地心距得到

$$\begin{cases} \dot{\theta} = \sqrt{\dfrac{\mu(1 + e\cos\theta)}{r_t^3}} \\ \ddot{\theta} = -2\dfrac{\dot{r}_t\dot{\theta}}{r_t} \end{cases} \tag{2-50}$$

如果需要更精确地描述圆轨道上两星远距离的相对运动,则将方程式(2-7)保留二阶小量,可得到

$$\begin{cases} \ddot{x} - 2n\dot{z} = -\dfrac{3\mu}{r_t^4}xz + u_x \\ \ddot{y} + n^2 y = -\dfrac{3\mu}{r_t^4}yz + u_y \\ \ddot{z} - 3n^2 z + 2n\dot{x} = -\dfrac{3\mu}{r_t^4}\left(\dfrac{x^2}{2} + \dfrac{y^2}{2} - z^2\right) + u_z \end{cases} \tag{2-51}$$

将式(2-51)与 C-W 方程相比可以发现,方程左边的形式不变,而方程右边增加了非线性项,使得沿 3 个轴方向的相对运动互相耦合,而且一般得不到其解析解,而 C-W 方程的线性化处理则掩盖了三轴运动耦合的事实。因此,如果想要更精确地、长期地分析远距离的相对运动,就必须采用上述非线性方程。

下面通过仿真来比较 C-W 方程和非线性方程、Lawden 方程之间的误差。仿真分两种情况:第一种情况是两星的初始相对距离为 10km;第二种情况是两星的初始相对距离为 100km,仿真时间均为一个轨道周期。

假设目标星运行在轨道高度为 600km 的圆轨道上,初始时刻两星在 x 轴上的相对距离分别为 10km 和 100km。图 2-3 和图 2-4 所示为非线性相对运动方程和 C-W 方程之间的误差,从图中可以看到,C-W 方程省去非线性项后会在 x 轴产生较大的误差,而在 y 轴和 z 轴只存在较小的长期项误差或是周期性误差。

比较图 2-3 和图 2-4 可以发现,当目标星运行在圆轨道且相对运动方程省略非线性的高阶小量后,初始相对距离扩大一个数量级,则一个周期后在 x 轴产生的误差会扩大两个数量级。因此,如果需要长时间描述两星远距离的相对运动,则 C-W 方程不再适用,而应采用保留高阶小量的非线性方程。

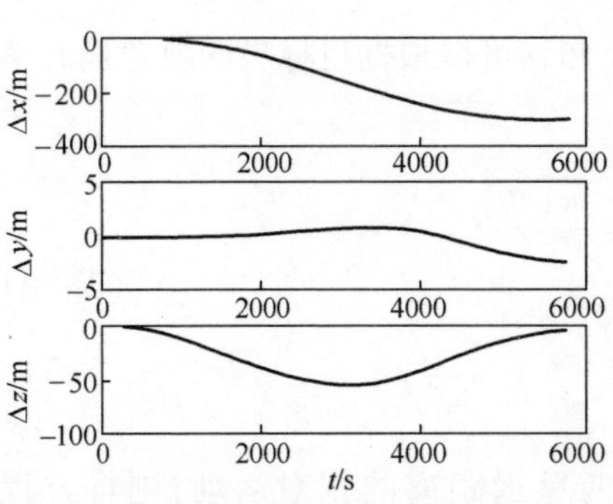

图 2-3　初始相对距离 10km 的线性化误差

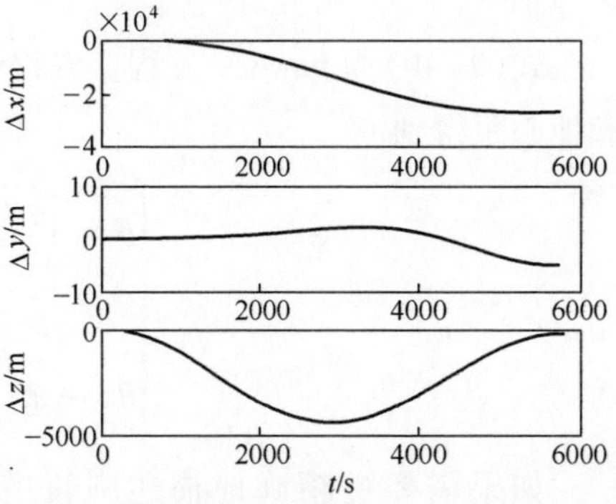

图 2-4　初始相对距离 100km 的线性化误差

假设目标星运行在半长轴为 6971km、偏心率为 0.2 的椭圆轨道上,初始时刻两星在 x 轴上的相对距离分别为 10km 和 100km。图 2-5 和图 2-6 所示为描述椭圆轨道下相对运动的 Lawden 方程和 C-W 方程之间的误差。同样地,两者在 x 轴上的误差较大,且会随着时间的增加而不断增加。比较图 2-5 和图 2-6 也可以发现,当初始相对距离扩大一个数量级时,相应地,一个周期

后在 x 轴产生的误差也扩大一个数量级,可以近似看成初始相对距离和最终误差成等比关系。

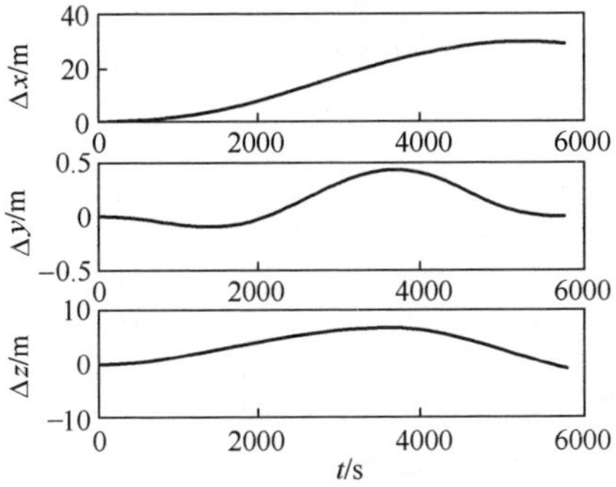

图 2-5　初始相对距离 10km 的椭圆轨道误差

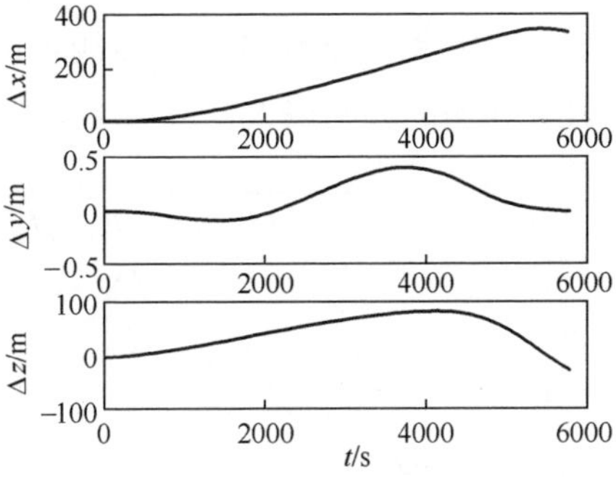

图 2-6　初始相对距离 100km 的椭圆轨道误差

2.2.4.2　T-H 方程的线性化误差

影响 T-H 方程线性化误差的因素包括相对距离 r 和目标初始真近点角 θ_0。由于 T-H 方程的解析解以真近点角为自变量,所以在计算过程中需要进行变量变换和反变换。由 2.2.3.2 节可见,T-H 方程实际上是由式(2-27)或式(2-49)Lawden 方程导出的,因此为了简化计算,在分析 T-H 方程线性化误差的过程中可以直接对 Lawden 方程进行数值积分,以代替 T-H 方程的解析解。这也是验证 T-H 方程解析解正确性的方法。

设目标航天器的轨道参数如下:$a = 7978.137\text{km}, e = 0.15, i = 55°, \omega = 60°, \Omega = 0°, \theta_0 = 0°$。第一次仿真研究相对距离变化对误差的影响分 4 种情况:两星的初始相对距离分别为 500m、1km、5km、10km,则仿真误差曲线如图 2-7所示。

第二次仿真研究目标航天器初始真近点角对误差的影响。设两星的相对距离为 1km,仿真分 4 种情况,分别为 $\theta_0 = 0°$、45°、90°、135°,仿真误差曲线如图 2-8 所示。

图 2-7 和图 2-8 中的曲线表明,T-H 方程的线性化误差主要体现在速度方向上,既有长期误差(随时间积累),又有周期性误差;在其他两个坐标方向上仅有周期性误差,与 C-W 方程的线性化误差不同的是,径向误差的振幅随着时间的积累逐步增大。很明显,这是由偏心率引起的。因此,T-H 方程也不适合执行长时间的状态预测,若采用 T-H 则能够以较小的周期更新导航

数据。

对比图 2-7 中的误差曲线可以得出,线性化误差与相对距离的平方成正比。若采用 T-H 方程,相对距离不能太大。对近地轨道航天器,最好不超过 10km。对比图 2-8 中的误差曲线可以得出,目标初始真近点角对 T-H 方程线性化误差的影响很大。

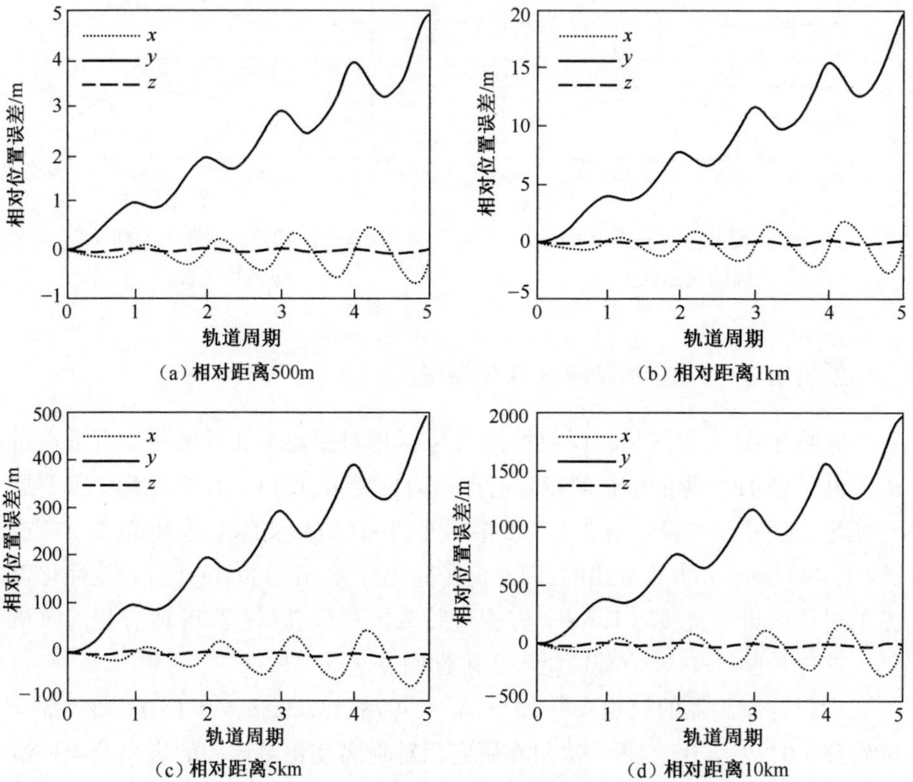

图 2-7 T-H 方程的线性化误差(相对距离的影响对比)

2.2.4.3 摄动误差

航天器在轨运行过程中会受到各种环境干扰力的作用,这些干扰力会对航天器长期在轨运行造成影响,可以统称为轨道摄动力。对于近地轨道,主要的摄动力为地球扁率摄动和大气阻力摄动,因此下面分析这两种摄动力对动力学建模造成的误差。

1. 地球非球形摄动误差

对于航天器飞行来说,地球引力场是最重要的,甚至起决定性作用。在之

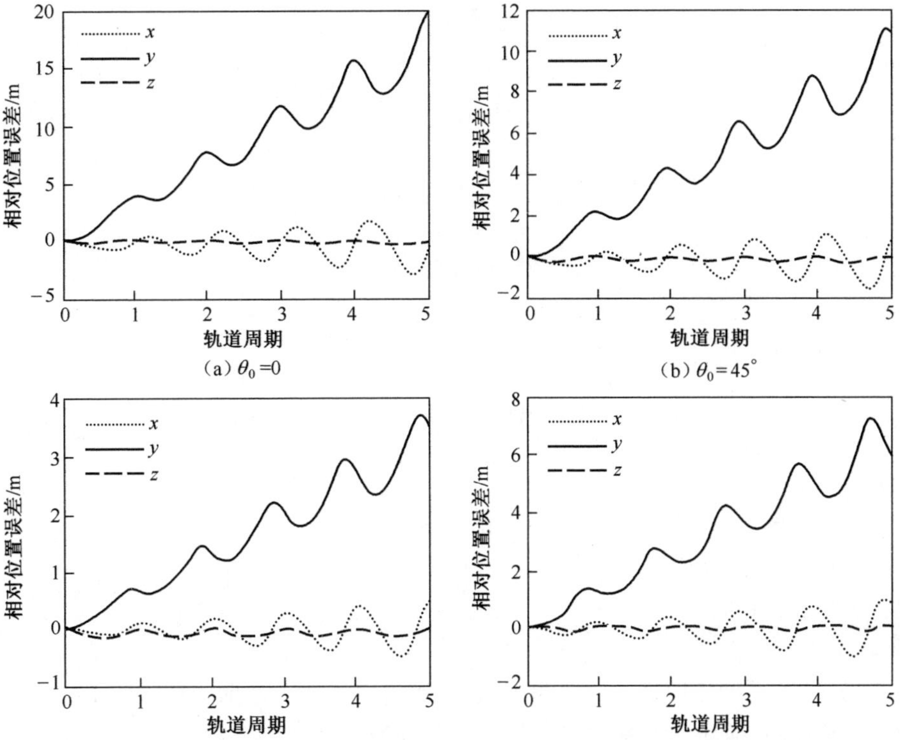

(a) $\theta_0=0$　(b) $\theta_0=45^\circ$

(c) $\theta_0=90^\circ$　(d) $\theta_0=135^\circ$

图 2-8　T-H 方程的线性化误差(目标初始真近点角的影响对比)

前的理论推导中,都假设地球引力场是中心引力场,但实际上地球并不是球对称的,具有扁平度、梨形和赤道变形等,因此引力势是距离 r、地心纬度 ϕ 和经度 λ 的函数,即

$$U = U(r, \phi, \lambda) \tag{2-52}$$

引力势 U 可以分成两部分,即中心引力势 $U_c=\mu/r$ 和非中心引力势,即摄动势 ΔU,则

$$U = U_c + \Delta U \tag{2-53}$$

摄动引力势 ΔU 中包括带形、扇形和田形三类谐函数。对于大多数应用情况,仅需考虑带形谐函数中的 J_2 项即可,则摄动引力势为

$$\Delta U = -\frac{1}{2}J_2\frac{\mu R_E^2}{r^3}(3\sin^2\phi - 1) \tag{2-54}$$

式中:$R_E=6378.245\text{km}$ 为地球赤道半径。

相应地,在惯性坐标系下 J_2 项摄动引力加速度可以表示成

$$\begin{cases}\Delta g_x = -\dfrac{3}{2}J_2 R_{\mathrm{E}}^2\mu\,\dfrac{x}{r^5}\left(1-\dfrac{5z^2}{r^2}\right)\\ \Delta g_y = -\dfrac{3}{2}J_2 R_{\mathrm{E}}^2\mu\,\dfrac{y}{r^5}\left(1-\dfrac{5z^2}{r^2}\right)\\ \Delta g_z = -\dfrac{3}{2}J_2 R_{\mathrm{E}}^2\mu\,\dfrac{z}{r^5}\left(3-\dfrac{5z^2}{r^2}\right)\end{cases} \tag{2-55}$$

在球坐标系中表示成径向、横向和副法向分量为

$$\begin{cases}f_r = \dfrac{\delta\mu}{r^4}(3\sin^2 i\sin^2 u-1)\\ f_u = -\dfrac{\delta\mu}{r^4}\sin^2 i\sin^2 u\\ f_h = -\dfrac{\delta\mu}{r^4}\sin^2 i\sin u\end{cases} \tag{2-56}$$

式中：$\delta = \dfrac{3}{2}J_2 R_{\mathrm{E}}^2$。

如果考虑更为精确的地球扁率摄动，则可以选取带形谐函数中的 J_2、J_3 和 J_4 项，其径向、横向和副法向加速度分量分别为

$$\begin{cases}f_r = -\dfrac{\mu}{r^2}\left[1.5J_2\left(\dfrac{R_{\mathrm{E}}}{r}\right)^2(3\sin^2 i\sin^2 u-1)+2J_3\left(\dfrac{R_{\mathrm{E}}}{r}\right)^3(5\sin^3 i\sin^3 u-3\sin i\sin u)\right.\\ \qquad\left.+2.5J_4\left(\dfrac{R_{\mathrm{E}}}{r}\right)^4(35\sin^4 i\sin^4 u-30\sin^2 i\sin^2 u+3)\right]\\ f_u = -\dfrac{\mu}{r^2}\sin i\cos u\left[3J_2\left(\dfrac{R_{\mathrm{E}}}{r}\right)^2\sin i\sin u+1.5J_3\left(\dfrac{R_{\mathrm{E}}}{r}\right)^3(5\sin^2 i\sin^2 u-1)\right.\\ \qquad\left.+2.5J_4\left(\dfrac{R_{\mathrm{E}}}{r}\right)^4(7\sin^3 i\sin^3 u-3\sin i\sin u)\right]\\ f_h = -\dfrac{\mu}{r^2}\cos i\left[3J_2\left(\dfrac{R_{\mathrm{E}}}{r}\right)^2\sin i\sin u+\dfrac{3}{2}J_3\left(\dfrac{R_{\mathrm{E}}}{r}\right)^3(5\sin^2 i\sin^2 u-1)\right.\\ \qquad\left.+2.5J_4\left(\dfrac{R_{\mathrm{E}}}{r}\right)^4(7\sin^3 i\sin^3 u-3\sin i\sin u)\right]\end{cases} \tag{2-57}$$

2. 大气阻力摄动误差

虽然在近地空间空气非常稀薄，但长时间的经常的空气动力作用还是会

明显地改变航天器的轨道要素。只有在 1000km 高度以上,大气阻力才可以忽略。

根据空气动力学可知,航天器受到的空气阻力为

$$\boldsymbol{D} = -\frac{1}{2}C_{\mathrm{D}}\rho S|\boldsymbol{v}_{\mathrm{a}}|\boldsymbol{v}_{\mathrm{a}} \tag{2-58}$$

式中:C_{D}为阻力系数,在 150~500km 高度,通常 $C_{\mathrm{D}}=2.2\sim2.5$;$\rho$ 为大气密度;S 为航天器相对大气的迎流面积;$\boldsymbol{v}_{\mathrm{a}}$是航天器质心相对于大气的速度矢量。

大气密度 ρ 是有关高度的指数函数

$$\rho = \rho_0 \exp\left[\frac{-(r-r_0)}{H}\right] \tag{2-59}$$

式中:r_0为某个参考高度;ρ_0为该参考高度上的大气密度;H 为该参考高度的密度标高,是绝对温度、空气分子量和重力加速度的函数。

假设大气基本上随地球一起旋转,但有局部的风速$\boldsymbol{v}_{\mathrm{w}}$,则航天器相对于大气的速度矢量为

$$\boldsymbol{v}_{\mathrm{a}} = \boldsymbol{v} - \boldsymbol{\omega}_{\mathrm{E}} \times \boldsymbol{r} - \boldsymbol{v}_{\mathrm{w}} \tag{2-60}$$

式中:$\boldsymbol{v}$ 为航天器的速度;$\boldsymbol{\omega}_{\mathrm{E}}$为地球自转角速度矢量。

将式(2-60)转化成在地心赤道惯性坐标系中的列向量,即

$$(\boldsymbol{v}_{\mathrm{a}})_i = \begin{bmatrix} v_{\mathrm{a}xi} \\ v_{\mathrm{a}yi} \\ v_{\mathrm{a}zi} \end{bmatrix} = \begin{bmatrix} v_{xi} + y_i\omega_{\mathrm{E}} - v_{\mathrm{w}xi} \\ v_{xi} - x_i\omega_{\mathrm{E}} - v_{\mathrm{w}yi} \\ v_{zi} - v_{\mathrm{w}zi} \end{bmatrix} \tag{2-61}$$

为了得到大气阻力引起的轨道摄动的近似规律,作以下假设:大气是球对称的、不随地球旋转;航天器的迎风面积不变化。于是,大气阻力只引起沿轨道切线方向的力,即

$$\begin{cases} D_n = 0 \\ D_h = 0 \\ D_t = \dfrac{-C_{\mathrm{D}}S\rho v^2}{2} \end{cases} \tag{2-62}$$

2.2.5 伴飞轨道误差动力学模型

航天器在执行对目标的超近距离伴飞任务过程中,可能需要主动航天器相对于目标航天器的位置或姿态按照某些特定期望规律变化,以便其星载测

量传感器始终指向感兴趣的目标区域，这就需要对主动航天器的轨道和姿态进行联合控制。本节主要研究两航天器相对运动的相对轨道误差动力学模型的建立，为后续章节对轨道和姿态联合控制问题研究提供理论基础。

在惯性坐标系中，目标航天器和主动航天器的动力学方程分别为

$$\frac{\mathrm{d}^2\boldsymbol{r}_{\mathrm{t}}}{\mathrm{d}t^2}=-\frac{\mu}{r_{\mathrm{t}}^3}\boldsymbol{r}_{\mathrm{t}}+\boldsymbol{f}_{\mathrm{pt}} \tag{2-63}$$

$$\frac{\mathrm{d}^2\boldsymbol{r}_{\mathrm{c}}}{\mathrm{d}t^2}=-\frac{\mu}{r_{\mathrm{c}}^3}\boldsymbol{r}_{\mathrm{c}}+\boldsymbol{f}_{\mathrm{pc}}+\boldsymbol{f}'_{\mathrm{c}} \tag{2-64}$$

式中：$\boldsymbol{f}'_{\mathrm{c}}$ 为主动航天器惯性坐标系下的控制加速度；$\boldsymbol{f}_{\mathrm{pt}}$ 和 $\boldsymbol{f}_{\mathrm{pc}}$ 为目标航天器和主动航天器受到的摄动力加速度。

考虑到超近距离伴飞中两航天器之间的相对距离很小（几十米范围内），可以忽略摄动加速度对两航天器轨道影响的微小差别，即 $\boldsymbol{f}_{\mathrm{pt}}=\boldsymbol{f}_{\mathrm{pc}}$。则由式(2-63)、式(2-64)可得

$$\frac{\mathrm{d}^2\boldsymbol{\rho}}{\mathrm{d}t^2}=-\frac{\mu}{r_{\mathrm{t}}^3}\left[\frac{r_{\mathrm{t}}^3}{r_{\mathrm{c}}^3}\boldsymbol{r}_{\mathrm{c}}-\boldsymbol{r}_{\mathrm{t}}\right]+\boldsymbol{f}'_{\mathrm{c}} \tag{2-65}$$

根据惯性坐标系与动坐标系的导数关系，在目标航天器轨道坐标系下，有

$$\frac{\delta^2\boldsymbol{\rho}}{\delta t^2}+2\boldsymbol{\omega}\times\frac{\delta\boldsymbol{\rho}}{\delta t}+\boldsymbol{\omega}\times(\boldsymbol{\omega}\times\boldsymbol{\rho})+\frac{\delta\boldsymbol{\omega}}{\delta t}\times\boldsymbol{\rho}=-\frac{\mu}{r_{\mathrm{t}}^3}\left[\frac{r_{\mathrm{t}}^3}{r_{\mathrm{c}}^3}\boldsymbol{r}_{\mathrm{c}}-\boldsymbol{r}_{\mathrm{t}}\right]+\boldsymbol{f}_{\mathrm{c}} \tag{2-66}$$

式中：$\boldsymbol{f}_{\mathrm{c}}$ 为主动航天器轨道坐标系下的控制加速度；$\boldsymbol{\omega}$ 为目标航天器相对惯性坐标系的角速度。由于两个航天器之间距离较近，将式(2-65)代入式(2-66)等号右端，保留一阶项，并且等号两端同乘主动航天器质量 m_{c}，可得到

$$m_{\mathrm{c}}\ddot{\boldsymbol{\rho}}+2m_{\mathrm{c}}\boldsymbol{\omega}^{\times}\dot{\boldsymbol{\rho}}+m_{\mathrm{c}}\boldsymbol{\omega}^{\times}\boldsymbol{\omega}^{\times}\boldsymbol{\rho}+m_{\mathrm{c}}\dot{\boldsymbol{\omega}}^{\times}\boldsymbol{\rho}+m_{\mathrm{c}}\frac{\mu}{r_{\mathrm{t}}^3}\boldsymbol{A}\boldsymbol{\rho}=m_{\mathrm{c}}\boldsymbol{f}_{\mathrm{c}} \tag{2-67}$$

式中：$\boldsymbol{\omega}^{\times}$ 为 $\boldsymbol{\omega}$ 的斜对称矩阵，对角阵 $\boldsymbol{A}=\mathrm{diag}(1\quad 1\quad -2)$。

定义目标航天器轨道坐标系下期望相对位置、相对速度、相对加速度分别为 $\boldsymbol{\rho}_{\mathrm{d}}$、$\dot{\boldsymbol{\rho}}_{\mathrm{d}}$、$\ddot{\boldsymbol{\rho}}_{\mathrm{d}}$，则相对轨道误差信息为

$$\begin{cases}\boldsymbol{e}_r=\boldsymbol{\rho}-\boldsymbol{\rho}_{\mathrm{d}}\\ \dot{\boldsymbol{e}}_r=\dot{\boldsymbol{\rho}}-\dot{\boldsymbol{\rho}}_{\mathrm{d}}\\ \ddot{\boldsymbol{e}}_r=\ddot{\boldsymbol{\rho}}-\ddot{\boldsymbol{\rho}}_{\mathrm{d}}\end{cases} \tag{2-68}$$

将式(2-68)代入式(2-67)，并整理可得

$$\boldsymbol{J}_1\ddot{\boldsymbol{e}}_r+\boldsymbol{C}_1\dot{\boldsymbol{e}}_r+\boldsymbol{N}_1=\boldsymbol{u}_1 \tag{2-69}$$

其中，

$$\boldsymbol{J}_1 = m_c \boldsymbol{I}_3$$

$$\boldsymbol{C}_1 = 2m_c \boldsymbol{\omega}^{\times}$$

$$\boldsymbol{N}_1 = m_c[\ddot{\boldsymbol{\rho}}_d + 2\boldsymbol{\omega}^{\times}\dot{\boldsymbol{\rho}}_d + \boldsymbol{\omega}^{\times}\boldsymbol{\omega}^{\times}(\boldsymbol{e}_r + \boldsymbol{\rho}_d) + \dot{\boldsymbol{\omega}}^{\times}(\boldsymbol{e}_r + \boldsymbol{\rho}_d) + \frac{\mu}{r_t^3}\boldsymbol{A}(\boldsymbol{e}_r + \boldsymbol{\rho}_d)]$$

$$\boldsymbol{u}_1 = m_c \boldsymbol{f}_c$$

式中：$\boldsymbol{I}_3$ 为 3×3 的单位矩阵。

式(2-69)为目标航天器轨道坐标系下的相对轨道误差动力学模型，并以此作为超近距离伴飞轨道控制模型。

2.3 相对姿态动力学建模

2.3.1 坐标系定义

为描述航天器的姿态运动，以及方便描述主动航天器跟踪目标航天器或主动航天器星载测量传感器指向目标的姿态控制问题，在2.2.1节基础上再引入以下坐标系。

(1) 航天器本体坐标系 $S_b(o_b x_b y_b z_b)$：原点为航天器的质心，三轴固连于星体上，分别与星体的惯量主轴方向一致。

(2) 虚拟的本体坐标系 $s_d(o_c x_{bd} y_{bd} z_{bd})$，在主动航天器上定义，需要根据具体控制任务确定其各轴指向；虚拟的本体坐标系是主动航天器跟踪目标航天器或其星载测量传感器指向目标的姿态参考基准。

2.3.2 相对姿态动力学模型

在目标航天器体坐标系中，目标航天器姿态动力学方程可以写为

$$\boldsymbol{J}_t \dot{\boldsymbol{\omega}}_{bt} + \boldsymbol{\omega}_{bt}^{\times} \boldsymbol{J}_t \boldsymbol{\omega}_{bt} = \boldsymbol{T}_{gt} \tag{2-70}$$

式中：$\boldsymbol{\omega}_{bt} = [\omega_{btx} \quad \omega_{bty} \quad \omega_{btz}]^T$ 为目标航天器体坐标系中目标航天器体坐标系相对惯性坐标系的角速度矢量；$\boldsymbol{T}_{gt}$ 为重力梯度力矩，可定义为

$$\boldsymbol{T}_{gt} = -\frac{3\mu}{R_t^3}(z_t)_{bt} \times \hat{\boldsymbol{J}}_t \cdot (z_t)_{bt} \tag{2-71}$$

式中：$(z_t)_{bt} = C_{bt}^i z_t$。

采用四元数描述航天器相对惯性坐标系的姿态。定义目标航天器与主动航天器的姿态四元数为

$$q_t = [\bar{q}_t \quad q_{4t}]^T = [q_{1t} \quad q_{2t} \quad q_{3t} \quad q_{4t}]^T \tag{2-72}$$

$$q_c = [\bar{q}_c \quad q_{4c}]^T = [q_{1c} \quad q_{2c} \quad q_{3c} \quad q_{4c}]^T \tag{2-73}$$

式中：$\bar{q}_t = [q_{1t} \quad q_{2t} \quad q_{3t}]^T$、$\bar{q}_c = [q_{1c} \quad q_{2c} \quad q_{3c}]^T$ 为四元数的矢量部分。

采用四元数描述的目标航天器姿态运动学方程可以写为[19]

$$\dot{q}_t = \frac{1}{2}\begin{bmatrix} 0 & \omega_{btz} & -\omega_{bty} & \omega_{btx} \\ -\omega_{btz} & 0 & \omega_{btx} & \omega_{bty} \\ \omega_{bty} & -\omega_{btx} & 0 & \omega_{btz} \\ -\omega_{btx} & -\omega_{bty} & -\omega_{btz} & 0 \end{bmatrix}\begin{bmatrix} q_{1t} \\ q_{2t} \\ q_{3t} \\ q_{4t} \end{bmatrix} \tag{2-74}$$

对于主动航天器，其姿态动力学方程和运动学方程为

$$J_c \dot{\omega}_{bc} + \omega_{bc}^{\times} J_c \omega_{bc} = T_{gc} + T_c \tag{2-75}$$

$$\dot{q}_c = \frac{1}{2}\begin{bmatrix} 0 & \omega_{bcz} & -\omega_{bcy} & \omega_{bcx} \\ -\omega_{bcz} & 0 & \omega_{bcx} & \omega_{bcy} \\ \omega_{bcy} & -\omega_{bcx} & 0 & \omega_{bcz} \\ -\omega_{bcx} & -\omega_{bcy} & -\omega_{bcz} & 0 \end{bmatrix}\begin{bmatrix} q_{1c} \\ q_{2c} \\ q_{3c} \\ q_{4c} \end{bmatrix} \tag{2-76}$$

式中：T_c 为主动航天器上作用的控制力矩；其他符号的定义与目标航天器类同，不再详述。

根据四元数的定义，从惯性坐标系到目标航天器体坐标系的坐标转换矩阵可以写为

$$C_{bt}^i = (q_{4t}^2 - \bar{q}_t^T \bar{q}_t) I + 2\bar{q}_t \bar{q}_t^T - 2q_{4t} \bar{q}_t^{\times} \tag{2-77}$$

式中：$\bar{q}_t^{\times}$ 为 $\bar{q}_t$ 的斜对称矩阵。

同样，从惯性坐标系到主动航天器体坐标系的坐标转换矩阵为

$$C_{bc}^i = (q_{4c}^2 - \bar{q}_c^T \bar{q}_c) I + 2\bar{q}_c \bar{q}_c^T - 2q_{4c} \bar{q}_c^{\times} \tag{2-78}$$

在此基础上，从目标航天器本体坐标系到主动航天器本体坐标系的坐标转换矩阵为

$$C_{bc}^{bt} = C_{bc}^i C_i^{bt} \tag{2-79}$$

定义 $q_e = [\bar{q}_e \quad q_{4e}]^T = [q_{1e} \quad q_{2e} \quad q_{3e} \quad q_{4e}]^T$ 为主动航天器本体坐标系相对目标航天器本体坐标系姿态偏差四元数，q_e 可以表示为

$$\boldsymbol{q}_e = \begin{bmatrix} q_{4\mathrm{t}}\boldsymbol{I} - \bar{\boldsymbol{q}}_\mathrm{t}^\times & -\bar{\boldsymbol{q}}_\mathrm{t} \\ \bar{\boldsymbol{q}}_\mathrm{t}^\mathrm{T} & q_{4\mathrm{t}} \end{bmatrix} \boldsymbol{q}_\mathrm{c} \tag{2-80}$$

定义 $\boldsymbol{\omega}_r = [\omega_{rx} \quad \omega_{ry} \quad \omega_{rz}]^\mathrm{T}$ 为主动航天器本体坐标系相对目标航天器本体坐标系的角速度矢量，在主动航天器体坐标系内，有

$$\boldsymbol{\omega}_r = \boldsymbol{\omega}_\mathrm{bc} - \boldsymbol{C}_\mathrm{bc}^\mathrm{bt}\boldsymbol{\omega}_\mathrm{bt} \tag{2-81}$$

在主动航天器本体坐标系中，两航天器之间相对姿态运动学方程可以表示为

$$\dot{\boldsymbol{q}}_e = \frac{1}{2}\begin{bmatrix} 0 & \omega_{rz} & -\omega_{ry} & \omega_{rx} \\ -\omega_{rz} & 0 & \omega_{rx} & \omega_{ry} \\ \omega_{ry} & -\omega_{rx} & 0 & \omega_{rz} \\ -\omega_{rx} & -\omega_{ry} & -\omega_{rz} & 0 \end{bmatrix}\begin{bmatrix} q_{1e} \\ q_{2e} \\ q_{3e} \\ q_{4e} \end{bmatrix} \tag{2-82}$$

在主动航天器本体坐标系内，有

$$\dot{\boldsymbol{\omega}}_r = \dot{\boldsymbol{\omega}}_\mathrm{bc} - \boldsymbol{C}_\mathrm{bc}^\mathrm{bt}\dot{\boldsymbol{\omega}}_\mathrm{bt} - \boldsymbol{\omega}_\mathrm{bc} \times \boldsymbol{\omega}_r \tag{2-83}$$

式(2-83)两端同乘以 $\boldsymbol{J}_\mathrm{c}$ ，可得到

$$\boldsymbol{J}_\mathrm{c}\dot{\boldsymbol{\omega}}_r = \boldsymbol{J}_\mathrm{c}\dot{\boldsymbol{\omega}}_\mathrm{bc} - \boldsymbol{J}_\mathrm{c}\boldsymbol{C}_\mathrm{bc}^\mathrm{bt}\dot{\boldsymbol{\omega}}_\mathrm{bt} - \boldsymbol{J}_\mathrm{c}\boldsymbol{\omega}_\mathrm{bc}^\times\boldsymbol{\omega}_r \tag{2-84}$$

将式(2-70)、式(2-75)代入式(2-84)，可得

$$\boldsymbol{J}_\mathrm{c}\dot{\boldsymbol{\omega}}_r = -\boldsymbol{\omega}_\mathrm{bc}^\times\boldsymbol{J}_\mathrm{c}\boldsymbol{\omega}_\mathrm{bc} + \boldsymbol{T}_\mathrm{gc} + \boldsymbol{T}_\mathrm{c} - \boldsymbol{J}_\mathrm{c}\boldsymbol{C}_\mathrm{bc}^\mathrm{bt}[\boldsymbol{J}_\mathrm{t}^{-1}(-\boldsymbol{\omega}_\mathrm{bt}^\times\boldsymbol{J}_\mathrm{t}\boldsymbol{\omega}_\mathrm{bt} + \boldsymbol{T}_\mathrm{gt})] - \boldsymbol{J}_\mathrm{c}\boldsymbol{\omega}_\mathrm{bc}^\times\boldsymbol{\omega}_r \tag{2-85}$$

式(2-85)即为两航天器之间相对姿态动力学方程。

2.3.3 相对姿态误差动力学模型

假设虚拟的本体坐标系与目标航天器本体坐标系之间的相对姿态 $\boldsymbol{q}_\mathrm{d} = [\bar{\boldsymbol{q}}_\mathrm{d} \quad q_{4\mathrm{d}}]^\mathrm{T} = [q_{1\mathrm{d}} \quad q_{2\mathrm{d}} \quad q_{3\mathrm{d}} \quad q_{4\mathrm{d}}]^\mathrm{T}$ 以及相对角速度 $\boldsymbol{\omega}_\mathrm{d} = [\omega_{\mathrm{d}x} \quad \omega_{\mathrm{d}y} \quad \omega_{\mathrm{d}z}]^\mathrm{T}$ 为两航天器之间相对姿态的期望值，则期望相对姿态的运动学方程为

$$\dot{\boldsymbol{q}}_\mathrm{d} = \frac{1}{2}\begin{bmatrix} 0 & \omega_{\mathrm{d}z} & -\omega_{\mathrm{d}y} & \omega_{\mathrm{d}x} \\ -\omega_{\mathrm{d}z} & 0 & \omega_{\mathrm{d}x} & \omega_{\mathrm{d}y} \\ \omega_{\mathrm{d}y} & -\omega_{\mathrm{d}x} & 0 & \omega_{\mathrm{d}z} \\ -\omega_{\mathrm{d}x} & -\omega_{\mathrm{d}y} & -\omega_{\mathrm{d}z} & 0 \end{bmatrix}\begin{bmatrix} q_{1\mathrm{d}} \\ q_{2\mathrm{d}} \\ q_{3\mathrm{d}} \\ q_{4\mathrm{d}} \end{bmatrix} \tag{2-86}$$

根据式(2-86)，可得到

$$\boldsymbol{\omega}_{\mathrm{d}} = 2(q_{4\mathrm{d}}\dot{\bar{\boldsymbol{q}}}_{\mathrm{d}} - \dot{q}_{4\mathrm{d}}\bar{\boldsymbol{q}}_{\mathrm{d}}) - 2\bar{\boldsymbol{q}}_{\mathrm{d}}^{\times}\dot{\bar{\boldsymbol{q}}}_{\mathrm{d}} \tag{2-87}$$

$$\dot{\boldsymbol{\omega}}_{\mathrm{d}} = 2(q_{4\mathrm{d}}\ddot{\bar{\boldsymbol{q}}}_{\mathrm{d}} - \ddot{q}_{4\mathrm{d}}\bar{\boldsymbol{q}}_{\mathrm{d}}) - 2\bar{\boldsymbol{q}}_{\mathrm{d}}^{\times}\ddot{\bar{\boldsymbol{q}}}_{\mathrm{d}} \tag{2-88}$$

用 $\boldsymbol{q}_{\sigma} = [\bar{\boldsymbol{q}}_{\sigma} \quad q_{4\sigma}]^{\mathrm{T}} = [q_{1\sigma} \quad q_{2\sigma} \quad q_{3\sigma} \quad q_{4\sigma}]^{\mathrm{T}}$ 表示两航天器之间真实相对姿态 $\boldsymbol{q}_e$ 与期望相对姿态 $\boldsymbol{q}_{\mathrm{d}}$ 之间的误差,同式(2-80),有

$$\boldsymbol{q}_{\sigma} = \begin{bmatrix} q_{4e}\boldsymbol{I} - \bar{\boldsymbol{q}}_e^{\times} & -\bar{\boldsymbol{q}}_e \\ \bar{\boldsymbol{q}}_e^{\mathrm{T}} & q_{4e} \end{bmatrix} \boldsymbol{q}_{\mathrm{d}} \tag{2-89}$$

定义 $\boldsymbol{\omega}_{\sigma} = [\omega_{\sigma x} \quad \omega_{\sigma y} \quad \omega_{\sigma z}]^{\mathrm{T}}$ 为两航天器之间真实相对角速度 $\boldsymbol{\omega}_r$ 与期望相对角速度 $\boldsymbol{\omega}_{\mathrm{d}}$ 之间的误差,在主动航天器体坐标系内,有

$$\boldsymbol{\omega}_{\sigma} = \boldsymbol{\omega}_r - \boldsymbol{C}_{\mathrm{bc}}^{\mathrm{bt}}\boldsymbol{C}_{\mathrm{bt}}^{\mathrm{d}}\boldsymbol{\omega}_{\mathrm{d}} \tag{2-90}$$

式中:$\boldsymbol{C}_{\mathrm{bt}}^{\mathrm{d}}$ 为从主动航天器虚拟体坐标系到目标航天器体坐标系的坐标转换矩阵,即

$$(\boldsymbol{C}_{\mathrm{bt}}^{\mathrm{d}})^{\mathrm{T}} = (q_{4\mathrm{d}}^2 - \bar{\boldsymbol{q}}_{\mathrm{d}}^{\mathrm{T}}\bar{\boldsymbol{q}}_{\mathrm{d}})\boldsymbol{I} + 2\bar{\boldsymbol{q}}_{\mathrm{d}}\bar{\boldsymbol{q}}_{\mathrm{d}}^{\mathrm{T}} - 2q_{4\mathrm{d}}\bar{\boldsymbol{q}}_{\mathrm{d}}^{\times} \tag{2-91}$$

相对姿态误差运动学方程与式(2-82)类似,可以写为

$$\dot{\boldsymbol{q}}_{\sigma} = \frac{1}{2}\begin{bmatrix} 0 & \omega_{\sigma z} & -\omega_{\sigma y} & \omega_{\sigma x} \\ -\omega_{\sigma z} & 0 & \omega_{\sigma x} & \omega_{\sigma y} \\ \omega_{\sigma y} & -\omega_{\sigma x} & 0 & \omega_{\sigma z} \\ -\omega_{\sigma x} & -\omega_{\sigma y} & -\omega_{\sigma z} & 0 \end{bmatrix}\begin{bmatrix} q_{1\sigma} \\ q_{2\sigma} \\ q_{3\sigma} \\ q_{4\sigma} \end{bmatrix} \tag{2-92}$$

在主动航天器本体坐标系内,有

$$\dot{\boldsymbol{\omega}}_{\sigma} = \dot{\boldsymbol{\omega}}_r - \boldsymbol{C}_{\mathrm{bc}}^{\mathrm{bt}}\boldsymbol{C}_{\mathrm{bt}}^{\mathrm{d}}\dot{\boldsymbol{\omega}}_{\mathrm{d}} + \boldsymbol{\omega}_{\mathrm{bc}} \times (\boldsymbol{\omega}_r - \boldsymbol{\omega}_{\sigma}) \tag{2-93}$$

式(2-93)两端同乘以 $\boldsymbol{J}_{\mathrm{c}}$,得到

$$\boldsymbol{J}_{\mathrm{c}}\dot{\boldsymbol{\omega}}_{\sigma} = \boldsymbol{J}_{\mathrm{c}}\dot{\boldsymbol{\omega}}_r - \boldsymbol{J}_{\mathrm{c}}\boldsymbol{C}_{\mathrm{bc}}^{\mathrm{bt}}\boldsymbol{C}_{\mathrm{bt}}^{\mathrm{d}}\dot{\boldsymbol{\omega}}_{\mathrm{d}} + \boldsymbol{J}_{\mathrm{c}}\boldsymbol{\omega}_{\mathrm{bc}} \times (\boldsymbol{\omega}_r - \boldsymbol{\omega}_{\sigma}) \tag{2-94}$$

将式(2-85)、式(2-88)代入式(2-94)可得相对姿态误差动力学方程为

$$\begin{aligned}\boldsymbol{J}_{\mathrm{c}}\dot{\boldsymbol{\omega}}_{\sigma} = &-\boldsymbol{\omega}_{\mathrm{bc}}^{\times}\boldsymbol{J}_{\mathrm{c}}\boldsymbol{\omega}_{\mathrm{bc}} + \boldsymbol{T}_{\mathrm{gc}} + \boldsymbol{T}_{\mathrm{c}} - \boldsymbol{J}_{\mathrm{c}}\boldsymbol{C}_{\mathrm{bc}}^{\mathrm{bt}}[\boldsymbol{J}_t^{-1}(-\boldsymbol{\omega}_{\mathrm{bt}}^{\times}\boldsymbol{J}_{\mathrm{t}}\boldsymbol{\omega}_{\mathrm{bt}} + \boldsymbol{T}_{\mathrm{gt}})] - \boldsymbol{J}_{\mathrm{c}}\boldsymbol{\omega}_{\mathrm{bc}}^{\times}\boldsymbol{\omega}_r \\ &- \boldsymbol{J}_{\mathrm{c}}\boldsymbol{C}_{\mathrm{bc}}^{\mathrm{bt}}\boldsymbol{C}_{\mathrm{bt}}^{\mathrm{d}}\dot{\boldsymbol{\omega}}_{\mathrm{d}} + \boldsymbol{J}_{\mathrm{c}}\boldsymbol{\omega}_{\mathrm{bc}}^{\times}\boldsymbol{C}_{\mathrm{bc}}^{\mathrm{bt}}\boldsymbol{C}_{\mathrm{bt}}^{\mathrm{d}}\boldsymbol{\omega}_{\mathrm{d}}\end{aligned} \tag{2-95}$$

若将

$$\begin{cases} \boldsymbol{\omega}_{\mathrm{bc}} = \boldsymbol{\omega}_r + \boldsymbol{C}_{\mathrm{bc}}^{\mathrm{bt}}\boldsymbol{\omega}_{\mathrm{bt}} \\ \boldsymbol{\omega}_r = \boldsymbol{\omega}_{\sigma} + \boldsymbol{C}_{\mathrm{bc}}^{\mathrm{bt}}\boldsymbol{C}_{\mathrm{bt}}^{\mathrm{d}}\boldsymbol{\omega}_{\mathrm{d}} \end{cases}$$

代入式(2-95),则可得

$$\begin{aligned}J_c\dot{\omega}_\sigma = &-(\omega_\sigma + C_{bc}^{bt}C_{bt}^{d}\omega_d + C_{bc}^{bt}\omega_{bt})^\times J_c(\omega_\sigma + C_{bc}^{bt}C_{bt}^{d}\omega_d + C_{bc}^{bt}\omega_{bt})\\ &+ T_{gc} + T - J_c C_{bc}^{bt}[J_t^{-1}(-\omega_{bt}^\times J_t\omega_{bt} + T_{gt})] - J_c(C_{bc}^{bt}\omega_{bt})^\times\omega_r\\ &- J_c C_{bc}^{bt}C_{bt}^{d}\dot{\omega}_d + J_c(\omega_\sigma + C_{bc}^{bt}C_{bt}^{d}\omega_d + C_{bc}^{bt}\omega_{bt})^\times C_{bc}^{bt}C_{bt}^{d}\omega_d\end{aligned} \tag{2-96}$$

式(2-92)与式(2-95)或式(2-96)就构成了完整的相对姿态误差运动学与动力学模型。

2.3.4 伴飞姿态跟踪误差动力学模型

在主动航天器本体坐标系内，主动航天器的姿态动力学方程为式(2-75)，即

$$J_c\dot{\omega}_{bc} + \omega_{bc}^\times J_c\omega_{bc} = T_{gc} + T_c$$

将运动学方程式(2-76)改写为

$$\begin{cases}\dot{\bar{q}}_c = \dfrac{1}{2}(\bar{q}_c^\times + q_{4c}I_3)\omega_{bc}\\ \dot{q}_{4c} = -\dfrac{1}{2}\bar{q}_c^T\omega_{bc}\end{cases} \tag{2-97}$$

角速度 ω_{bc} 可以表示为

$$\omega_{bc} = 2(q_{4c}\dot{\bar{q}}_c - \dot{q}_{4c}\bar{q}_c) - 2\bar{q}_c^\times\dot{\bar{q}}_c \tag{2-98}$$

假设虚拟的本体坐标系 s_d 相对惯性坐标系的姿态 $q_{di} = [\bar{q}_{di} \quad q_{4di}]^T$ 以及相对惯性坐标系的角速度 ω_{di} 为主动航天器姿态指向的期望值，满足条件

$$\bar{q}_{di}^T\bar{q}_{di} + q_{4di}^2 = 1 \tag{2-99}$$

$$\begin{cases}\dot{\bar{q}}_{di} = \dfrac{1}{2}(\bar{q}_{di}^\times + q_{4di}I_3)\omega_{di}\\ \dot{q}_{4di} = -\dfrac{1}{2}\bar{q}_{di}^\times\omega_{di}\end{cases} \tag{2-100}$$

$$\omega_{di} = 2(q_{4di}\dot{\bar{q}}_{di} - \dot{q}_{4di}\bar{q}_{di}) - 2\bar{q}_{di}^\times\dot{\bar{q}}_{di} \tag{2-101}$$

$$\dot{\omega}_{di} = 2(q_{4di}\ddot{\bar{q}}_{di} - \ddot{q}_{4di}\bar{q}_{di}) - 2\bar{q}_{di}^\times\ddot{\bar{q}}_{di} \tag{2-102}$$

从惯性坐标系到虚拟本体坐标系的坐标转换矩阵为

$$C_{bd}^{i} = (q_{4di}^2 - \bar{q}_{di}^T\bar{q}_{di})I_3 + 2\bar{q}_{di}\bar{q}_{di}^T - 2q_{4di}\bar{q}_{di}^\times \tag{2-103}$$

主动航天器真实姿态 q_c 与期望姿态 q_{di} 之间的姿态误差用误差四元数

$\boldsymbol{e}_{\mathrm{a}} = [\bar{\boldsymbol{e}}_{\mathrm{a}} \quad e_{4\mathrm{a}}]^{\mathrm{T}}$ 表示，有

$$\begin{cases}\bar{\boldsymbol{e}}_{\mathrm{a}} = q_{4\mathrm{di}}\bar{\boldsymbol{q}}_{\mathrm{c}} - q_{4\mathrm{c}}\bar{\boldsymbol{q}}_{\mathrm{di}} + \bar{\boldsymbol{q}}_{\mathrm{c}}^{\times}\bar{\boldsymbol{q}}_{\mathrm{di}} \\ e_{4\mathrm{a}} = q_{4\mathrm{c}}q_{4\mathrm{di}} + \bar{\boldsymbol{q}}_{\mathrm{c}}^{\mathrm{T}}\bar{\boldsymbol{q}}_{\mathrm{di}}\end{cases} \tag{2-104}$$

主动航天器本体坐标系 s_{bc} 与虚拟本体坐标系 s_{d} 之间的坐标转换矩阵为

$$\boldsymbol{C}_{\mathrm{bc}}^{\mathrm{bd}} = \boldsymbol{C}_{\mathrm{bc}}^{i}\ (\boldsymbol{C}_{\mathrm{bd}}^{i})^{\mathrm{T}} = (e_{4\mathrm{a}}^{2} - \bar{\boldsymbol{e}}_{\mathrm{a}}^{\mathrm{T}}\bar{\boldsymbol{e}}_{\mathrm{a}})\boldsymbol{I}_3 + 2\bar{\boldsymbol{e}}_{\mathrm{a}}\bar{\boldsymbol{e}}_{\mathrm{a}}^{\mathrm{T}} - 2e_{4\mathrm{a}}\bar{\boldsymbol{e}}_{\mathrm{a}}^{\times} \tag{2-105}$$

主动航天器本体坐标系 s_{bc} 相对虚拟本体坐标系 s_{d} 的角速度为

$$\boldsymbol{\omega}_{\mathrm{cd}} = \boldsymbol{\omega}_{\mathrm{bc}} - \boldsymbol{C}_{\mathrm{bc}}^{\mathrm{bd}}\boldsymbol{\omega}_{\mathrm{di}} \tag{2-106}$$

将式(2-106)及其对时间的一阶导数代入式(2-75)，可得姿态指向误差动力学方程为

$$\begin{aligned}\boldsymbol{J}_{\mathrm{c}}\dot{\boldsymbol{\omega}}_{\mathrm{cd}} = &-(\boldsymbol{\omega}_{\mathrm{cd}} + \boldsymbol{C}_{\mathrm{bc}}^{\mathrm{bd}}\boldsymbol{\omega}_{\mathrm{di}})^{\times}\boldsymbol{J}_{\mathrm{c}}(\boldsymbol{\omega}_{\mathrm{cd}} + \boldsymbol{C}_{\mathrm{bc}}^{\mathrm{bd}}\boldsymbol{\omega}_{\mathrm{di}}) \\ &+ \boldsymbol{J}_{\mathrm{c}}(\boldsymbol{\omega}_{\mathrm{cd}}^{\times}\boldsymbol{C}_{\mathrm{bc}}^{\mathrm{bd}}\boldsymbol{\omega}_{\mathrm{di}} - \boldsymbol{C}_{\mathrm{bc}}^{\mathrm{bd}}\dot{\boldsymbol{\omega}}_{\mathrm{di}}) + \boldsymbol{T}_{\mathrm{gc}} + \boldsymbol{T}_{\mathrm{c}}\end{aligned} \tag{2-107}$$

姿态指向误差运动学方程为

$$\begin{cases}\dot{\bar{\boldsymbol{e}}}_{\mathrm{a}} = \dfrac{1}{2}(\bar{\boldsymbol{e}}_{\mathrm{a}}^{\times} + e_{4\mathrm{a}}\boldsymbol{I}_3)\boldsymbol{\omega}_{\mathrm{cd}} \\ \dot{e}_{4\mathrm{a}} = -\dfrac{1}{2}\bar{\boldsymbol{e}}_{\mathrm{a}}^{\mathrm{T}}\boldsymbol{\omega}_{\mathrm{cd}}\end{cases} \tag{2-108}$$

式(2-107)和式(2-108)构成完整的姿态指向误差动力学模型。

定义

$$\begin{cases}\boldsymbol{Q} = \bar{\boldsymbol{e}}_{\mathrm{a}}^{\times} + e_{4\mathrm{a}}\boldsymbol{I}_3 \\ \boldsymbol{P} = \boldsymbol{Q}^{-1}\end{cases} \tag{2-109}$$

则式(2-108)中的第一式可以写为

$$\dot{\bar{\boldsymbol{e}}}_{\mathrm{a}} = \frac{1}{2}\boldsymbol{Q}\boldsymbol{\omega}_{\mathrm{cd}} \tag{2-110}$$

对式(2-110)求导，并且在左、右两端同乘

$$\boldsymbol{J}_2 = \boldsymbol{P}^{\mathrm{T}}\boldsymbol{J}_{\mathrm{c}}\boldsymbol{P} \tag{2-111}$$

可得

$$\boldsymbol{J}_2\ddot{\bar{\boldsymbol{e}}}_{\mathrm{a}} = \frac{1}{2}\boldsymbol{J}_2\dot{\boldsymbol{Q}}\boldsymbol{\omega}_{\mathrm{cd}} + \frac{1}{2}\boldsymbol{P}^{\mathrm{T}}\boldsymbol{J}_{\mathrm{c}}\dot{\boldsymbol{\omega}}_{\mathrm{cd}} \tag{2-112}$$

将式(2-107)代入式(2-112)整理可得

$$\boldsymbol{J}_2\ddot{\bar{\boldsymbol{e}}}_{\mathrm{a}} + \boldsymbol{C}_2\dot{\bar{\boldsymbol{e}}}_{\mathrm{a}} + \boldsymbol{N}_2 = \boldsymbol{u}_2 \tag{2-113}$$

其中，

$$\boldsymbol{C}_2 = -\boldsymbol{J}_2\dot{\boldsymbol{P}}^{-1}\boldsymbol{P} - 2\boldsymbol{P}^{\mathrm{T}}(\boldsymbol{J}_{\mathrm{c}}\boldsymbol{P}\dot{\bar{\boldsymbol{e}}}_{\mathrm{a}})^{\times}\boldsymbol{P}$$

$$N_2 = \boldsymbol{P}^{\mathrm{T}}[(\boldsymbol{P}\dot{\bar{\boldsymbol{e}}}_{\mathrm{a}})^{\times}\boldsymbol{J}_{\mathrm{c}}\boldsymbol{C}_{\mathrm{bc}}^{\mathrm{bd}}\boldsymbol{\omega}_{\mathrm{di}}] + \boldsymbol{P}^{\mathrm{T}}[(\boldsymbol{C}_{\mathrm{bc}}^{\mathrm{bd}}\boldsymbol{\omega}_{\mathrm{di}})^{\times}\boldsymbol{J}_{\mathrm{c}}\boldsymbol{P}\dot{\bar{\boldsymbol{e}}}_{\mathrm{a}}] - \frac{1}{2}\boldsymbol{P}^{\mathrm{T}}\boldsymbol{T}_{\mathrm{gc}}$$

$$+ \frac{1}{2}\boldsymbol{P}^{\mathrm{T}}[(\boldsymbol{C}_{\mathrm{bc}}^{\mathrm{bd}}\boldsymbol{\omega}_{\mathrm{di}})^{\times}\boldsymbol{J}_{\mathrm{c}}\boldsymbol{C}_{\mathrm{bc}}^{\mathrm{bd}}\boldsymbol{\omega}_{\mathrm{di}}] - \frac{1}{2}\boldsymbol{P}^{\mathrm{T}}\boldsymbol{J}_{\mathrm{c}}[(2\boldsymbol{P}\dot{\bar{\boldsymbol{e}}}_{\mathrm{a}})^{\times}\boldsymbol{C}_{\mathrm{bc}}^{\mathrm{bd}}\boldsymbol{\omega}_{\mathrm{di}} - \boldsymbol{C}_{\mathrm{bc}}^{\mathrm{bd}}\dot{\boldsymbol{\omega}}_{\mathrm{di}}]$$

$$\boldsymbol{u}_2 = \frac{1}{2}\boldsymbol{P}^{\mathrm{T}}\boldsymbol{T}_{\mathrm{c}}$$

式(2-113)即为主动航天器本体坐标系下的超近距离伴飞姿态控制模型。

第3章 相对导航技术

3.1 概述

相对导航主要为主动航天器提供平台与目标星之间的相对位置、相对姿态等信息，是实现空间操控的前提。

考察现有的跟瞄设备，主动测距设备的探测距离与自身功耗、体积密切相关，导致远距离精确测距难以实现；而被动测量设备则可以在更远的距离实现对目标星的探测与跟踪，且具有隐蔽性好的优点，但只能输出以角度表示的方位信息、目标辐照度、目标成像信息等。因此，远距离角度信息的相对导航方法主要适用于远程。

在近程导引初始状态建立过程中，需要对相对状态进行较为精细的调整，此时基于角度信息的相对导航不再满足要求。因此，在目标星进入测距设备视场范围，相对距离信息可测之后，将目标星作为点目标，利用距离和角度信息作为观测量，并输出对相对状态的高精度估计。

超近程相对控制，包括相对位置、相对姿态控制，状态变量有12维。双目视觉相机内部经过图像处理算法可直接得到目标星相对于主动星的相对位姿信息，因此采用双目视觉相机和微波雷达作为导航敏感器的12维相对状态导航适用于超近程，得到的导航结果包括相对位置信息和相对姿态信息。

在具体飞行任务中，为增加系统的冗余度，根据导航设备的特点，不同阶段的导航方式都具备主要方案和备份方案。图3-1给出了目标星与主动星在不同距离时的导航设备使用方案。

主动星在远程导引段，主要通过雷达输出的角度信息进行相对导航。

从目标星后方40~5km的自主寻的段，主要采用差分GPS方法得到相对状态量。前一阶段所采用的导航作为一种备份方案。

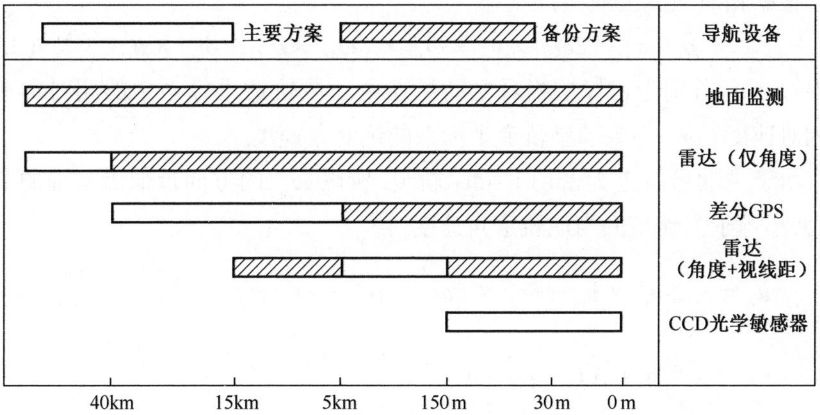

图 3-1　导航设备使用方案

在目标星后方 5km～150m 的近程逼近段，主要采用微波雷达进行相对状态量的测量。同时主动星继续进行相对 GPS 的计算，在微波雷达出现故障时，可以切换到差分 GPS 导航，保证任务能够继续完成。

从 150m 开始直至两者对接的平移对接段，以视觉导航作为导航的主要方案，微波雷达、差分 GPS 作为备份的跟瞄设备。

3.2　近距离高精度相对导航系统设计

3.2.1　相对轨道动力学

目标星和主动星的绝对动力学方程分别为

$$\ddot{\boldsymbol{r}}_{\mathrm{t}} = -\frac{\mu}{r_{\mathrm{t}}^3}\boldsymbol{r}_{\mathrm{t}} + \boldsymbol{a}_{\mathrm{tc}} + \boldsymbol{J}_{\mathrm{t}} \tag{3-1}$$

$$\ddot{\boldsymbol{r}}_{\mathrm{c}} = -\frac{\mu}{r_{\mathrm{c}}^3}\boldsymbol{r}_{\mathrm{c}} + \boldsymbol{a}_{\mathrm{cc}} + \boldsymbol{J}_{\mathrm{c}} \tag{3-2}$$

式中：$\boldsymbol{r}_{\mathrm{t}}$、$\boldsymbol{r}_{\mathrm{c}}$ 分别为目标星和主动星相对于地心的位置矢量；$\boldsymbol{a}_{\mathrm{tc}}$、$\boldsymbol{a}_{\mathrm{cc}}$ 分别为目标星和主动星的控制加速度；$\boldsymbol{J}_{\mathrm{t}}$、$\boldsymbol{J}_{\mathrm{c}}$ 分别为目标星和主动星的摄动加速度。

令 $\boldsymbol{\rho} = \boldsymbol{r}_{\mathrm{t}} - \boldsymbol{r}_{\mathrm{c}}$ 相减得到

$$\ddot{\boldsymbol{\rho}} = -\frac{\mu}{r_{\mathrm{t}}^3}\boldsymbol{\rho} + \left(\frac{\mu}{r_{\mathrm{c}}^3} - \frac{\mu}{r_{\mathrm{t}}^3}\right)\boldsymbol{r}_{\mathrm{c}} + \Delta\boldsymbol{J} + \boldsymbol{a}_{\mathrm{tc}} - \boldsymbol{a}_{\mathrm{cc}} \tag{3-3}$$

根据相对微分公式,有

$$\ddot{\boldsymbol{\rho}} = \boldsymbol{a}_{\mathrm{c}} + 2\boldsymbol{\omega}_{ic} \times \boldsymbol{v}_{\mathrm{c}} + \boldsymbol{\omega}_{ic} \times (\boldsymbol{\omega}_{ic} \times \boldsymbol{\rho}) + \dot{\boldsymbol{\omega}}_{ic} \times \boldsymbol{\rho} \tag{3-4}$$

式中:$\boldsymbol{a}_{\mathrm{c}}$、$\boldsymbol{v}_{\mathrm{c}}$ 分别为目标星相对主动星在主动星轨道坐标系中的相对加速度和相对速度;$\boldsymbol{\omega}_{ic}$ 为主动星轨道坐标系的绝对角速度。

由于主动星轨道为密切 Kepler 轨道,所以 $\boldsymbol{\omega}_{ic}$ 的方向近似沿 y 轴的负方向,大小等于主动星的当地轨道角速度,得

$$\boldsymbol{a}_{\mathrm{c}} = -2\boldsymbol{\omega}_{ic} \times \boldsymbol{v}_{\mathrm{c}} - \boldsymbol{\omega}_{ic} \times (\boldsymbol{\omega}_{ic} \times \boldsymbol{\rho}) - \dot{\boldsymbol{\omega}}_{ic} \times \boldsymbol{\rho} + \left(\frac{\mu}{r_{\mathrm{c}}^3} - \frac{\mu}{r_{\mathrm{t}}^3}\right)\boldsymbol{r}_{\mathrm{c}} - \frac{\mu}{r_{\mathrm{t}}^3}\boldsymbol{\rho} + \Delta\boldsymbol{J} + \boldsymbol{a}_{\mathrm{tc}} - \boldsymbol{a}_{\mathrm{cc}} \tag{3-5}$$

在主动星轨道坐标系中,设 $\boldsymbol{\rho} = [x, y, z]$,另外易见,$\boldsymbol{\omega}_{ic} = [0, -\omega_{ic}, 0]'$,$\boldsymbol{r}_{\mathrm{c}} = [0, 0, -r_{\mathrm{c}}]'$,$\boldsymbol{r}_{\mathrm{t}} = [x, y, z - r_{\mathrm{c}}]'$,$\dot{\boldsymbol{\omega}}_{ic} = [0, -\dot{\omega}_{\mathrm{ic}}, 0]'$,$\boldsymbol{a}_{\mathrm{c}} = [\ddot{x}, \ddot{y}, \ddot{z}]'$,$\boldsymbol{v}_c = [\dot{x}, \dot{y}, \dot{z}]'$ 写成分量形式,则

$$\begin{cases} \ddot{x} = 2\omega_{ic}\dot{z} + \dot{\omega}_{ic}z + \left(\omega_{ic}^2 - \dfrac{\mu}{r_{\mathrm{t}}^3}\right)x + a_{\mathrm{tc}x} - a_{\mathrm{cc}x} + \Delta J_x \\ \ddot{y} = -\dfrac{\mu}{r_{\mathrm{t}}^3}y + a_{\mathrm{tc}y} - a_{\mathrm{cc}y} + \Delta J_y \\ \ddot{z} = -2\omega_{ic}\dot{x} - \dot{\omega}_{ic}x + \left(\omega_{ic}^2 - \dfrac{\mu}{r_{\mathrm{t}}^3}\right)z + \left(\dfrac{\mu}{r_{\mathrm{c}}^3} - \dfrac{\mu}{r_{\mathrm{t}}^3}\right)r_{\mathrm{c}} + a_{\mathrm{tc}z} - a_{\mathrm{tc}z} + \Delta J_z \end{cases} \tag{3-6}$$

动力学方程式(3-6)还不具有封闭形式。为了使其封闭,必须补充主动星的运动学方程。设主动星的真近点角为 θ_{c},则

$$\dot{\theta}_{\mathrm{c}} = \frac{h_{\mathrm{c}}}{p_{\mathrm{c}}^2}(1 + e_{\mathrm{c}}\cos\theta_{\mathrm{c}})^2 \tag{3-7}$$

式中:h_{c}、p_{c}、e_{c} 分别为主动星的轨道角动量、半正焦弦和偏心率。

不难得出以下结果,即

$$\begin{cases} \omega_{ic} = \dot{\theta}_{\mathrm{c}} = \dfrac{h_{\mathrm{c}}}{p_{\mathrm{c}}^2}(1 + e_{\mathrm{c}}\cos\theta_{\mathrm{c}})^2 \\ r_{\mathrm{c}} = \dfrac{p_{\mathrm{c}}}{1 + e_{\mathrm{c}}\cos\theta_{\mathrm{c}}} \\ \dot{\omega}_{ic} = -\dfrac{\mu}{r_{\mathrm{c}}^3}e_{\mathrm{c}}\sin\theta_{\mathrm{c}} \end{cases} \tag{3-8}$$

运动学方程式(3-8)对一般的密切 Kepler 轨道均成立。因此,目标星轨道为任意密切 Kepler 轨道时,动力学方程式(3-6)都是适用的。

动力学方程式(3-6)、运动学方程式(3-8)组成一个封闭的微分方程组,给定初始条件及推力程序,可以按时间积分。

当主动星轨道为近圆轨道时,偏心率近似为零,即 $\omega_i^2 \cdot \frac{\mu}{a_c^3} = n^2$, $\dot{\omega}_i = 0$ 时,并且忽略引力摄动引起的加速度差,可以对式(3-5)进行近似简化处理。

在圆轨道假设条件下,可得到

$$\frac{\boldsymbol{r}_c}{\boldsymbol{r}_t^3} = \begin{bmatrix} \frac{x}{[x^2+y^2+(z-r_c)^2]^{\frac{3}{2}}} & \frac{y}{[x^2+y^2+(z-r_c)^2]^{\frac{3}{2}}} & \frac{z-r_c}{[x^2+y^2+(z-r_c)^2]^{\frac{3}{2}}} \end{bmatrix}^{\mathrm{T}}$$

令 $A = \frac{x}{[x^2 + y^2 + (z - r_c)^2]^{\frac{3}{2}}}$, $B = \frac{y}{[x^2 + y^2 + (z - r_c)^2]^{\frac{3}{2}}}$, $C = \frac{z - r_1}{[x^2 + y^2 + (z - r_c)^2]^{\frac{3}{2}}}$,将 A、B、C 进行泰勒展开,保留二阶项,有

$$\begin{aligned} A_{(2)} &= A(0,0,0) + \left(x\frac{\partial}{\partial x} + y\frac{\partial}{\partial y} + z\frac{\partial}{\partial z}\right)A(0,0,0) + \frac{1}{2!}\left(x\frac{\partial}{\partial x} + y\frac{\partial}{\partial y} + z\frac{\partial}{\partial z}\right)^2 A(0,0,0) \\ &= \frac{x}{r_c^3} + \frac{3xz}{r_c^4} \end{aligned}$$

$$B_{(2)} = \frac{y}{r_c^3} + \frac{3yz}{r_c^4}$$

$$C_{(2)} = \frac{3x^2}{2r_c^4} + \frac{3y^2}{2r_c^4} - \frac{3z^2}{r_c^4} - \frac{2z}{r_c^3} - \frac{1}{r_c^2}$$

将上述展开式代入式(3-5),计算整理得到保留二阶项的 C-W 方程,即

$$\begin{cases} \ddot{x} - 2\omega_i \dot{z} = -\dfrac{3\omega_i^2 xz}{a_c} + a_{tcx} - a_{ccx} \\ \ddot{y} + \omega_i^2 y = -\dfrac{3\omega_i^2 yz}{a_c} + a_{tcy} - a_{ccy} \\ \ddot{z} + 2\omega_i \dot{x} - 3\omega_i^2 z = \dfrac{3\omega_i^2(2y^2 - x^2 - z^2)}{2a_c} + a_{tcz} - a_{tcz} \end{cases} \tag{3-9}$$

若仅保留引力项泰勒展开的一阶项,则可以得到线性化形式的动力学方程,该方程是在相对运动问题中广泛应用的 C-W 方程,即

$$
\begin{cases}
\ddot{x} = 2\omega_i \dot{z} + a_{tcx} - a_{ccx} \\
\ddot{y} = -\omega_i^2 y + a_{tcy} - a_{ccy} \\
\ddot{z} = -2\omega_i \dot{x} + 3\omega_i^2 z + a_{tcz} - a_{ccz}
\end{cases}
\tag{3-10}
$$

一阶 C-W 方程对圆轨道或近似圆轨道,且两飞行器相对距离不是很大,特别是高度差不大的情况下,它是一组常系数线性微分方程,其解的精度足够高,可以满足相对导航分析要求,所以在本书中,超近程与近程的相对导航动力学分析都是用一阶 C-W 方程。

3.2.2 相对导航原理

1. 基于方位角+视线距相对导航[20]

首先明确模型建立的各坐标系间几何关系,确定参考坐标系;然后统一对系统状态量和观测量的定义,如图 3-2 所示。

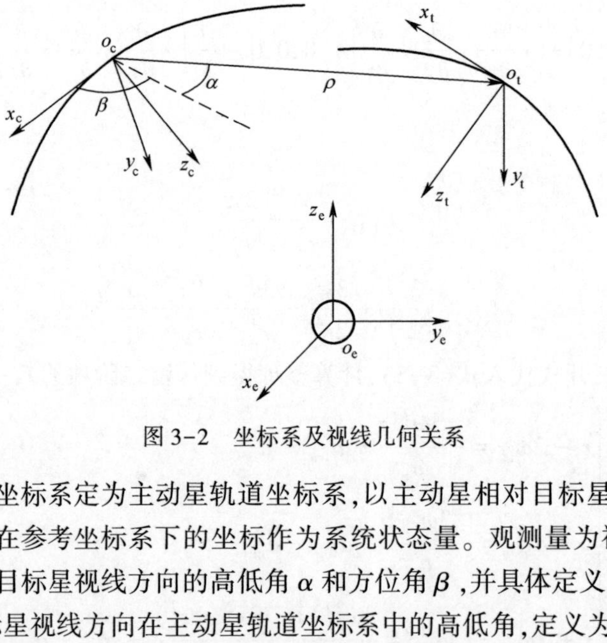

图 3-2　坐标系及视线几何关系

将参考坐标系定为主动星轨道坐标系,以主动星相对目标星的相对位置和相对速度在参考坐标系下的坐标作为系统状态量。观测量为视线距 ρ 、参考坐标系下目标星视线方向的高低角 α 和方位角 β ,并具体定义[21]如下。

α :目标星视线方向在主动星轨道坐标系中的高低角,定义为目标星相对主动星视线与其在主动星轨道系轨道平面(X-Z 平面)内投影之间的夹角,偏向 y 轴正向为正。

β :目标星视线方向在主动星轨道坐标系中的方位角,定义为目标星相对主动星视线在主动星轨道系轨道平面(X-Z 平面)的投影与 x 轴正向之间的夹角，由 x 轴正向到投影按照右手螺旋，指向 y 轴正向为正。

高低角 α 和方位角 β 变化范围为

$$\begin{cases} \dfrac{-\pi}{2} \leqslant \alpha \leqslant \dfrac{\pi}{2} \\ -\pi \leqslant \beta \leqslant \pi \end{cases}$$

选择二阶 C-W 方程建立相对动力学模型，表示为

$$\begin{cases} \ddot{x} - 2\omega_{ic}\dot{z} = -\dfrac{3\omega_{ic}^2 xz}{a_c} + a_{tcx} - a_{ccx} \\ \ddot{y} + \omega_{ic}^2 y = -\dfrac{3\omega_{ic}^2 yz}{a_c} + a_{tcy} - a_{ccy} \\ \ddot{z} + 2\omega_{ic}\dot{x} - 3\omega_{ic}^2 z = \dfrac{3\omega_{ic}^2(2z^2 - x^2 - y^2)}{2a_c} + a_{tcz} - a_{tcz} \end{cases} \tag{3-11}$$

式中：$\omega_{ic}^2 \cdot \dfrac{\mu}{a_c^3} = n^2$，由于目标星控制加速度难以准确得到，故模型中将其忽略，由此带来的误差由滤波算法根据测量量进行修正。

选择相对位置和相对速度作为状态量，即 $\boldsymbol{X} = [x, y, z, \dot{x}, \dot{y}, \dot{z}]$，将式(3-11)写成状态方程形式，即

$$\dot{\boldsymbol{X}} = f[\boldsymbol{X}] + \boldsymbol{\omega} \tag{3-12}$$

$$f[\boldsymbol{X}] = \begin{bmatrix} \dot{x} \\ \dot{y} \\ \dot{z} \\ 2\omega_i\dot{z} - \dfrac{3\omega_i^2 xz}{a_c} - a_{ccx} \\ -\omega_i^2 y - \dfrac{3\omega_i^2 yz}{a_c} - a_{ccy} \\ -2\omega_i\dot{x} + 3\omega_i^2 z + \dfrac{3\omega_i^2(2z^2 - x^2 - y^2)}{2a_c} - a_{ccz} \end{bmatrix} \tag{3-13}$$

式中：$\boldsymbol{\omega}$ 为模型误差向量。

上述模型为非线性模型，为适应滤波算法要求，需要首先对其进行离散化和线性化处理。运用成熟的方法，以采样时间 T 对模型进行离散化，得到

$$\boldsymbol{X}_{k+1} = \boldsymbol{X}_k + f(\boldsymbol{X}_k)T + \boldsymbol{\omega}_k \tag{3-14}$$

定义

$$A(\boldsymbol{X}_k) = \left.\frac{\partial f(\boldsymbol{X})}{\partial \boldsymbol{X}}\right|_{\boldsymbol{X}=\boldsymbol{X}_k} = \begin{bmatrix} 0 & 0 & 0 & 1 & 0 & 0 \\ 0 & 0 & 0 & 0 & 1 & 0 \\ 0 & 0 & 0 & 0 & 0 & 1 \\ -\frac{3\omega_i^2 z}{a_c} & 0 & -\frac{3\omega_i^2 x}{a_c} & 0 & 0 & 2\omega_i \\ 0 & -\omega_i^2-\frac{3\omega_i^2 z}{a_c} & -\frac{3\omega_i^2 y}{a_c} & 0 & 0 & 0 \\ -\frac{3\omega_i^2 x}{a_c} & -\frac{3\omega_i^2 y}{a_c} & 3\omega_i^2+\frac{6\omega_i^2 z}{a_c} & -2\omega_i & 0 & 0 \end{bmatrix}_{\boldsymbol{X}=\boldsymbol{X}_k} \tag{3-15}$$

将式(3-14)围绕状态标称值 $\hat{X}_k^*$ 线性化得

$$\boldsymbol{X}_{k+1} = [\hat{\boldsymbol{X}}_k^* + f(\hat{\boldsymbol{X}}_k^*)T] + \left.\frac{\partial[\boldsymbol{X}+f(\boldsymbol{X})T]}{\partial \boldsymbol{X}}\right|_{\boldsymbol{X}=\hat{\boldsymbol{X}}_k^*}(\boldsymbol{X}_k - \hat{\boldsymbol{X}}_k^*) + \boldsymbol{O}(2) + \boldsymbol{\omega}_k \tag{3-16}$$

当令 $\hat{\boldsymbol{X}}'_{k+1} = [\hat{\boldsymbol{X}}_k^* + f(\hat{\boldsymbol{X}}_k^*)T]$；$\boldsymbol{\Phi} = \boldsymbol{I} + A(\boldsymbol{X})T$，则

$$\boldsymbol{\Phi} = \begin{bmatrix} 1 & 0 & 0 & T & 0 & 0 \\ 0 & 1 & 0 & 0 & T & 0 \\ 0 & 0 & 1 & 0 & 0 & T \\ -\frac{3\omega_i^2 z}{a_c}T & 0 & -\frac{3\omega_i^2 x}{a_c}T & 1 & 0 & 2\omega_i T \\ 0 & -\left(\omega_i^2+\frac{3\omega_i^2 z}{a_c}\right)T & -\frac{3\omega_i^2 y}{a_c}T & 0 & 1 & 0 \\ -\frac{3\omega_i^2 x}{a_c}T & -\frac{3\omega_i^2 y}{a_c}T & \left(3\omega_i^2+\frac{6\omega_i^2 z}{a_c}\right)T & -2\omega_i T & 0 & 1 \end{bmatrix}$$

式(3-16)可简化为

$$\boldsymbol{X}_{k+1} = \boldsymbol{\Phi}\boldsymbol{X}_k + (\hat{\boldsymbol{X}}'_{k+1} - \boldsymbol{\Phi}\hat{\boldsymbol{X}}_k^*) + \boldsymbol{O}(2) + \boldsymbol{\omega}_k \tag{3-17}$$

式中：$\boldsymbol{O}(2)$ 表示与 $|\boldsymbol{X}_k - \hat{\boldsymbol{X}}_k^*|^2$ 同阶的项，表示由动态方程非线性所引进的线性化误差，可以将这部分线性化误差放在 $\boldsymbol{\omega}_k$ 中一起考虑。

式(3-17)中的括号项可定义为外加控制项 $\boldsymbol{U}_k$，即

$$U_k = (\hat{X}'_{k+1} - \boldsymbol{\Phi}\hat{X}_k^*)$$

主动星自身控制加速度可测,将其加入动力学方程中,即

$$U_k = F u_{oc} T$$

式中: $F = \begin{bmatrix} 0 & 0 & 0 \\ 0 & 0 & 0 \\ 0 & 0 & 0 \\ -1 & 0 & 0 \\ 0 & -1 & 0 \\ 0 & 0 & -1 \end{bmatrix}$, $u_{oc} = [a_{ccx} \quad a_{ccy} \quad a_{ccz}]^T$

这样,式(3-17)就可以表示为以下卡尔曼滤波(RF)方程中的动力学模型,即

$$X_{k+1} = \boldsymbol{\Phi} X_k + U_k + \boldsymbol{\omega}_k \tag{3-18}$$

由跟瞄设备测量得到的观测量:

$$\begin{bmatrix} \rho \\ \alpha \\ \beta \end{bmatrix} = \begin{bmatrix} \sqrt{x^2 + y^2 + z^2} \\ \arcsin\left(\dfrac{y}{\sqrt{x^2 + y^2 + z^2}}\right) \\ -\arctan\left(\dfrac{z}{x}\right) \end{bmatrix}$$

观测量的测量误差除跟瞄设备自身测量的误差外,还包含跟瞄设备的安装误差和主动星姿态确定误差。

采用上述观测量的观测模型为

$$Z(t) = \begin{bmatrix} \rho \\ \alpha \\ \beta \end{bmatrix} = h(X) + \boldsymbol{v} \tag{3-19}$$

$$h(X) = \begin{bmatrix} \tilde{\rho} \\ \tilde{\alpha} \\ \tilde{\beta} \end{bmatrix} = \begin{bmatrix} \sqrt{x^2 + y^2 + z^2} \\ \arcsin\left(\dfrac{y}{\sqrt{x^2 + y^2 + z^2}}\right) \\ -\arctan\left(\dfrac{z}{x}\right) \end{bmatrix} \tag{3-20}$$

式中: $Z(t)$ 为实测值; $h(X)$ 为计算值; $\boldsymbol{v}$ 为测量误差。

对其进行离散化和线性化处理,得到适用于卡尔曼滤波算法的观测方程,即

$$\boldsymbol{Z}_{k+1}=\begin{bmatrix}\rho\\\alpha\\\beta\end{bmatrix}_{k+1}=\boldsymbol{H}_{k+1}\boldsymbol{X}_{k+1}+\boldsymbol{v}_{k+1} \tag{3-21}$$

其中,

$$\boldsymbol{H}_{k+1}=\left.\frac{\partial h(\boldsymbol{X})}{\partial \boldsymbol{X}}\right|_{\boldsymbol{X}=\boldsymbol{X}_{k+1/k}}$$

$$=\begin{bmatrix}\dfrac{x}{\sqrt{x^2+y^2+z^2}} & \dfrac{y}{\sqrt{x^2+y^2+z^2}} & \dfrac{z}{\sqrt{x^2+y^2+z^2}} & 0 & 0 & 0\\ \dfrac{-xy}{(x^2+y^2+z^2)\sqrt{x^2+z^2}} & \dfrac{\sqrt{x^2+z^2}}{x^2+y^2+z^2} & \dfrac{-yz}{(x^2+y^2+z^2)\sqrt{x^2+z^2}} & 0 & 0 & 0\\ \dfrac{z}{x^2+z^2} & 0 & -\dfrac{x}{x^2+z^2} & 0 & 0 & 0\end{bmatrix}$$

采用推广的卡尔曼滤波方法,即

$$\hat{\boldsymbol{X}}_{k+1}=\boldsymbol{X}_{k+1/k}+\boldsymbol{K}_{k+1}(\boldsymbol{Z}_{k+1}-h(\boldsymbol{X}_{k+1,k})) \tag{3-22}$$

其中,

$$\boldsymbol{X}_{k+1,k}=\int_{t_k}^{t_{k+1}}f(\hat{\boldsymbol{X}}_k)\,\mathrm{d}t$$

$$\boldsymbol{K}_{k+1}=\boldsymbol{P}_{k+1/k}\boldsymbol{H}(\boldsymbol{X}_{k+1/k})^{\mathrm{T}}[\boldsymbol{H}(\boldsymbol{X}_{k+1/k})\boldsymbol{P}_{k+1/k}\boldsymbol{H}(\boldsymbol{X}_{k+1/k})^{\mathrm{T}}+\boldsymbol{R}_{k+1}]^{-1}$$

$$\boldsymbol{P}_{k+1/k}=\boldsymbol{\Phi}(\hat{X}_k)\boldsymbol{P}_k\boldsymbol{\Phi}(\hat{X}_k)^{\mathrm{T}}+\boldsymbol{Q}_k$$

$$\boldsymbol{P}_{k+1}=(\boldsymbol{I}-\boldsymbol{K}_{k+1}\boldsymbol{H}(\boldsymbol{X}_{k+1/k}))\boldsymbol{P}_{k+1/k}$$

与常规扩展卡尔曼滤波(EKF)不同之处在于,状态一步预测值是对状态方程进行数值积分求解得到的,数值积分算法采用四阶龙格-库塔方法。其计算流程如图 3-3 所示。

卡尔曼滤波具有两个计算回路,即滤波计算回路和增益计算回路。其中,增益计算回路是独立计算回路,而滤波计算回路依赖于增益计算回路。在一个滤波周期内,卡尔曼滤波具有两个信息更新过程,即时间更新过程和量测更新过程。

2. 差分 GPS 相对导航[22,23]

理论上讲,载波相位观测量是指 GPS 信号在用户接收瞬时相对卫星发射瞬时,载波在星站路径上所传播的相位值。实际上,对应于某一个瞬时的载波相位值是无法直接测量的,因此实际的测量量为某一个时刻由接收机产生的参考滤波信号的相位与此时接收到的卫星载波信号的相位差。具体推导过程在此不详细描述,其定义为

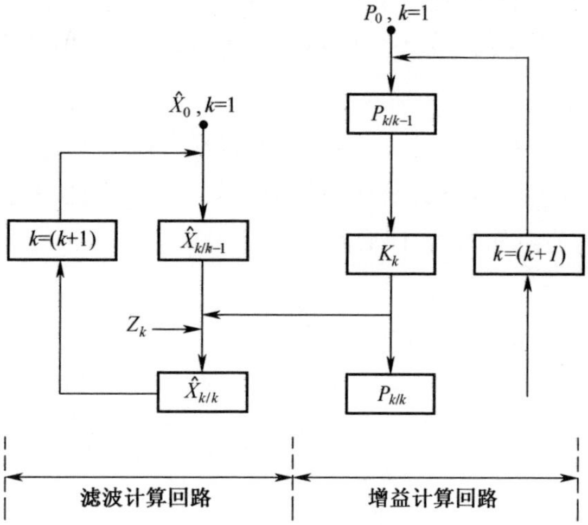

图 3-3　卡尔曼滤波器的计算流程

$$\varphi_i^j(t) = \frac{f}{c}R_i^j(t) + f[\delta t_i(t) - \delta t^j(t)] - N_i^j(t_0) + \frac{f}{c}[\Delta_{i,I}^j(t) + \Delta_{i,T}^j(t)] \tag{3-23}$$

式中：f 为频率；c 为光速；$R_i^j(t)$ 为卫星 i 相对于卫星 j 的真实位置。

$$\lambda\varphi_i^j(t) = R_i^j(t) + c[\delta t_i(t) - \delta t^j(t)] - \lambda N_i^j(t_0) + \Delta_{i,I}^j(t) + \Delta_{i,T}^j(t) \tag{3-24}$$

式中：λ 为波长；$\delta t_i(t)$ 为接收机钟差；$\delta t^j(t)$ 为卫星钟差；$N_i^j(t_0)$ 为整周模糊度；$\Delta_{i,I}^j(t)$ 为电离层误差；$\Delta_{i,T}^j(t)$ 为对流层误差。

式(3-23)是载波相位观测输出，式(3-24)是测相伪距观测输出。

对于同时接收第 j 颗 GPS 星信号的两星，可分别得到目标星和主动星的测相伪距方程，即

$$\lambda\varphi_t^j(t) = R_t^j(t) + c[\delta t_t(t) - \delta t^j(t)] - \lambda N_t^j(t_0) + \Delta_{t,I}^j(t) + \Delta_{t,t}^j(t) \tag{3-25}$$

$$\lambda\varphi_c^j(t) = R_c^j(t) + c[\delta t_c(t) - \delta t^j(t)] - \lambda N_c^j(t_0) + \Delta_{c,I}^j(t) + \Delta_{c,t}^j(t) \tag{3-26}$$

由于主动星和目标星的距离较近(5000m)，所以 GPS 信号到达两星的路径相似，所经过的电离层和对流层影响相似。所以，近似可得

$$\Delta_{c,I}^j(t) = \Delta_{t,I}^j(t)$$

$$\Delta_{c,T}^j(t) = \Delta_{t,t}^j(t)$$

将式(3-25)与式(3-26)相减,可得到

$$\lambda\Delta\varphi^{j}(t)=R_{\mathrm{t}}^{j}(t)-R_{\mathrm{c}}^{j}(t)+c[\delta t_{\mathrm{t}}(t)-\delta t_{\mathrm{c}}(t)]-\lambda[N_{\mathrm{t}}^{j}(t_0)-N_{\mathrm{c}}^{j}(t_0)] \tag{3-27}$$

令 $\Delta R(t)=R_{\mathrm{t}}^{j}(t)-R_{\mathrm{c}}^{j}(t)$、$\Delta t=\delta t_{\mathrm{t}}(t)-\delta t_{\mathrm{c}}(t)$、$\Delta N(t)=N_{\mathrm{t}}^{j}(t_0)-N_{\mathrm{c}}^{j}(t_0)$,分别表征的物理含义是两星相对位置,接收机钟差之差,整周模糊度之差。具体几何关系如图 3-4 所示。

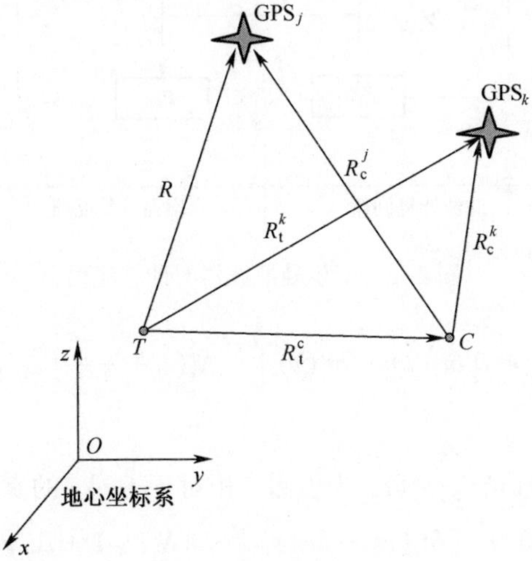

图 3-4　几何关系

滤波器中的未知参数是相对位置误差 Δx、Δy、Δz,相对速度误差 $\Delta\dot{x}$、$\Delta\dot{y}$、$\Delta\dot{z}$、含有用户时钟偏置误差的 4 个模糊解 $\delta_i(i=1,2,3,4)$ 和用户时钟漂移 d_{u},用户时钟偏置误差是不能从载波相位模糊解中分离出来的。所以,估计量是载波模糊解和用户时钟偏置误差的组合,因为模糊解是一个常值,所以 $\delta_i(i=1,2,3,4)$ 的导数就是用户时钟漂移。

由上述分析,选取状态量为

$$\boldsymbol{X}=[\Delta x,\Delta y,\Delta z,\Delta\dot{x},\Delta\dot{y},\Delta\dot{z},\delta_1,\delta_2,\delta_3,\delta_4,\delta_{\mathrm{tru}}]^{\mathrm{T}}$$

式中:$\delta_j=[\delta t_{\mathrm{t}}(t)-\delta t_{\mathrm{c}}(t)]+[N_{\mathrm{t}}^{j}(t_0)-N_{\mathrm{c}}^{j}(t_0)]\quad j=1,2,3,4$

状态方程为

$$\dot{\boldsymbol{X}}=f(\boldsymbol{X})=\boldsymbol{A}\ [\Delta\dot{x},\Delta\dot{y},\Delta\dot{z},\Delta\ddot{x},\Delta\ddot{y},\Delta\ddot{z},\dot{\delta}_1,\dot{\delta}_2,\dot{\delta}_3,\dot{\delta}_4,\dot{\delta}_{\mathrm{tru}}]^{\mathrm{T}}+\boldsymbol{\Gamma W} \tag{3-28}$$

$\boldsymbol{\Gamma W}$ 表示两星三通道的轨道相对摄动噪声之差在主动星轨道系中的投影,在相对导航计算中认为是系统误差部分,其量级随主动星和目标星轨道接

近程度的不同而不同。即用户时钟偏置误差用相位模糊解和用户时钟偏置误差的组合代替。

$$
\boldsymbol{A}=\begin{bmatrix}
0 & 0 & 0 & 1 & 0 & 0 & 0 & 0 & 0 & 0 & 0 \\
0 & 0 & 0 & 0 & 1 & 0 & 0 & 0 & 0 & 0 & 0 \\
0 & 0 & 0 & 0 & 0 & 1 & 0 & 0 & 0 & 0 & 0 \\
0 & 0 & 0 & 0 & 0 & 2\omega_{\mathrm{c}} & 0 & 0 & 0 & 0 & 0 \\
0 & -\omega_{\mathrm{c}}^2 & 0 & 0 & 0 & 0 & 0 & 0 & 0 & 0 & 0 \\
0 & 0 & 3\omega_{\mathrm{c}}^2 & -2\omega_{\mathrm{c}} & 0 & 0 & 0 & 0 & 0 & 0 & 0 \\
0 & 0 & 0 & 0 & 0 & 0 & 0 & 0 & 0 & 0 & 1 \\
0 & 0 & 0 & 0 & 0 & 0 & 0 & 0 & 0 & 0 & 1 \\
0 & 0 & 0 & 0 & 0 & 0 & 0 & 0 & 0 & 0 & 1 \\
0 & 0 & 0 & 0 & 0 & 0 & 0 & 0 & 0 & 0 & 1 \\
0 & 0 & 0 & 0 & 0 & 0 & 0 & 0 & 0 & 0 & -\dfrac{1}{T_{\mathrm{u}}}
\end{bmatrix}
$$

相对量测方程为主动星和目标星的输出,这里考虑的是主动星和目标星的载波相位伪距之差,经过接收机系统的数据融合,得到的信息为主动星星体坐标系下的相对位置 $\Delta x_{\mathrm{b}},\Delta y_{\mathrm{b}},\Delta z_{\mathrm{b}}$,通过转换矩阵转换到主动星轨道坐标系下的 $\Delta x,\Delta y,\Delta z$,即

$$
\begin{bmatrix}\Delta x \\ \Delta y \\ \Delta z\end{bmatrix}=\boldsymbol{A}_{\mathrm{bo}}\begin{bmatrix}\Delta x_{\mathrm{b}} \\ \Delta y_{\mathrm{b}} \\ \Delta z_{\mathrm{b}}\end{bmatrix}
$$

其中,用四元数表示的星体坐标系到轨道坐标系的转换矩阵为

$$
\boldsymbol{A}_{\mathrm{bo}}=\begin{bmatrix}
q_0^2+q_1^2-q_2^2-q_3^2 & 2(q_0q_3+q_1q_2) & 2(q_1q_3-q_0q_2) \\
2(q_1q_2-q_0q_3) & q_0^2-q_1^2+q_2^2-q_3^2 & 2(q_0q_1+q_2q_3) \\
2(q_0q_2+q_1q_3) & 2(q_2q_3-q_0q_1) & q_0^2-q_1^2-q_2^2+q_3^2
\end{bmatrix}
$$

得到主动星轨道系量测方程为

$$
\begin{aligned}
\boldsymbol{Z}(t)=\boldsymbol{H}\times\boldsymbol{X}+\boldsymbol{V}=\lambda\Delta\boldsymbol{\varphi}^j=&[\Delta x\quad \Delta y\quad \Delta z]^{\mathrm{T}}+c[\delta\boldsymbol{t}_{\mathrm{t}}(t)-\delta\boldsymbol{t}_{\mathrm{c}}(t)] \\
&-\lambda[\boldsymbol{N}_{\mathrm{t}}^j(t_0)-\boldsymbol{N}_{\mathrm{c}}^j(t_0)]+\boldsymbol{V}\quad j=1,2,3,4
\end{aligned}
$$

式中:$\boldsymbol{V}$ 为系统量测噪声,取 4 颗星的差分伪距为观测量,经计算可得矩阵:

$$
\boldsymbol{H} = \begin{bmatrix}
1 & 0 & 0 & 0 & 0 & 0 & c-\lambda & 0 & 0 & 0 & 0 \\
0 & 1 & 0 & 0 & 0 & 0 & c-\lambda & 0 & 0 & 0 & 0 \\
0 & 0 & 1 & 0 & 0 & 0 & c-\lambda & 0 & 0 & 0 & 0 \\
1 & 0 & 0 & 0 & 0 & 0 & 0 & c-\lambda & 0 & 0 & 0 \\
0 & 1 & 0 & 0 & 0 & 0 & 0 & c-\lambda & 0 & 0 & 0 \\
0 & 0 & 1 & 0 & 0 & 0 & 0 & c-\lambda & 0 & 0 & 0 \\
1 & 0 & 0 & 0 & 0 & 0 & 0 & 0 & c-\lambda & 0 & 0 \\
0 & 1 & 0 & 0 & 0 & 0 & 0 & 0 & c-\lambda & 0 & 0 \\
0 & 0 & 1 & 0 & 0 & 0 & 0 & 0 & c-\lambda & 0 & 0 \\
1 & 0 & 0 & 0 & 0 & 0 & 0 & 0 & 0 & c-\lambda & 0 \\
0 & 1 & 0 & 0 & 0 & 0 & 0 & 0 & 0 & c-\lambda & 0 \\
0 & 0 & 1 & 0 & 0 & 0 & 0 & 0 & 0 & c-\lambda & 0
\end{bmatrix}_{12\times 11}
$$

3.3 可见光双目立体视觉相对位姿解算

相对位姿解算是在超近距离阶段对航天器进行控制的前提与必要条件，采用双目立体视觉对目标进行位姿解算是一种可行方案。双目立体视觉技术基于视差原理，采用已精确标定的立体相机获取目标图像，通过一系列图像处理和三维重建技术，最终获得目标的位姿信息[24-25]。

3.3.1 图像预处理及特征提取

图像是视觉测量系统中的输入信息，一般由于环境影响，输入的原始图像中会带有噪声，为了后续处理的方便，视觉测量中先要对图像进行滤波。一般目标不带有明显的标识信息，为了完成位姿测量，必须提取目标的自然特征，其中直线和圆环特征是航天器的一种常见特征，可以利用这两类特征进行位姿解算。

1. 图像滤波

视觉图像在形成过程中常会被噪声污染，噪声经常是一种高频分量，需要通过滤波去除。图像滤波有两方面的作用：一是对图像进行模糊化，在对大目标进行提取时去除图像细节的影响，或是填充目标中间段区域；二是去掉图像噪点。

空间域滤波方法有许多种，一般都是通过卷积模板实现的，区别在于滤波器的卷积模板不同，虽然各种滤波器的剖面形状不一样，但在空间域实现滤波的方法是相似的，滤波的主要步骤为：①将模板在图像上移动，将模板中心与图像像素位置重合；②将模板上系数与模板下的对应图像像素相乘；③将所有乘积结果相加；④将乘积结果作为模板中心位置像素的新值。常用的空间域滤波有均值滤波、中值滤波、高斯滤波等。

2. 边缘检测

通过图像中的边缘特征可以大致了解空间中景物轮廓、形状等信息，视觉图像中经常包含大量边缘信息，可以提取这些信息对图像进行理解。常见的边缘检测算子有 Sobel、LoG、Canny 算子等，Canny 算子是一种常用的检测算子，由于其优秀的去噪效果和良好检测结果，得到了较多的应用。

Canny 算子在边缘检测中会采用高斯函数的一阶导数对图像滤波，这种滤波器是在抗干扰性能和定位边缘准确度之间的折中方案。滤波完成后再求取图像点的梯度，然后找到边缘位置，在边缘的垂直方向的邻域内寻找最大梯度，通过设置高、低双阈值得到细化的边缘。

3. 边界跟踪与弧段判断

当原始图像的背景比较复杂时，不论采取何种边缘检测算子，经过边缘检测后，得到的边缘图都会含有一些无关的噪声，这时可以通过边界跟踪得到目标的边界，通过边缘跟踪可以滤除很多孤立点噪声。为了得到弧段信息，可以通过求取边缘链码中的曲率，找到符合要求的弧段。

1）图像边界的链码表示

链码在图像边缘和轮廓描述方面具有很多的应用，其中 Freeman 链码是一种常用的图像边界编码方法，尤其以四方向和八方向两种链码运用较多，前者用 0~3 这 4 个数字表示，后者用 0~7 这 8 个数字表示。如果从边缘图像中一个非零边缘点开始，然后向着某一个方向进行跟踪扫描，同时使用链码不断记录边缘点，到达一条边缘的终点时，就得到一系列表示边缘点的编码。

2）边界跟踪

边缘跟踪源于对未知区域的寻路问题，如果对图像边界进行跟踪可以得到一系列的边缘点序列。如果在图像中扫描到一个边界点后，通常采用四方向或八方向链码进行边缘跟踪，跟踪结束后即得到边缘的链码。

边界跟踪的流程如下。

（1）历边缘图，如果发现一个非零点，则以该点为起始点建立一条链码，此时链码的长度为 1，并标记此点已经被跟踪过。

(2) 一个点开始,沿逆时针方向进行跟踪。假设第一点的跟踪方向为 dir=7,若是发现新的非零点,将其加入到链码中,表示新的边界点,并标记该点,以避免重复搜索。若没有发现新的非零点,则改变方向为 dir=dir+1。相应地,沿顺时针方向跟踪时,搜索方向为 dir=dir-1。

(3) 跟踪过程中得到的一段边界链码中像素点的坐标,返回第(1)步,进行下一条边界链码的跟踪。

3) 曲率计算

对边缘图像进行跟踪之后可以得到一系列的边界点序列,使用阈值限制可以剔除一部分噪声点,但是难免还会残留一些噪声点序列、直线点序列等。为了使这些噪声点序列不参与后续的椭圆拟合,可以通过判断边界点序列曲率的方法得到满足要求的二次曲线,使用这些曲线参与后续的椭圆拟合。

连续曲线的曲率可以用数学定义来计算,而对于由一系列的像素点组成序列,通常无法直接获得各点曲率值,需要求取离散点曲率,可以采用 L 曲率定义求取离散点序列的曲率。在数学上,一般无法对离散曲线求导,必须要先平滑离散曲线的情形,这种情况时可以考虑使用 L 曲线。

4) 弧段判断

经过边缘跟踪和曲率计算后,可以得到一系列边段的曲率。这些边段中可能含有不是弧段的边段,由于我们的目标是检测椭圆,为了减少其他非椭圆弧段的边段,在进行检测之前,根据椭圆弧段的特性去除一些明显不是椭圆弧段的边段,留下满足要求的一些弧段。需要去除的边段如下。

(1) 边缘点数量太少的边段。这样的边段上的边缘点数量很少,包含的几何信息不够,很难确定其构成对象的真实形状,同时对椭圆检测提供的信息比较少,不会影响结果。所以,从跟踪得到的边段中剔除这样的边段。

(2) 曲率太小的边段。当边段的点几乎都落在一条直线上,即边点的梯度方向基本不变化时,基本上可以认为是曲率特别小的直线边段。若该直线边段的长度与图像的尺寸比大于一定的阈值时,可以认为这样的直线边段基本不能构成椭圆,把这类直线边段当作与椭圆无关的边段而从提取的边段中剔除。

4. 直线检测

Hough 变换法是一种常用的形状检测算法。该方法的核心是将图像空间的曲线变换到参数空间中,同一条曲线的点会在参数空间中产生一个局部峰值,通过峰值得到曲线参数。

假设一条直线的方程为

$$y = px + q \tag{3-29}$$

式中:p 为斜率;q 为截距。式(3-29)也可写为

$$q = -px + y \tag{3-30}$$

如图 3-5 所示,假设图像空间中一条直线的方程为 $y_i = px_i + q$,该直线也可以表示为 $q = -px_i + y_i$,此式为直线在参数空间 PQ 中的形式。这条直线还可以表示为 $y_j = px_j + q$,或者 $q = -px_j + y_j$,后者为在参数空间中的形式。假设这条直线与上一条直线在参数空间中的交点为(p', q'),该点同时符合 $y_i = p'x_i + q$ 和 $y_j = p'x_j + q'$ 两个方程。由此可知,该点表示了图像空间中的通过(x_i, y_i) 和(x_j, y_j)可知,过这两点的直线上每个点经过变换到参数空间后都会交于(p', q')。

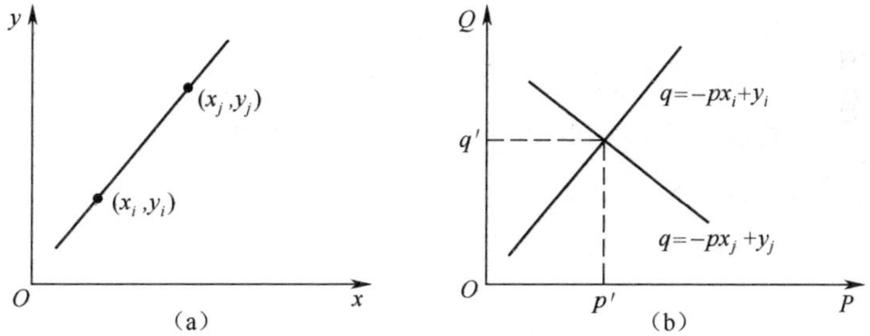

图 3-5 Hough 变换中点与线的对应性

由上分析可知,图像空间中同一条直线上点转化为参数空间后会相交于一点;相反,在参数空间中相交在一个点的多条直线对应图像空间中在一条直线上的点,这就是点与线的对偶性。利用点与线的对偶性,给出图像空间中一系列边缘点后,就可以通过 Hough 变换得到边缘点确定的直线。

检测时在参数空间中建立一个二维的参数累加数组:首先设累加数组为 $A(a, b)$,A 的初始值设置为 0;然后对图像空间中点进行 Hough 变换,对$[a_{\min}, a_{\max}]$中间的所有值计算出对应的 b,对对应的(a, b) 的 $A(a, b)$ 进行累加,$A(a, b) = A(a, b) + 1$;最后根据 $A(a, b)$ 的值就可以判断图像空间中多少点在一条直线上,$A(a, b)$ 的数值表示共线点的个数,通过(a, b) 可以得到直线的参数。

在特殊情况下,如果待检测的直线斜率较大,接近垂直方向,这时 p 和 q 的值无限大,导致参数空间中的计算量极大地增加,此时可使用直线的极坐标方程表示(图 3-6),即

$$\rho = x\cos\theta + y\sin\theta \tag{3-31}$$

通过极坐标表示,不管图像空间中的直线如何变化,θ 和 ρ 的变化都在一

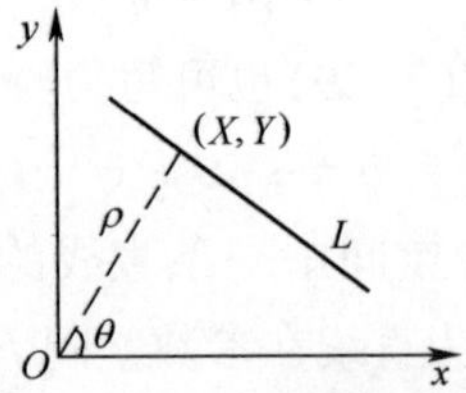

图 3-6 直线的极坐标表示

定范围内。检测的主要步骤如下。

(1) 对图像进行边缘检测。

(2) 以一定的量化间隔 $\Delta\theta$ 将 θ 离散化,离散取值为 $\theta_k(k=1,2,\cdots,h)$。

(3) 对于图像空间的每个边缘点:首先根据 θ 的离散取值 $\theta_k(k=1,2,\cdots,h)$,进行 Hough 变换,得到边缘点对应的 $\rho_{ik}(i=1,2,\cdots,n;k=1,2,\cdots,h)$;并以一定的间隔对 $\rho_{ik}(i=1,2,\cdots,n;k=1,2,\cdots,h)$ 分组。

(4) 首先对参数空间中的 θ_k、ρ_{ik} 进行一定的处理,如非极大值抑制等;然后根据直线特点确定对应的 (ρ,θ) 点。

(5) 根据 (ρ,θ) 求出直线方程。

5. 椭圆检测

通过边缘跟踪和弧段判断得到一定数量的弧段以后,需要对弧段数据进行椭圆拟合。椭圆拟合是指用给定的平面上的一组点,寻找尽可能接近这些点的椭圆,也就是将图像上的点以椭圆为模型拟合。椭圆拟合的代表性方法有 Hough 变换方法、直接最小二乘法等。

1) 椭圆模型

在二维平面坐标系中,椭圆用标准方程表示为

$$\frac{x'^2}{a^2}+\frac{y'^2}{b^2}=1 \tag{3-32}$$

其中,

$$\begin{cases}x'=(x-x_c)\cos\theta-(y-y_c)\sin\theta\\y'=-(x-x_c)\sin\theta-(y-y_c)\cos\theta\end{cases}$$

式中:(x_c,y_c) 为椭圆的中心坐标;a 和 b 分别为椭圆的长半轴、短半轴;θ 为倾斜角,如图 3-7 所示。

在一般情况下,将椭圆表示为二元二次方程的形式,即

$$ax^2+2bxy+cy^2+2dx+dey+f=0 \tag{3-33}$$

上述椭圆的两种表达方式中,各参数间的关系为

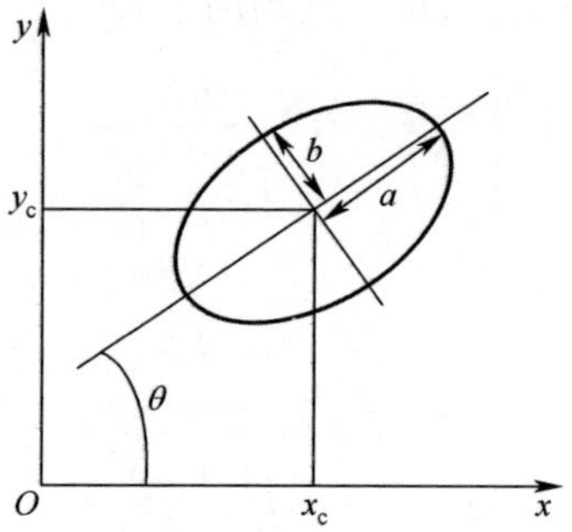

图 3-7　椭圆模型

$$
\begin{cases}
x_c = \dfrac{be - 2cd}{4ac - b^2} \\
y_c = \dfrac{bd - 2ae}{4ac - b^2} \\
a = 2\sqrt{\dfrac{-2f}{a + c - \sqrt{b^2 + \left(\dfrac{a - c}{f}\right)^2}}} \\
b = 2\sqrt{\dfrac{-2f}{a + c + \sqrt{b^2 + \left(\dfrac{a - c}{f}\right)^2}}} \\
\theta = \dfrac{1}{2}\arctan\dfrac{b}{a - c}
\end{cases}
\tag{3-34}
$$

2）Hough 变换椭圆检测

Hough 变换除了用于直线的检测外，还可以用于椭圆的检测，通过将图像点从图像空间转换到参数空间，再找到参数空间中的参数峰检测图像空间中椭圆的参数。

用 Hough 变换法检测椭圆，就是通过从像点转换到参数空间确定椭圆的 5 个参数，即 x_c、y_c、a、b、θ 。Hough 变换椭圆检测的基本步骤如下。

（1）根据输入图像的尺寸，确定 x_c、y_c、a、b 的范围为

$$[x_{c_{\min}}, x_{c_{\max}}], [y_{c_{\min}}, y_{c_{\max}}], [a_{\min}, a_{\max}], [b_{\min}, b_{\max}], [\theta_{\min}, \theta_{\max}]$$

（2）按照参数空间的结构，设置量化单元 Δx_c、Δy_c、Δc、Δb、$\Delta\theta$ ，并初始化累加器 $A(x_c, y_c, a, b, c)$ 为 0。

（3）对于一组 (a_m, b_m, θ_m) ，可以计算出图像点 $p(x, y)$ 的切线方向角为 angle = arctan(gradient) − π/2，然后计算该点在倾斜角 θ_m 的椭圆对应的切线

斜率 φ , $\varphi = \tan(\text{angle} - \theta_m)$,可得椭圆的中心坐标:

$$\begin{cases} x_{c_m} = x \pm \dfrac{a_m^2}{\sqrt{1 + \dfrac{b_m^2}{a_m^2 \varphi^2}}} \\ y_{c_m} = y \pm \dfrac{b_m^2}{\sqrt{1 + \dfrac{a_m^2}{b_m^2 \varphi^2}}} \end{cases} \tag{3-35}$$

(4) 当所有的像点 (a_m, b_m, θ_m) 计算完毕后,统计参数空间中的参数峰值,该值即为椭圆的参数。

Hough 椭圆的计算量较大,由于椭圆有 5 个参数,转换到参数空间中后对应一个超平面,待检测椭圆的参数为超平面的交点,5 维的累加器势必需要消耗大量的内存空间和处理时间。

3) 直接最小二乘椭圆拟合

直接最小二乘的椭圆拟合方法是由一种以图像点与椭圆代数距离平方和的最小化作为数学原则来寻找最优椭圆参数的方法,这种方法是一种非迭代的椭圆拟合方法。

将二维平面椭圆用向量相乘的形式表示,即

$$F(\boldsymbol{\alpha}, \boldsymbol{X}) = \boldsymbol{\alpha X} = ax^2 + 2bxy + cy^2 + 2dx + dey + f = 0 \tag{3-36}$$

其中,向量 $\boldsymbol{\alpha} = [a, b, c, d, e, f]$ 是椭圆参数, $\boldsymbol{X} = [x^2, xy, y^2, x, y, 1]^{\mathrm{T}}$ 。由于离散图像点存在误差,根据式(3-36)拟合的结果可能不是椭圆,而是其他二次曲线。如果 a、b、c 拟合结果是椭圆,则要满足:

$$4ac - b^2 > 0 \tag{3-37}$$

直接最小二乘拟合方法将上面的约束条件式用矩阵表示为

$$\boldsymbol{\alpha}^{\mathrm{T}} \boldsymbol{C} \boldsymbol{\alpha} = 1 \tag{3-38}$$

式中:$\boldsymbol{C}$ 为 6×6 的约束矩阵。

理想情况下,椭圆图像点 (x_i, y_i) 处$(\boldsymbol{\alpha}, \boldsymbol{X}_i)$应等于 0,由于误差存在,一般 $F(\boldsymbol{\alpha}, \boldsymbol{X}) \neq 0$。$F(\boldsymbol{\alpha}, \boldsymbol{X}_i)$ 为点 (x_i, y_i) 到椭圆 $F(\boldsymbol{\alpha}, \boldsymbol{X}) = 0$ 的代数距离。二次曲线的拟合可通过求解所有点到椭圆的最小代数距离的平方和来解决,即

$$\min \| \boldsymbol{D\alpha} \|^2 \tag{3-39}$$

式中:$\boldsymbol{D}$ 是 N×6 的矩阵,有

$$
\boldsymbol{D}=\begin{bmatrix} x_1^2 & y_1^2 & x_1y_1 & x_1 & y_1 & 1 \\ \vdots & \vdots & \vdots & \vdots & \vdots & \vdots \\ x_i^2 & y_i^2 & x_iy_i & x_i & y_i & 1 \\ \vdots & \vdots & \vdots & \vdots & \vdots & \vdots \\ x_N^2 & y_N^2 & x_Ny_N & x_N & y_n & 1 \end{bmatrix} \tag{3-40}
$$

则最小二乘椭圆拟合的问题可以转换为

$$
\begin{cases} \boldsymbol{\alpha}=\arg\min \|\boldsymbol{D\alpha}\|^2 \\ \boldsymbol{\alpha}^{\mathrm{T}}\boldsymbol{C\alpha}=1 \end{cases} \tag{3-41}
$$

采用 Gande 提出的二次约束最小二乘算法，可以解决式(3-41)的最小化问题，先引入拉格朗日(Lagrange)系数并微分可得

$$
\begin{cases} \boldsymbol{S\alpha}=\lambda\boldsymbol{C\alpha} \\ \boldsymbol{\alpha}^{\mathrm{T}}\boldsymbol{C\alpha}=1 \end{cases} \tag{3-42}
$$

式中：$\boldsymbol{S}=\boldsymbol{D}^{\mathrm{T}}\boldsymbol{D}$，由 $S_{x^ay^b}=\sum_{i=1}^{N}x_i^1y_i^b$ 计算得到。根据广义特征值解法可以解出，最多可到 6 组实数解$(\boldsymbol{\lambda}_i, u_i)$，但是只有一个正解，即是最终解。

直接最小二乘的优点是给出了约束条件，可以通过判断保证拟合的结果为椭圆，但是容易受噪声的影响，在边缘数据中存在噪声对拟合结果有较大影响。通过边缘跟踪和弧段判断，可以减少大部分的图像噪声点数据，保证得到的边缘点数据为弧段点，然后再通过直接最小二乘拟合椭圆，可以大大提高拟合的准确度和抗噪能力。

4) 基于弧段分组的椭圆检测算法

圆环为航天器上常见特征，当目标在慢旋时，目标的动态特性会造成圆环面可能不会全部在相机视场内，会有局部丢失的情况发生。为了克服对椭圆完整性依赖的要求，针对圆环的投影椭圆，采用基于弧段分组的椭圆检测算法，采用椭圆的边缘弧段进行椭圆的检测，以提高算法的稳定性。算法的主要步骤如下。

(1) 边缘检测。首先对输入的原始图像进行中值滤波，滤除明显噪声，然后对图像进行边缘检测，得到输入图像的边缘图。

(2) 边界跟踪。得到原始图像的边缘图后，对边缘图像进行边界跟踪。点数特别小的边段一般都是图像噪声，在跟踪过程中设置阈值，剔除边段点数特别小的边段。

(3) 弧段判断。边缘跟踪后得到一系列边段中可能含有直线边段和噪声

边段,通过判断边段的曲率筛选出满足要求的二次曲线边段。采用 L 曲率算法首先求取边段点的曲率;然后根据弧段的特性去除一些曲率太小、明显不是椭圆弧段的边段。

(4) 弧段分组。通过判断,得到符合长度和曲率要求的弧段,对这些弧段分别进行椭圆拟合,可以得到多组参数。根据得到的椭圆参数,对弧段进行分组,认为参数相近的弧段是同一椭圆的弧段,将其归为一组。

(5) 最终拟合。弧段分组完成后,挑选出参数较大的一组弧段,由于与对接环尺寸相比喷管尺寸要大,所以参数较大的弧段对应对接环投影所成的椭圆,用这组弧段进行直接最小二乘拟合,其结果即为对接环投影椭圆。

3.3.2 立体匹配

同一个空间点在双目相机的像面上成像,双目立体匹配是指对两个角度拍摄的左、右图像上的对应点进行匹配。立体视觉系统若要完成后续的三维重建等工作,必须先建立双目图像的左、右对应匹配。

1. 立体匹配准则

双目图像一般是从不同角度拍摄得到的,存在严重的光照分布不均和较大的视差,并且三维重建要求立体匹配达到像素点之间的对应,因此对匹配的准确度有比较高的要求。在双目视觉中要实现准确匹配的重点是选择稳定的匹配基元、确定合理的匹配准则、设计准确的匹配算法。

1) 匹配基元选择

匹配基元是指在图像中自然存在的可以用作匹配要素的图像特征信息,立体匹配中需要确定稳定存在的匹配基元,通常选择角点、线特征和像素周围的小邻域等。点特征在图像中的数量较多,容易检测,匹配精度比较高,但是稳定性比较差,需要在匹配中加较强的约束和限制条件。区域特征可以描述小邻域内的整体特性,稳定性好于点特征。线特征包含一系列点,稳定性较好。但在图像中的数量较少,事先需要利用精确的检测方法得到。在选择匹配特征时,应该考虑图像中目标和空间环境等条件,选择性能稳定、抗噪较强、检测容易的匹配特征。

2) 图像匹配准则

图像是由三维空间在相机上投影形成的,三维空间中的物理属性在图像上会有相应的反映,在进行双目图像的匹配时,可以通过采用上层约束条件,以达到准确的匹配。图像匹配中常用的约束准则有唯一性约束、连续性约束、极线约束、顺序一致性约束、视差范围约束、左右一致性约束。

3）匹配算法

匹配算法的选择对于匹配结果有重要的影响，常见的图像匹配算法分为基于区域的图像匹配算法、基于特征的图像匹配算法。根据使用的最优化算法的不同，图像匹配算法又可以分为基于局部和基于全局的立体图像匹配算法。

基于区域的图像匹配算法的基本原理是在左图像上的某一个点，在该像素点邻域内选取一个小窗口，然后依据选用的相似度判断式在右图中寻找与该点小窗口相似度最接近的小窗口，将其中心点作为匹配点。

基于特征的匹配算法采用角点、线等特征作为匹配基元，因此需要先检查出这些特征。由于这些几何特征在图像中数量较少，匹配完成后可以得到部分的视差图，特征之外的视差图无法获得。如果要得到全部图像的视差图信息，可以采用一种插值算法对稀疏深度图进行插值。基于特征的算法具有精度高、抗光照和抗噪声能力强等优点。

2. 匹配相似性判断

假设 $I_1(x,y)$ 和 $I_r(x,y)$ 表示图像小邻域中心像点的像素值，W_p 表示小邻域，d 表示小窗口的移动量。通常采用灰度测度来表示图像点的相似度，下面是一些常用的灰度测度函数。

（1）像素灰度差绝对值（Sum of Absolute Difference，SAD）：

$$C_{\mathrm{SAD}}(p,d)=\sum_{(x,y)\in W_p}|I_1(x,y)-I_r(x+d,y)| \tag{3-43}$$

（2）零均值像素灰度差绝对值（ZSAD）。

$$C_{\mathrm{ZSAD}}(p,d)=\sum_{(x,y)\in W_p}|(I_1(x,y)-\bar{I}_1)-(I_r(x+d,y)-\bar{I}_r)| \tag{3-44}$$

（3）灰度差绝对平方和（Sum of Squared Difference，SSD）：

$$C_{\mathrm{SSD}}(p,d)=\sum_{(x,y)\in W_p}(I_1(x,y)-I_r(x+d,y))^2 \tag{3-45}$$

灰度差绝对平方和的依据是，如果两个区域内的图像内容一样，对应的图像灰度信息是相近的。

（4）零均值灰度差绝对平方和（Zero Mean Sum of Squared Difference，ZSSD）：

$$C_{\mathrm{ZSSD}}(p,d)=\sum_{(x,y)\in W_p}((I_1(x,y)-\bar{I}_1)-(I_r(x+d,y)-\bar{I}_r))^2 \tag{3-46}$$

(5) 灰度归一化相关(Normalized Cross—Correlation,NCC):

$$C_{\mathrm{NCC}}(p,d)=\frac{\sum_{(x,y)\in W_p} I_1(x,y)I_r(x+d,y)}{\sqrt{\sum_{(x,y)\in W_p} I_1^2(x,y)I_r^2(x+d,y)}} \tag{3-47}$$

3. 极线约束

双目视觉中两个相机的像平面存在极线几何关系,极线可以将寻找对应点的范围缩至一条直线上。

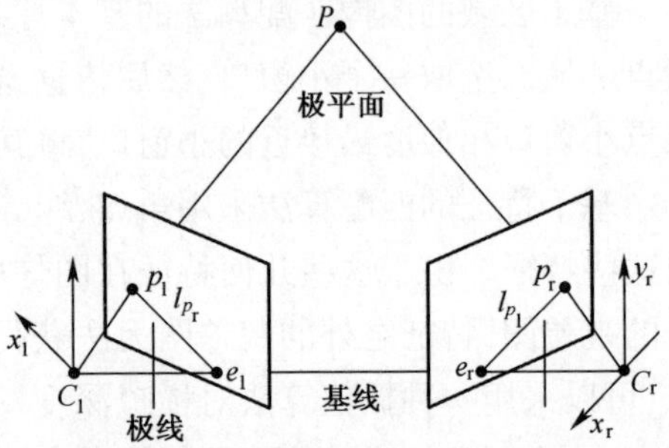

图 3-8 立体视觉的极线几何关系

如图 3-8 所示,p_1与p_r为同一个空间点在两个相机的成像点,点p_1、p_r、P、C_1、C_r所在空间面与像平面的交线就是极线。

在完成双目相机的标定后,可以获得相机的投影矩阵,双目相机的透视投影关系分别为

$$\begin{cases} s_1\boldsymbol{p}_1=\boldsymbol{M}_1\boldsymbol{X}_w=(\boldsymbol{M}_{11},\boldsymbol{m}_1)\boldsymbol{X}_w \\ s_r\boldsymbol{p}_r=\boldsymbol{M}_r\boldsymbol{X}_w=(\boldsymbol{M}_{r1},\boldsymbol{m}_r)\boldsymbol{X}_w \end{cases} \tag{3-48}$$

式中:$\boldsymbol{X}_w$是点 P 的世界坐标系下的坐标;$\boldsymbol{p}_1$ 和 $\boldsymbol{p}_r$ 分别为空间点 P 的左右图像点坐标。$\boldsymbol{M}_1$和$\boldsymbol{M}_r$中左 3 列的 3×3 部分记为$\boldsymbol{M}_{11}$和$\boldsymbol{M}_{r1}$,第四列的 3×1 部分记为$\boldsymbol{m}_1$和$\boldsymbol{m}_r$。

将 $\boldsymbol{X}_w=(X_{wp},Y_{wp},Z_{wp},1)^{\mathrm{T}}$ 记为 $\boldsymbol{X}_w=(\boldsymbol{X}^{\mathrm{T}},1)^{\mathrm{T}}$,则式(3-48)可写成

$$\begin{cases} s_1\boldsymbol{p}_1=\boldsymbol{M}_{11}\boldsymbol{X}+\boldsymbol{m}_1 \\ s_r\boldsymbol{p}_r=\boldsymbol{M}_{r1}\boldsymbol{X}+\boldsymbol{m}_r \end{cases} \tag{3-49}$$

从式(3-49)中消去 X 可得

$$s_r\boldsymbol{p}_r-s_1\boldsymbol{M}_{r1}\boldsymbol{M}_{11}^{-1}\boldsymbol{p}_1=\boldsymbol{m}_r-\boldsymbol{M}_{r1}\boldsymbol{M}_{11}^{-1}\boldsymbol{m}_1 \tag{3-50}$$

上述三个等式中,用式(3-50)消去 s_1 和 s_r 后,即可得到与 s_1 和 s_r 无关的 p_1 和 p_r 之间的关系,这个关系即为极线约束。

将式(3-50)中的右侧记为 $\boldsymbol{m}$,即 $\boldsymbol{m}=\boldsymbol{m}_r-\boldsymbol{M}_{r1}\boldsymbol{M}_{12}^{-1}\boldsymbol{m}_1$,设$[\boldsymbol{m}]_\times$为 $\boldsymbol{m}$ 的反对称矩阵,将式(3-50)两侧分别左乘$[\boldsymbol{m}]_\times$,可得

$$[\boldsymbol{m}]_\times(s_r\boldsymbol{p}_r-s_1\boldsymbol{M}_{r1}\boldsymbol{M}_{11}^{-1}\boldsymbol{p}_1)=0 \tag{3-51}$$

式(3-51)等号两侧分别除以 s_r,并令 $s=\frac{s_1}{s_r}$,可得

$$[\boldsymbol{m}]_\times s\boldsymbol{M}_r\boldsymbol{M}_{11}^{-1}p=[\boldsymbol{m}]_\times \boldsymbol{p}_r \tag{3-52}$$

式(3-52)右侧与 $\boldsymbol{p}_r$ 正交,式(3-52)两侧分别左乘 $\boldsymbol{p}_r^T$ 后再除以 s,则

$$\boldsymbol{p}_r^T[\boldsymbol{m}]_\times \boldsymbol{M}_{r1}\boldsymbol{M}_{1-1}^{-1}\boldsymbol{p}_1=0 \tag{3-53}$$

式(3-53)描述了双目视觉中的一个重要结论,如果已知 $\boldsymbol{p}_1$,根据式(3-53)可以得到关于 $\boldsymbol{p}_r$的方程,这个方程表示左图像上对应 $\boldsymbol{p}_1$的极线;反之,如果已知 p_r,可以找到右图像上对应 p_r的极线方程。

令 $\boldsymbol{F}=[\boldsymbol{m}]_x\boldsymbol{M}_{r1}\boldsymbol{M}_{11}^{-1}$,则式(3-53)可改写为

$$\boldsymbol{p}_r^T\boldsymbol{F}\boldsymbol{p}_1=0 \tag{3-54}$$

式中:$\boldsymbol{F}$ 为基本矩阵(Fundamental Matrix)。

如果双目相机已经标定完成,极平面方程可以表示为另一种形式,即

$$\boldsymbol{p}_r^T\boldsymbol{A}_r^{-T}\boldsymbol{SRA}_1^{-T}\boldsymbol{p}_1=0 \tag{3-55}$$

式中:$\boldsymbol{S}$ 为 $\boldsymbol{T}$ 的反对称矩阵;$\boldsymbol{A}_1$和 $\boldsymbol{A}_r$分别为左右相机的内参数;$\boldsymbol{R}$ 和 $\boldsymbol{T}$ 为两相机间的相对旋转平移关系。

基本矩阵可以表示为

$$\boldsymbol{F}=\boldsymbol{A}_r^{-T}\boldsymbol{SRA}_1^{-T} \tag{3-56}$$

基本矩阵是双目立体视觉中的重要矩阵,此矩阵表明了左、右图像上对应点应满足的几何关系,它既可以通过左、右图像的对应匹配点解出,也可从相机内外参数中解出,极线约束可以将对应点搜索范围由二维图像平面降为一维直线,可以极大地提高匹配搜索效率。

4. 极线校准

一般情况下,极线一般不与图像坐标轴平行,寻找对应点需要在一条斜的极线上进行搜索,这样需要大量的计算。如果将极线都转变为与图像坐标轴平行的线,则可以大大提高图像匹配的效率,这就需要进行极线校正。

设两个摄像机分别绕着各自光心进行旋转,当旋转到各自的焦平面共面时,原来的图像 I_0 转换为 I_n ,因此会得到新的透视投影矩阵为 $\overline{\boldsymbol{M}}_1$ 和 $\overline{\boldsymbol{M}}_r$ 。这时基线包含在双目摄像机的焦平面内,所有的极线将互相平行。为了使所有极线都变成水平的,在双目摄像机的焦平面内建立一条新的 x 轴,使其平行于基线,这会使空间任意点在双目摄像机的图像对应点的纵坐标相同。这样透视投影矩阵分别为 $\overline{\boldsymbol{M}}_1$ 和 $\overline{\boldsymbol{M}}_r$ 的双目摄像机的内部参数必须相同,双目摄像机除了光心位置不一样和在 x 轴方向有偏移之外,它们的旋转矩阵应该相同,如

图 3-9 所示。

假设双目相机绕各自光心旋转后新的透视矩阵为

$$\overline{\boldsymbol{M}}_1=\boldsymbol{A}_1[\boldsymbol{R}_1|t_1] \quad (3-57)$$

$$\overline{\boldsymbol{M}}_r=\boldsymbol{A}_r[\boldsymbol{R}_r|t_r] \quad (3-58)$$

进一步分解可得

$$\overline{\boldsymbol{M}}_1=\boldsymbol{A}[\boldsymbol{R}|\boldsymbol{R}-\boldsymbol{c}_1] \quad (3-59)$$

$$\overline{\boldsymbol{M}}_r=\boldsymbol{A}[\boldsymbol{R}|\boldsymbol{R}-\boldsymbol{c}_r] \quad (3-60)$$

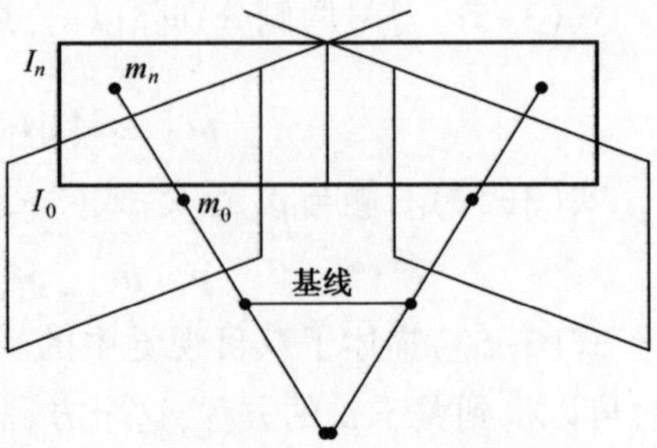

图 3-9　极线校准示意图

式中：$\boldsymbol{c}_1$和$\boldsymbol{c}_r$分别为左、右相机的光心坐标；$\boldsymbol{A}$、$\boldsymbol{R}$ 分别为内参和外参，旋转之后左、右相机的 $\boldsymbol{A}$ 和 $\boldsymbol{R}$ 相同。

从式(3-59)、式(3-60)可以看出，若要求出 $\overline{\boldsymbol{M}}_1$ 和 $\overline{\boldsymbol{M}}_r$，需要求出 c_1、c_r、$\boldsymbol{A}$、$\boldsymbol{R}$ 这 4 个参数，关键在于新的透视投影矩阵中的 $\boldsymbol{c}_1$、$\boldsymbol{c}_r$ 和 $\boldsymbol{R}$ 的求取。极线校准的主要步骤如下。

1）求取新的光心位置

首先需要求旋转双目相机的光心坐标，因为旋转中心本身是相机的光心，所以旋转后两个相机的光心坐标与原来是一样的，相当于求取原来的光心坐标。

将左相机的投影矩阵写为

$$\overline{\boldsymbol{M}}_1=\begin{bmatrix}\boldsymbol{q}_1^{\mathrm{T}} & q_{14}\\ \boldsymbol{q}_2^{\mathrm{T}} & q_{24}\\ \boldsymbol{q}_3^{\mathrm{T}} & q_{34}\end{bmatrix}=[\boldsymbol{Q}_1|\boldsymbol{q}_1] \quad (3-61)$$

假设空间点 P 的空间坐标和像点坐标分别为$\boldsymbol{w}$ 和(u,v)，根据投影矩阵可得

$$\begin{cases} u=\dfrac{\boldsymbol{q}_1^{\mathrm{T}}\boldsymbol{w}+q_{14}}{\boldsymbol{q}_3^{\mathrm{T}}\boldsymbol{w}+q_{34}}\\ v=\dfrac{\boldsymbol{q}_2^{\mathrm{T}}\boldsymbol{w}+q_{24}}{\boldsymbol{q}_3^{\mathrm{T}}\boldsymbol{w}+q_{34}}\end{cases} \quad (3-62)$$

可求得左相机光心的空间坐标为

$$\boldsymbol{c}_1=-\boldsymbol{Q}_1^{-1}\boldsymbol{q}_1 \quad (3-63)$$

点 P 的空间坐标$\boldsymbol{w}$ 可以写为

$$\boldsymbol{w}=\boldsymbol{c}_1+\lambda\boldsymbol{Q}_1^{-1}\boldsymbol{m} \quad (3-64)$$

式中：λ 为比例因子。同理，右相机的光心为

$$\boldsymbol{c}_{\mathrm{r}} = -\boldsymbol{Q}_{\mathrm{r}}^{-1}\boldsymbol{q}_{\mathrm{r}} \tag{3-65}$$

2）求取新的旋转矩阵

设新的旋转矩阵 $\boldsymbol{R} = [r_1^{\mathrm{T}}, r_2^{\mathrm{T}}, r_3^{\mathrm{T}}]$，$\boldsymbol{r}_1$、$\boldsymbol{r}_2$ 和 $\boldsymbol{r}_3$ 分别表示世界坐标系的 x、y、z 轴，通过以下方法求解。

（1）x 轴方向的单位向量 $\boldsymbol{r}_1 = \dfrac{\boldsymbol{c}_1 - \boldsymbol{c}_{\mathrm{r}}}{\|\boldsymbol{c}_1 - \boldsymbol{c}_{\mathrm{r}}\|}$。

（2）新的 y 轴垂直于新的 x 轴，同时垂直于新的 x 轴与原 z 轴所在的平面，y 轴方向的单位向量取为 $\boldsymbol{r}_2 = \boldsymbol{k} \times \boldsymbol{r}_1$，$\boldsymbol{r}_2$ 是 $\boldsymbol{k}$ 与 $\boldsymbol{r}_1$ 的向量积，$\boldsymbol{k}$ 可以任意选取，只是用于求出 $\boldsymbol{r}_2$。

（3）新的 z 轴垂直于 $\boldsymbol{r}_1$、$\boldsymbol{r}_2$ 所在的平面，$\boldsymbol{r}_3 = \boldsymbol{r}_1 \times \boldsymbol{r}_2$。

已知光心 c_1 和旋转矩阵 $\boldsymbol{R}$，对于任意一个空间点，其变换前、后的像点坐标和世界坐标有以下关系，即

$$\begin{cases} \boldsymbol{m}_{0\mathrm{l}} = \boldsymbol{M}_{\mathrm{l}}\boldsymbol{w} \\ \boldsymbol{m}_{\mathrm{nl}} = \overline{\boldsymbol{M}}_{\mathrm{l}}\boldsymbol{w} \end{cases} \tag{3-66}$$

式中：$\boldsymbol{m}_{0\mathrm{l}}$ 和 $\boldsymbol{m}_{n\mathrm{l}}$ 分别为变换前、后的像点坐标，可以求得

$$\begin{cases} \boldsymbol{w} = \boldsymbol{c}_{\mathrm{l}} + \lambda_0\boldsymbol{M}_{\mathrm{l}}\boldsymbol{m}_{0\mathrm{l}} \\ \boldsymbol{w} = \boldsymbol{c}_{\mathrm{l}} + \lambda_n\boldsymbol{M}_{\mathrm{l}}\boldsymbol{m}_{n\mathrm{l}} \end{cases} \tag{3-67}$$

式中：λ_0 和 λ_n 为任意的比例因子，由式（3-67）进一步可得出

$$\boldsymbol{m}_{n\mathrm{l}} = \lambda\boldsymbol{M}_{\mathrm{l}}\overline{\boldsymbol{M}}_{\mathrm{l}}\boldsymbol{m}_{0\mathrm{l}} \tag{3-68}$$

式中：λ 为任意的比例系数，对于右相机也有相似的结论，即

$$\boldsymbol{m}_{n\mathrm{r}} = \lambda\boldsymbol{M}_{\mathrm{r}}\boldsymbol{M}_{\mathrm{r}}m_{0\mathrm{r}} \tag{3-69}$$

以上为图像的校正方法，总结极线校准的主要步骤如下。

（1）由原来左、右摄像机的内参数取平均值，得到新的内参数矩阵 $\boldsymbol{A}$。

（2）求取光心位置 $\boldsymbol{c}_{\mathrm{l}}$、$\boldsymbol{c}_{\mathrm{r}}$ 和新的旋转矩阵 $\boldsymbol{R}$。

（3）求出新的透视投影矩阵。

（4）重新计算图像点坐标完成图像校准。

通过以上步骤就完成了图像的校准，校准完成后图像内的极线变为水平方向，可以减小寻找对应点的难度。

5. 基于圆环的匹配方法

为了完成空间圆的重建，需要得到左、右图像上椭圆的匹配点。通过图像处理，已经可以提取到左、右图像上的椭圆，极线也可以获得。下面介绍一种

在极线约束下的椭圆上对应点的匹配方法。

双目图像的椭圆上对应点的匹配示意图如图 3-10 所示，具体步骤如下。

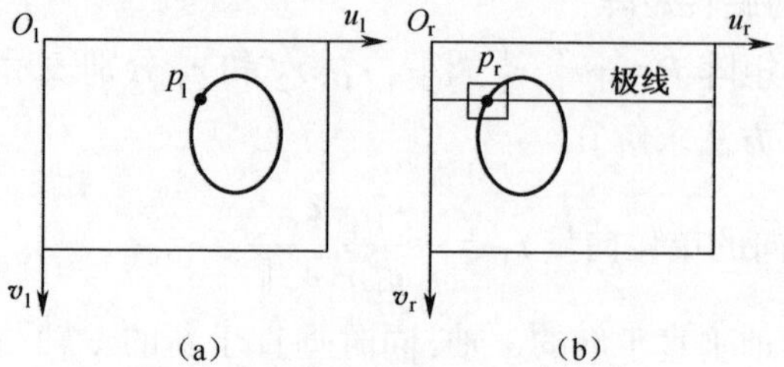

图 3-10　基于椭圆的匹配示意图

(1) 输入左、右相机的原始图像，对双目图像进行校准，图(a)作为基准图像，图(b)作为待匹配图像。

(2) 对图 3-10(a)和(b)进行椭圆提取，提取完成后在基准图像的椭圆上取分布均匀的 6 个点，为方便判断，左半部分与右半部分各取 3 个点。

(3) 根据图(a)上的点 p_l 坐标在图(b)上椭圆上寻找与 p_l 点 v 方向相同的点，因为对于经过外极线校准后或双目相机为平行配置的双目图像对，极线方程为 $y=v$，这时可找到两个这样的点，可通过判断坐标关系确定一个。

(4) 为实现精确匹配，以图(b)相应点 p_r 为中心建立一个 9×9 的小区域，分别计算图(a)上的点 p_l 与图(b)小区域内每个点的灰度测度函数值。

(5) 将右图小区域中与点 p_l 相似度最高的点确定为它的匹配点。

3.3.3　三维重建与位姿解算

通过立体匹配得到空间点在双目图像上的对应点后，接下来的任务是通过三维重建确定空间点坐标。圆环是目标的一种常见特征，可以通过圆环在图像上的投影椭圆求取目标位姿[26]。

1. 立体视觉测量原理

如图 3-11 所示根据立体视觉的测量原理，左、右相机中心之间的距离为基线距离 B，图中的相机安放形式为基本的平行放置，这样左、右图像就会处于同一个平面内。

如果点 $p(x,y,z)$ 在左、右图上的成像点分别为 $p_l = [X_l, Y_l]$ 和 $p_r = [X_r, Y_r]$，相机视角平行且像平面共面的情况下，像点的纵坐标相等，即 $Y_l = Y_r = Y$，通过投影几何可得

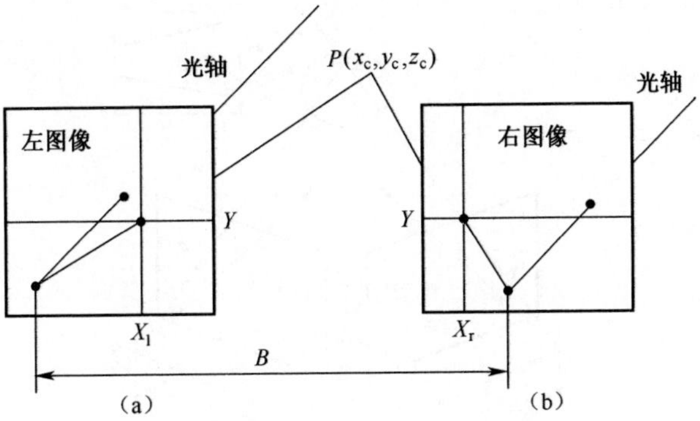

图 3-11　立体视觉成像原理

$$\begin{cases} X_l = f\dfrac{x_c}{z_c} \\ X_r = f\dfrac{(x_c - B)}{z_c} \\ Y = f\dfrac{y_c}{z_c} \end{cases} \tag{3-70}$$

视差原理是双目视觉的基础，两个像点之间的视差可以表示为 Disparity = $X_l - X_r$，由此可以得出点 P 的空间坐标为

$$\begin{cases} x_c = \dfrac{B \cdot X_l}{\text{Disparity}} \\ y_c = \dfrac{B \cdot Y}{\text{Disparity}} \\ z_c = \dfrac{B \cdot f}{\text{Disparity}} \end{cases} \tag{3-71}$$

由式(3-71)可知，已知左、右图像对应匹配点坐标，即可求解出空间点坐标。

2. 空间点三维重建

立体视觉三维重建是通过双目相机从两个视角观察空间点，获取空间点在不同角度下的图像，然后计算对应匹配点的视差来求解空间点坐标，如图 3-12所示。

p_l和 p_r 为空间点的左、右成像点，双目相机的投影方程分别为

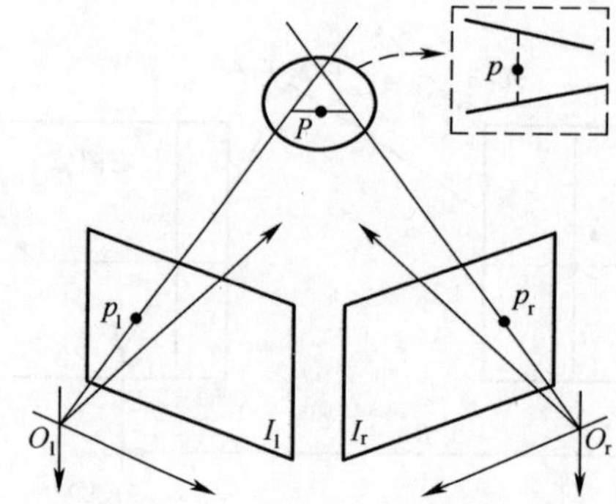

图 3-12　空间点三维重建原理

$$z_{cl}\begin{bmatrix}u_l\\v_l\\1\end{bmatrix}\begin{bmatrix}m_{11}^l & m_{12}^l & m_{13}^l & m_{14}^l\\m_{21}^l & m_{22}^l & m_{23}^l & m_{24}^l\\m_{31}^l & m_{32}^l & m_{33}^l & m_{34}^l\end{bmatrix}\begin{bmatrix}X_w\\Y_w\\Z_w\\1\end{bmatrix} \tag{3-72}$$

$$z_{cr}\begin{bmatrix}u_r\\v_r\\1\end{bmatrix}=\begin{bmatrix}m_{11}^r & m_{12}^r & m_{13}^r & m_{14}^r\\m_{21}^r & m_{22}^r & m_{23}^r & m_{24}^r\\m_{31}^r & m_{32}^r & m_{33}^r & m_{34}^r\end{bmatrix}\begin{bmatrix}X_w\\Y_w\\Z_w\\1\end{bmatrix} \tag{3-73}$$

式中：X_w、Y_w、Z_w 为点 P 的空间坐标，(u_l,v_l) 与 (u_r,v_r) 为点 p_l 和点 p_r 的像素坐标，$m_{ij}^l(i=1,2,3;j=1,2,3)$ 和 $m_{ij}^r(i=1,2,3;j=1,2,3)$ 为左、右相机的投影矩阵的元素。

式(3-72)和式(3-73)分别展开后各自可得 3 个方程，通过将第三式代入前两式可以消除 z_{cl} 和 z_{cr}，即

$$\begin{cases}(u_l m_{31}^l - m_{11}^l)x + (u_l m_{32}^l - m_{21}^l)y + (u_l m_{33}^l - m_{13}^l) = m_{14}^l - u_l m_{34}^l\\(v_l m_{31}^l - m_{21}^l)x + (v_l m_{32}^l - m_{21}^l)y + (v_l m_{33}^l - m_{23}^l) = m_{24}^l - v_l m_{34}^l\end{cases} \tag{3-74}$$

$$\begin{cases}(u_r m_{31}^r - m_{11}^r)x + (u_r m_{32}^r - m_{21}^r)y + (u_r m_{33}^r - m_{13}^r) = m_{14}^r - u_r m_{34}^r\\(v_r m_{31}^r - m_{21}^r)x + (v_r m_{32}^r - m_{22}^r)y + (v_r m_{33}^r - m_{23}^r) = m_{24}^r - v_r m_{34}^r\end{cases} \tag{3-75}$$

根据空间几何可知，两个三维平面相交可得一条直线，两个平面方程可以确定空间直线的方程（该直线即为两个平面相交的直线）。在没有误差的情

况下，图 3-12 中，由 O_1P 与 O_rP 确定的射线相交于点 P，将两式组合后以矩阵形式表达为

$$\boldsymbol{AP}=\boldsymbol{b} \tag{3-76}$$

其中，

$$\boldsymbol{A}=\begin{bmatrix}(u_1m_{31}^1-m_{11}^1) & (u_1m_{32}^1-m_{21}^1) & (u_1m_{33}^1-m_{13}^1)\\(v_1m_{31}^1-m_{21}^1) & (v_1m_{32}^1-m_{22}^1) & (v_1m_{33}^1-m_{23}^1)\\(u_rm_{31}^r-m_{11}^r) & (u_rm_{32}^r-m_{21}^r) & (u_rm_{33}^r-m_{13}^r)\\(v_rm_{31}^r-m_{21}^r) & (u_rm_{32}^r-m_{22}^r) & (v_rm_{33}^r-m_{23}^r)\end{bmatrix},\boldsymbol{b}=\begin{bmatrix}(m_{14}^1-u_1m_{34}^1)\\(m_{24}^1-v_1m_{34}^1)\\(m_{14}^r-u_rm_{34}^r)\\((m_{24}^r-v_rm_{34}^r)\end{bmatrix}$$

即

$$\boldsymbol{M}_{4\times3}\boldsymbol{P}_{\mathrm{w}}=\boldsymbol{N}_{4\times1} \tag{3-77}$$

式(3-77)展开后包括 3 个未知数，共有 4 个方程，可以通过最小二乘法解出，但是受误差的影响，方程组可能会不相容，它的解应该满足以下条件。

$$\|\boldsymbol{MP}-\boldsymbol{N}\|^2\leqslant\|\boldsymbol{M}x-\boldsymbol{N}\| \tag{3-78}$$

则

$$\boldsymbol{P}=\boldsymbol{A}^+\boldsymbol{b} \tag{3-79}$$

式中：$\boldsymbol{A}^+$ 为矩阵 A 的 Penrose-Moose 广义逆。当 $\boldsymbol{A}$ 是列满秩矩阵时，有

$$\boldsymbol{P}=(\boldsymbol{A}^{\mathrm{T}}\boldsymbol{A})^{-1}\boldsymbol{A}^{\mathrm{T}}\boldsymbol{b} \tag{3-80}$$

由于误差的影响，O_1P_1与 O_rP_r 一般不共面，式(3-80)得到的点 P 坐标几何意义是图 3-12 中直线 O_1P_1与 O_rP_r 中垂线的中点。

3. 位姿解算

通过前面的双目立体匹配和空间点三维重建，可以得到星箭对接环上的 6 个空间点的坐标，首先由这 6 个空间点坐标点可以拟合出空间圆方程；然后根据法向方向、圆心解算出目标卫星的位置信息、俯仰角和偏航角。另外，通过提取出的边缘直线特征可以求解目标的滚转角，这样就能求出目标的全部位姿信息。

根据以上的匹配和重建得到的 6 个空间点，计算其中心坐标，假设为 $\overline{U}=(\overline{X},\overline{Y},\overline{Z})$，再通过以下的方法可以计算空间圆的法线方向、圆心以及半径的初值。

(1) 计算矩阵，即

$$\boldsymbol{N}=\sum_{i=1}^{6}(\boldsymbol{U}_i-\overline{\boldsymbol{U}})(\boldsymbol{U}_i-\overline{\boldsymbol{U}})^{\mathrm{T}} \tag{3-81}$$

(2) 对矩阵 $\boldsymbol{N}$ 进行奇异值分解，分解得到的最小奇异值所对应的向量就是空间圆的法向量，即

$$\boldsymbol{n} = (n_x, n_y, n_z)^{\mathrm{T}} \tag{3-82}$$

式中：$n_z > 0$。

(3) 找到与上述所求得的法向量垂直的一个单位向量 $\boldsymbol{p}$，通过叉乘的方式确定第三个向量 $\boldsymbol{q}$，这样就求得了以法向量 $\boldsymbol{n}$ 为 z 轴的坐标轴方向。这 3 个单位向量可以构成旋转矩阵 $\boldsymbol{M} = [\boldsymbol{p} \quad \boldsymbol{q} \quad \boldsymbol{n}]$，该旋转矩阵构成了空间圆的朝向，该旋转矩阵可以分解为俯仰角 φ、偏航角 ω 和滚转角 ϕ。对于空间圆来说，以上 3 个旋转角除了滚转角 ϕ 可以任意变化外，其他两个角是固定的，这两个角实际上就是目标卫星的两个姿态角。

(4) 为了进一步估计空间圆的圆心和半径：首先将所有的点中心化；然后投影到过原点的以 $\boldsymbol{n}$ 为法向量的平面内。假设投影之后，空间点的坐标为 $\boldsymbol{u}_i = (x_i, y_i, z_i)$，$(i = 1,2,3,4,5,6)$。

(5) 假设空间圆的圆心位于过 $\overline{\boldsymbol{U}} = (\overline{X}, \overline{Y}, \overline{Z})$ 且以 $\boldsymbol{n}$ 为法向量的平面内（为了方便求解空间圆初值而加入的假设），那么可以列出以下方程组，即

$$\begin{cases} n_x(x_{\mathrm{c}} - \overline{X}) + n_y(y_{\mathrm{c}} - \overline{Y}) + n_z(z_{\mathrm{c}} - \overline{Z}) = 0 \\ (x_i - x_{\mathrm{c}})^2 + (y_i - y_{\mathrm{c}})^2 + (z_i - z_{\mathrm{c}}) = R^2 \quad i = 1,2,3,4,5,6 \end{cases} \tag{3-83}$$

通过解式(3-83)可得空间圆的圆心初值 $(x_{\mathrm{c}}, y_{\mathrm{c}}, z_{\mathrm{c}})$ 和半径初值 R。

(6) 根据求解的参数，空间圆的初始方程可以写成

$$\begin{bmatrix} X \\ Y \\ Z \end{bmatrix} = \boldsymbol{M}(\varphi, \omega, \phi) \begin{bmatrix} R\cos\theta \\ R\sin\theta \\ 0 \end{bmatrix} + \begin{bmatrix} x_{\mathrm{c}} \\ y_{\mathrm{c}} \\ z_{\mathrm{c}} \end{bmatrix} \tag{3-84}$$

为了获得最后的精度更高的空间圆的参数，利用透视投影的共线方程进行迭代计算，其思路如下。

(1) 用上面给定的参数方程，离散化 θ 角，如此就可以得到当前空间椭圆上的一系列的三维点，即

$$\begin{bmatrix} X_i \\ Y_i \\ Z_i \end{bmatrix} = \boldsymbol{M}(\varphi, \omega, \phi) \begin{bmatrix} R\cos\theta_i \\ R\sin\theta_i \\ 0 \end{bmatrix} + \begin{bmatrix} x_{\mathrm{c}} \\ y_{\mathrm{c}} \\ z_{\mathrm{c}} \end{bmatrix} \tag{3-85}$$

(2) 对每个这样的点，反投影到左、右图像上，相应椭圆上离投影点最近的点，假设分别为 (x_i, y_i) 和 (x_i', y_i')，那么根据透视投影的共线方程，可以列出以下的误差方程，即

$$
\begin{cases}
v_{x_i} + x_i = -f\dfrac{a_1(X_i - X_s) + b_1(Y_i - Y_s) + c_1(Z_i - Z_s)}{a_3(X_i - X_s) + b_3(Y_i - Y_s) + c_3(Z_i - Z_s)} \\
v_{y_i} + y_i = -f\dfrac{a_2(X_i - X_s) + b_2(Y_i - Y_s) + c_2(Z_i - Z_s)}{a_3(X_i - X_s) + b_3(Y_i - Y_s) + c_3(Z_i - Z_s)} \\
v'_{x_i} + x'_i = -f'\dfrac{a'_1(X_i - X'_s) + b'_1(Y_i - Y'_s) + c'_1(Z_i - Z'_s)}{a'_3(X_i - X'_s) + b'_3(Y_i - Y'_s) + c'_3(Z_i - Z'_s)} \\
v'_{y_i} + y'_i = -f'\dfrac{a'_2(X_i - X'_s) + b'_2(Y_i - Y'_s) + c'_2(Z_i - Z'_s)}{a'_3(X_i - X'_s) + b'_3(Y_i - Y'_s) + c'_3(Z_i - Z'_s)}
\end{cases} \quad (3-86)
$$

(3) 分析以上方程,可以看出误差方程式(3-86)的位置量为 $\varphi,\omega,R,x_c,y_c,z_c$(由于对于空间圆而言,$\phi$ 可以取任意值,所以误差方程中 ϕ 可以取一个任意固定的值,所以 ϕ 可以当作已知量)。因此,可将以上的误差方程记为

$$
V_i = F_i(\varphi,\omega,x_c,y_c,z_c,R) \quad (3-87)
$$

通过对式(3-87)进行泰勒展开,可得

$$
V_i \approx F_i \mid 0 + \frac{\partial F_i}{\partial \varphi}\Delta\varphi + \frac{\partial F_i}{\partial \omega}\Delta\omega + \frac{\partial F_i}{\partial x_c}\Delta x_c + \frac{\partial F_i}{\partial y_c}\Delta y_c + \frac{\partial F_i}{\partial z_c}\Delta z_c + \frac{\partial F_i}{\partial R}\Delta R \quad (3-88)
$$

(4) 对离散化后的所有点,列出以上线性化的误差方程,可以得到以下矩阵形式的误差方程,即

$$
\boldsymbol{V} = \boldsymbol{F} + \boldsymbol{A}\Delta\boldsymbol{X} \quad (3-89)
$$

(5) 采用最小二乘法求解式(3-89),可得

$$
\Delta\boldsymbol{X} = -(\boldsymbol{A}^{\mathrm{T}}\boldsymbol{A})^{-1}\boldsymbol{A}^{\mathrm{T}}\boldsymbol{F} \quad (3-90)
$$

(6) 由此可以修正空间圆的参数。如果发现修正量已经很小,就已经得到了空间圆参数的最优估计值;否则需要返回第(1)步进行下一次的迭代计算。

迭代结果中得到的 φ 和 ω 就是目标卫星的两个姿态角,而空间圆圆心位置则可以代表目标卫星的位置。由空间圆无法求出滚转角度 ϕ 。所以,至此只能估计目标卫星的两个姿态角和三维位置偏移量。

由于从空间圆无法确定目标的滚转角,可以通过目标的直线信息确定滚转角,定义滚转角为目标边缘直线与图像坐标系 y 轴的夹角,在检测到目标的边缘直线后即可求得其滚转角,如图 3-13 所示。

通过直线检测可以获得图像中目标竖直边框的直线,假设得到的直线方程为 $y=mx+b$,其中 m 为斜率,b 为截距。则滚转角为

$$
\phi = \arctan m \quad (3-91)
$$

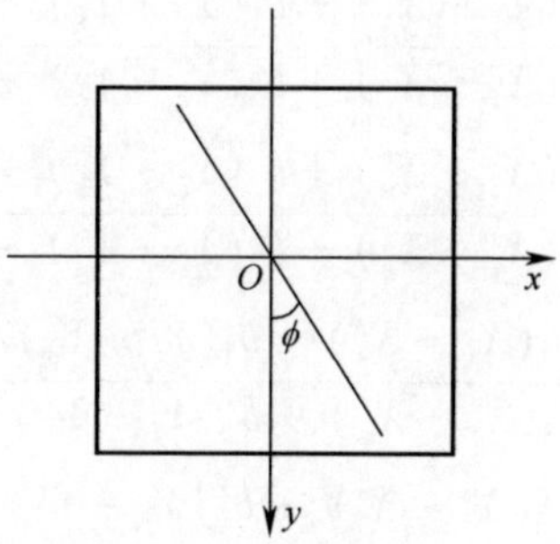

图 3-13　夹角关系

3.4　超近程相对状态导航方法

超近程相对控制,包括相对位置、相对姿态控制,状态变量有 12 维。因此,超近程相对导航的结果也应有 12 维,其中包括相对位置信息和相对姿态信息。

3.4.1　相对姿态动力学

四元数 $q=\cos\dfrac{\phi}{2}+u\sin\dfrac{\phi}{2}$ 描述了刚体等效旋转的方向和转过的角度,其中 u 为等效旋转的方向,ϕ 为滚转角。四元数也可用矩阵形式表示,即

$$\boldsymbol{q}=\begin{bmatrix}q_0\\q_1\\q_2\\q_3\end{bmatrix}=\begin{bmatrix}\cos\dfrac{\phi}{2}\\ l\sin\dfrac{\phi}{2}\\ m\sin\dfrac{\phi}{2}\\ n\sin\dfrac{\phi}{2}\end{bmatrix} \tag{3-92}$$

式中:l、m、n 为 u 的方向余弦,所以有

$$q_0^2+q_1^2+q_2^2+q_3^2=1$$

显然 $\boldsymbol{q}$ 的 4 个元数并不独立,它们位于 4 维单位超球面上,而 3 维空间内的角位置确定只需 3 个独立的欧拉角,因此四元数具有一个冗余度,这意味着采用四元数解算姿态增加了额外的负担。

若将四元数向某3维超平面上投影，则4维的四元数降低为3维的超平面投影参数。超平面选择的不同，对应的超平面投影参数也不同。

如图3-14所示，若将投影点位于（-1,0,0,0），即 $a=-1$，投影超平面通过超球球心，法线沿 q_0 轴，则所得投影参数称为修正罗德里格参数[27]。对应于（q_0,q_i）的修正罗德里格参数为

$$\sigma_i=\tan\alpha=\frac{q_i}{1+q_0}\quad i=1,2,3 \tag{3-93}$$

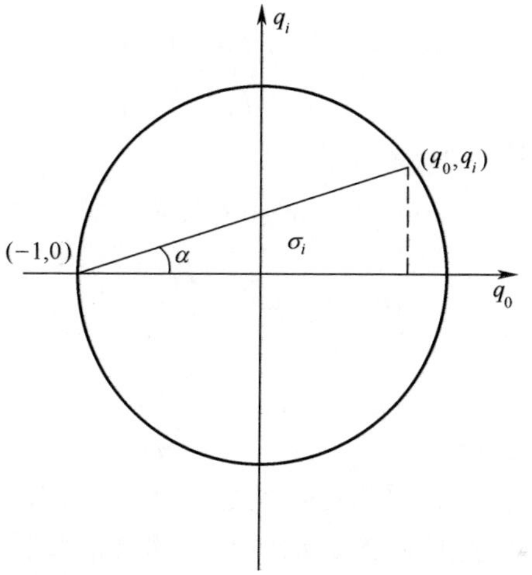

图3-14　修正罗德里格参数

亦即

$$\sigma_i=\frac{u_i\sin\dfrac{\phi}{2}}{1+\cos\dfrac{\phi}{2}}=u_i\tan\frac{\phi}{4} \tag{3-94}$$

由式(3-94)可以看出，对应于 $\phi=+360°$，即 $q_0=1,q_1=q_2=q_3=0$，修正罗德里格参数出现奇异值，所以用此参数描述刚体等效旋转的最大旋转角范围为（-360°,360°）。

在得到表示姿态的修正型罗德里格参数后，需要通过物理意义更直观的姿态角信息，设 $\boldsymbol{\sigma}$ 表示目标星坐标系 t 相对主动星坐标系 c 的修正型罗德里格参数，其向量形式为 $\boldsymbol{\sigma}=[\sigma_1\quad\sigma_2\quad\sigma_3]^{\mathrm{T}}$，则姿态矩阵为

$$C_t^c = \frac{\begin{bmatrix} \Sigma^2 + 4(\sigma_1^2 - \sigma_2^2 - \sigma_3^2) & 8\sigma_1\sigma_2 - 4\Sigma\sigma_3 & 8\sigma_1\sigma_3 + 4\Sigma\sigma_2 \\ 8\sigma_1\sigma_2 + 4\Sigma\sigma_3 & \Sigma^2 + 4(\sigma_2^2 - \sigma_1^2 - \sigma_3^2) & 8\sigma_2\sigma_3 - 4\Sigma\sigma_1 \\ 8\sigma_1\sigma_3 - 4\Sigma\sigma_2 & 8\sigma_2\sigma_3 + 4\Sigma\sigma_1 & \Sigma^2 + 4(\sigma_3^2 - \sigma_1^2 - \sigma_2^2) \end{bmatrix}}{(1 + \sigma_1^2 + \sigma_2^2 + \sigma_3^2)^2} \tag{3-95}$$

式中：$\Sigma = 1 - (\sigma_1^2 + \sigma_2^2 + \sigma_3^2)$。

将式(3-95)简记为

$$C_t^c = \begin{bmatrix} T_{11} & T_{12} & T_{13} \\ T_{21} & T_{22} & T_{23} \\ T_{31} & T_{32} & T_{33} \end{bmatrix} \tag{3-96}$$

则采用 3-1-2 欧拉表示的姿态角为

$$\begin{cases} \varphi = \arcsin(T_{23}) \\ \theta = \arctan\left(-\dfrac{T_{13}}{T_{33}}\right) \\ \psi = \arctan\left(-\dfrac{T_{21}}{T_{22}}\right) \end{cases} \tag{3-97}$$

为了引出相对修正罗德里格参数概念，首先介绍修正型罗德里格参数合成法则，设 $\boldsymbol{\sigma}_A$ 和 $\boldsymbol{\sigma}_B$ 为先后两次转动所对应的修正型罗德里格参数，设两次转动后的姿态所对应的修正型罗德里格参数为 $\boldsymbol{\sigma}$，即罗德里格参数的合成法则为

$$\boldsymbol{\sigma} = \boldsymbol{\sigma}_B \otimes \boldsymbol{\sigma}_A = \frac{(1 - (\boldsymbol{\sigma}_B)^2)\boldsymbol{\sigma}_A + (1 - (\boldsymbol{\sigma}_A)^2)\boldsymbol{\sigma}_B + 2\boldsymbol{\sigma}_A \times \boldsymbol{\sigma}_B}{1 + (\boldsymbol{\sigma}_A)^2 (\boldsymbol{\sigma}_B)^2 - 2\boldsymbol{\sigma}_A \cdot \boldsymbol{\sigma}_B} \tag{3-98}$$

式中：$\otimes$ 为罗德里格参数合成运算符号。

记目标星的修正罗德里格参数为 $\boldsymbol{\sigma}_t$，主动星的修正罗德里格参数为 $\boldsymbol{\sigma}_c$，目标星相对于主动星的修正罗德里格参数为 $\Delta\boldsymbol{\sigma}$，则有

$$\Delta\boldsymbol{\sigma} = \boldsymbol{\sigma}_c \otimes \boldsymbol{\sigma}_t^{-1} = \frac{\boldsymbol{\sigma}_t(\boldsymbol{\sigma}_c^T\boldsymbol{\sigma}_c - 1) + \boldsymbol{\sigma}_c(1 + \boldsymbol{\sigma}_t^T\boldsymbol{\sigma}_t) - 2[\boldsymbol{\sigma}_t \times]\boldsymbol{\sigma}_c}{1 + \boldsymbol{\sigma}_t^T\boldsymbol{\sigma}_t\boldsymbol{\sigma}_c^T\boldsymbol{\sigma}_c + 2\boldsymbol{\sigma}_t^T\boldsymbol{\sigma}_c} \tag{3-99}$$

用修正罗德里格参数表示的姿态运动学方程为

$$\dot{\boldsymbol{\sigma}} = \frac{1}{4}[(1 - \boldsymbol{\sigma}^T\boldsymbol{\sigma})\boldsymbol{I} + 2[\boldsymbol{\sigma} \times] + 2\boldsymbol{\sigma}\boldsymbol{\sigma}^T]\boldsymbol{\omega}$$

记 $\dot{\boldsymbol{\sigma}} = \frac{1}{4}\boldsymbol{B}(\boldsymbol{\sigma})\boldsymbol{\omega}$,其中 $\frac{1}{4}\boldsymbol{B}(\boldsymbol{\sigma}) = \boldsymbol{M}(\boldsymbol{\sigma})$ 。

经运算可得

$$\boldsymbol{\omega} = 4\boldsymbol{B}^{-1}(\boldsymbol{\sigma})\dot{\boldsymbol{\sigma}}$$

定义目标星本体相对于主动星本体的相对角速度为 $\Delta\boldsymbol{\omega}$,定义式为

$$\Delta\boldsymbol{\omega} = \boldsymbol{\omega}_{\mathrm{t}} - \boldsymbol{\omega}_{\mathrm{c}} \tag{3-100}$$

相对姿态运动学方程为

$$\Delta\dot{\boldsymbol{\sigma}} = -[\boldsymbol{\omega}_{\mathrm{c}} \times]\Delta\boldsymbol{\sigma} + \boldsymbol{M}(\Delta\boldsymbol{\sigma})\Delta\boldsymbol{\omega} \tag{3-101}$$

其中

$$\boldsymbol{M}(\Delta\boldsymbol{\sigma}) = \frac{1}{4}[(1 - \Delta\boldsymbol{\sigma}^{\mathrm{T}}\Delta\boldsymbol{\sigma})\boldsymbol{I}_{3\times3} + 2[\Delta\boldsymbol{\sigma}^{\times}] + 2\Delta\boldsymbol{\sigma}\Delta\boldsymbol{\sigma}^{\mathrm{T}}],$$

$$[\Delta\boldsymbol{\sigma}^{\times}] = \begin{bmatrix} 0 & -\Delta\sigma_3 & \Delta\sigma_2 \\ \Delta\sigma_3 & 0 & -\Delta\sigma_1 \\ -\Delta\sigma_2 & \Delta\sigma_1 & 0 \end{bmatrix} \tag{3-102}$$

航天器的姿态动力学是描述航天器在各种力矩作用下绕自身质心的转动运动。姿态动力学与姿态控制有着极为密切的关系,它提供被控对象的数学模型,直接影响控制系统的设计及其性能。刚体航天器的姿态动力学方程为

$$\boldsymbol{J}_{\mathrm{c}}\dot{\boldsymbol{\omega}}_{\mathrm{c}} + [\boldsymbol{\omega}_{\mathrm{c}}^{\times}]\boldsymbol{J}_{\mathrm{c}}\boldsymbol{\omega}_{\mathrm{c}} = \boldsymbol{T}_{\mathrm{c}} + \boldsymbol{T}_{\mathrm{d}} \tag{3-103}$$

式中:$\boldsymbol{J}_{\mathrm{c}} \in \boldsymbol{R}^{3\times3}$ 为主动星惯量矩阵;$\boldsymbol{\omega}_{\mathrm{c}} \in \mathbf{R}^3$ 为主动星本体坐标系相对于惯性坐标系的惯性角速度;$\boldsymbol{T}_{\mathrm{c}}$ 为作用于主动星本体的控制力矩;$\boldsymbol{T}_{\mathrm{d}}$ 为作用于主动星星体的外部干扰力矩。

相对动力学方程为

$$\begin{aligned}\Delta\dot{\boldsymbol{\omega}} = {} & \dot{\boldsymbol{\omega}}_{\mathrm{t}} + \boldsymbol{J}_{\mathrm{c}}^{-1}[\boldsymbol{\omega}_{\mathrm{t}}^{\times}]\boldsymbol{J}_{\mathrm{c}}\boldsymbol{\omega}_{\mathrm{t}} - \boldsymbol{J}_{\mathrm{c}}^{-1}[\boldsymbol{\omega}_{\mathrm{t}}^{\times}]\boldsymbol{J}_{\mathrm{c}}\Delta\boldsymbol{\omega} - \boldsymbol{J}_{\mathrm{c}}^{-1}[\Delta\boldsymbol{\omega}^{\times}]\boldsymbol{J}_{\mathrm{c}}\boldsymbol{\omega}_{\mathrm{t}} \\ & + \boldsymbol{J}_{\mathrm{c}}^{-1}[\Delta\boldsymbol{\omega}^{\times}]\boldsymbol{J}_{\mathrm{c}}\Delta\boldsymbol{\omega} - \boldsymbol{J}_{\mathrm{c}}^{-1}\boldsymbol{T}_{\mathrm{c}} - \boldsymbol{J}_{\mathrm{c}}^{-1}T_{\mathrm{d}}\end{aligned} \tag{3-104}$$

3.4.2 12 维相对状态导航原理

12 维相对导航[28]使用的敏感器为双目视觉相机,双目视觉相机内部经过图像处理算法可直接得目标星相对于主动星的相对位姿信息,所以双目视觉测量模型为

$$\begin{cases} r_{\text{test}} = r_{\text{true}} + n_{\rho} \\ \psi_{\text{test}} = \psi_{\text{true}} + n_{\psi} \end{cases} \tag{3-105}$$

式中：n_{ρ} 与 n_{φ} 分别为相对位置测量噪声和相对姿态角测量噪声。

采用扩展卡尔曼滤波方法。除选取相对姿态轨道的 12 维状态外，再加上增广的陀螺常值漂移作为状态量，有

$$\boldsymbol{X} = [\Delta\boldsymbol{\sigma} \quad \Delta\boldsymbol{\omega} \quad \Delta\boldsymbol{\gamma} \quad \Delta\dot{\boldsymbol{\gamma}}]^{\text{T}} \tag{3-106}$$

设连续的非线性系统为

$$\dot{\boldsymbol{X}}(t) = \boldsymbol{f}[\boldsymbol{X}(t)] + \boldsymbol{\omega} \tag{3-107}$$

式中：$\boldsymbol{\omega}$ 为动态噪声。

$\boldsymbol{f}[\boldsymbol{X}(t)]$ 在 $\boldsymbol{X}(t_k)$ 附近的泰勒级数展开式（忽略一阶以上的项）为

$$\boldsymbol{f}[\boldsymbol{X}(t)] = \boldsymbol{f}(\boldsymbol{X}_k) + \boldsymbol{A}(\boldsymbol{X}_k)(\boldsymbol{X}(t) - \boldsymbol{X}_k) \tag{3-108}$$

式中：$\boldsymbol{X}_k = \boldsymbol{X}(t_k)$；$\boldsymbol{A}(\boldsymbol{X}_k) = \left.\dfrac{\partial \boldsymbol{f}(\boldsymbol{X})}{\partial \boldsymbol{X}}\right|_{\boldsymbol{X}=\boldsymbol{X}(t_k)}$。

至此，可得推广卡尔曼滤波方程中的状态方程为

$$\boldsymbol{X}_{k+1} = \boldsymbol{\Phi}\boldsymbol{X}_k + \boldsymbol{\omega}_k \tag{3-109}$$

其中，

$$\boldsymbol{\Phi} = \boldsymbol{I} + \boldsymbol{A}(\boldsymbol{X})\boldsymbol{T}, \quad \boldsymbol{A}(\boldsymbol{X}_k)$$

$$= \begin{bmatrix} -[\boldsymbol{\omega}_{\text{c}}^{\times}]_{3\times3} & \frac{1}{4}\boldsymbol{I}_{3\times3} & & \\ & -\boldsymbol{J}_{\text{c}}^{-1}[\boldsymbol{\omega}_{\text{t}}^{\times}]\boldsymbol{J}_{\text{c}} + \boldsymbol{J}_{\text{c}}^{-1}[\Delta\boldsymbol{\omega}^{\times}]\boldsymbol{J}_{\text{c}} & & \\ & & & \boldsymbol{B}_{6\times6} \end{bmatrix}_{12\times12}$$

$$\boldsymbol{B} = \begin{bmatrix} 0 & 0 & 0 & 1 & 0 & 0 \\ 0 & 0 & 0 & 0 & 1 & 0 \\ 0 & 0 & 0 & 0 & 0 & 1 \\ 0 & 0 & 0 & 0 & 0 & 2\omega_{\text{ic}} \\ 0 & -\omega_{\text{ic}}{}^2 & 0 & 0 & 0 & 0 \\ 0 & 0 & 3\omega_{\text{ic}}{}^2 & -2\omega_{\text{ic}} & 0 & 0 \end{bmatrix}_{\boldsymbol{X}=\boldsymbol{X}_k}$$

选取敏感器测得的量测值作为量测量，有

$$\boldsymbol{Z} = [\gamma_{\text{test}} \quad \psi_{\text{test}}]^{\text{T}}$$

定义非线性化系统模型，即

$$z_{k+1} = h(x_{k+1}, k+1) + v_{k+1} \tag{3-110}$$

式中：v 为测量噪声。

因敏感器的测量值并不能直接代入方程计算,为了对观测方程进行线性化,在 $\boldsymbol{X}_{k+1/k}$ 处进行泰勒级数展开。$h(x_{k+1},k+1)$ 的线性化矩阵为

$$\boldsymbol{H}_{k+1}=\left.\frac{\partial h(x)}{\partial x}\right|_{x=x\frac{k+1}{k}}=\begin{bmatrix} & \boldsymbol{0}_{3\times 6} & & \boldsymbol{I}_{3\times 3} & \boldsymbol{0}_{3\times 3} \\ \frac{\partial\varphi}{\partial\sigma_1} & \frac{\partial\varphi}{\partial\sigma_2} & \frac{\partial\varphi}{\partial\sigma_3} & & \\ \frac{\partial\theta}{\partial\sigma_1} & \frac{\partial\theta}{\partial\sigma_2} & \frac{\partial\theta}{\partial\sigma_3} & \boldsymbol{0}_{3\times 9} & \\ \frac{\partial\psi}{\partial\sigma_1} & \frac{\partial\psi}{\partial\sigma_2} & \frac{\partial\psi}{\partial\sigma_3} & & \end{bmatrix}_{6\times 12}$$

则

$$\frac{\partial\varphi}{\partial\sigma_1}=\frac{-4(1+\sigma_1^2+\sigma_2^2+\sigma_3^2)(1-3\sigma_1^2-\sigma_2^2-\sigma_3^2)-16\sigma_1(2\sigma_2\sigma_3-\sigma_1+\sigma_1^3+\sigma_1\sigma_2^2+\sigma_1\sigma_3^2)}{\sqrt{1-T_{23}^2}\,(1+\sigma_1^2+\sigma_2^2+\sigma_3^2)^3}$$

$$\frac{\partial\varphi}{\partial\sigma_2}=\frac{8(\sigma_3+\sigma_1\sigma_2)(1+\sigma_1^2+\sigma_2^2+\sigma_3^2)-16\sigma_2(2\sigma_2\sigma_3-\sigma_1+\sigma_1^3+\sigma_1\sigma_2^2+\sigma_1\sigma_3^2)}{\sqrt{1-T_{23}^2}\,(1+\sigma_1^2+\sigma_2^2+\sigma_3^2)^3}$$

$$\frac{\partial\varphi}{\partial\sigma_3}=\frac{8(\sigma_2+\sigma_1\sigma_3)(1+\sigma_1^2+\sigma_2^2+\sigma_3^2)-16\sigma_3(2\sigma_2\sigma_3-\sigma_1+\sigma_1^3+\sigma_1\sigma_2^2+\sigma_1\sigma_3^2)}{\sqrt{1-T_{23}^2}\,(1+\sigma_1^2+\sigma_2^2+\sigma_3^2)^3}$$

$$\frac{\partial\theta}{\partial\sigma_1}=\frac{1}{1+\left(\frac{T_{13}}{T_{33}}\right)^2}\frac{-8(\sigma_3-\sigma_1\sigma_2)[\Sigma^2+4(\sigma_3^2-\sigma_1^2-\sigma_2^2)]-16(2\sigma_1\sigma_3+\Sigma\sigma_2)(\Sigma\sigma_1+2\sigma_1)}{[\Sigma^2+4(\sigma_3^2-\sigma_1^2-\sigma_2^2)]^2}$$

$$\frac{\partial\theta}{\partial\sigma_2}=\frac{1}{1+\left(\frac{T_{13}}{T_{33}}\right)^2}\frac{(-4\Sigma+8\sigma_2^2)[\Sigma^2+4(\sigma_3^2-\sigma_1^2-\sigma_2^2)]-16(\Sigma\sigma_2+2\sigma_2)(2\sigma_1\sigma_3+\Sigma\sigma_2)}{[\Sigma^2+4(\sigma_3^2-\sigma_1^2-\sigma_2^2)]^2}$$

$$\frac{\partial\theta}{\partial\sigma_3}=\frac{1}{1+\left(\frac{T_{13}}{T_{33}}\right)^2}\frac{-8(\sigma_1-\sigma_2\sigma_3)[\Sigma^2+4(\sigma_3^2-\sigma_1^2-\sigma_2^2)]-16(2\sigma_1\sigma_3+\Sigma\sigma_2)(\Sigma\sigma_3-2\sigma_3)}{[\Sigma^2+4(\sigma_3^2-\sigma_1^2-\sigma_2^2)]^2}$$

$$\frac{\partial\psi}{\partial\sigma_1}=\frac{1}{1+\left(\frac{T_{21}}{T_{22}}\right)^2}\frac{-8(\sigma_2-\sigma_1\sigma_3)[\Sigma^2+4(\sigma_2^2-\sigma_1^2-\sigma_3^2)]-16(2\sigma_1\sigma_2+\Sigma\sigma_3)(\Sigma\sigma_1+2\sigma_1)}{[\Sigma^2+4(\sigma_2^2-\sigma_1^2-\sigma_3^2)]^2}$$

$$\frac{\partial\psi}{\partial\sigma_2}=\frac{1}{1+\left(\frac{T_{21}}{T_{22}}\right)^2}\frac{-8(\sigma_1-\sigma_2\sigma_3)[\Sigma^2+4(\sigma_2^2-\sigma_1^2-\sigma_3^2)]-16(2\sigma_1\sigma_2+\Sigma\sigma_3)(\Sigma\sigma_2-2\sigma_2)}{[\Sigma^2+4(\sigma_2^2-\sigma_1^2-\sigma_3^2)]^2}$$

$$\frac{\partial\psi}{\partial\sigma_3}=\frac{1}{1+\left(\frac{T_{21}}{T_{22}}\right)^2}\frac{(-4\Sigma+8\sigma_3^2)[\Sigma^2+4(\sigma_2^2-\sigma_1^2-\sigma_3^2)]-16(2\sigma_1\sigma_2+\Sigma\sigma_3)(\Sigma\sigma_3+2\sigma_3)}{[\Sigma^2+4(\sigma_2^2-\sigma_1^2-\sigma_3^2)]^2}$$

至此,可得线性化的量测方程为

$$\boldsymbol{Z}_{k+1}=\boldsymbol{H}_{k+1}\hat{\boldsymbol{X}}_{k+1}+\boldsymbol{v}_{k+1} \tag{3-111}$$

选取模型噪声方差矩阵为

$$\boldsymbol{Q}_k=\mathrm{diag}[1\times10^{-9}\ \ 1\times10^{-9}\ \ 1\times10^{-9}\ \ 1\times10^{-7}\ \ 1\times10^{-4}\ \ 1\times10^{-4}\ \ 50\ \ 25\ \ 80\ \ 3.5\times10^{-4}\ \ 4\times10^{-4}\ \ 4.5\times10^{-4}]$$

测量噪声方差矩阵为

$$\boldsymbol{R}_{k+1}=\begin{bmatrix}50&0&0&0&0&0\\0&25&0&0&0&0\\0&0&80&0&0&0\\0&0&0&1\times10^{-4}&0&0\\0&0&0&0&1\times10^{-4}&0\\0&0&0&0&0&1\times10^{-4}\end{bmatrix}$$

设 $\boldsymbol{P}_0$ 为系统状态的方差矩阵,取对角元素为 10 的对角矩阵,即

$$\boldsymbol{P}_0=10\times\boldsymbol{I}_{12\times12}$$

第4章 近距离相对运动控制技术

4.1 概　　述

相对运动控制是实现航天器相对运动任务的一项关键技术。相对运动控制包括相对轨道控制和相对姿态控制。对于相对轨道控制,依据相对距离的不同,控制需要采用不同的相对运动模型:若相对距离较远,则通常使用基于几何法的相对运动模型;若相对距离较近,则采用代数法相对运动模型[29]。本章围绕近距离相对运动展开研究,因而采用基于几何法建立的动力学模型。对于相对姿态控制,通常是主动航天器展开对目标航天器近距离观测等在轨操控任务的必要条件,需要从任务需求出发考虑姿态工作模式,设计相应的期望姿态变化规律,并采用一定的控制律使得主动航天器实际姿态跟踪期望值。

在本质上,相对运动控制的任务就是如何依据偏差生成控制指令,驱动主动航天器的执行机构产生控制力或控制力矩,以尽可能消除偏差。对于相对轨道控制,执行机构通常为喷气推力发动机,根据相对运动模型的不同,发动机需要工作在不同的推力模式下。对于航天器近距离相对运动而言,相对运动模型采用忽略摄动影响的线性化动力学模型(C-W 模型或 T-H 模型)。推力模式通常包括脉冲推力、继电型推力和连续推力三类。脉冲推力是一种理想假设,认为推力作用时间趋近于 0,作用前后航天器的空间位置不变,而速度获得突变[30]。脉冲推力假设有助于简化问题,常用于空间任务的初步分析与设计。继电型推力是对脉冲调宽式推力器的近似,更接近于工程实际。连续推力可分为连续变推力和连续常推力两种,由于目前航天器控制很少采用连续变推力,因此主要采用连续常值小推力模式。对于相对姿态控制,执行机构通常为喷气推力器或者角动力交换装置(飞轮与控制力矩陀螺)。单框架控制力矩陀螺结构简单,输出力矩能力大,与喷气推力器相比具有精度较高、不需要消耗燃料的优势，理论上能够实现姿态的快速机动控制，特别适用于需作频繁姿态跟踪的情形，可大大延长卫星的在轨寿命，但是陀螺群工作时容易陷入构型奇异而丧失三轴力矩输入能力。飞轮操纵律设计简单，力矩输出精度很高，但无法长时间输出大力矩，故适用于快速机动后的高精度姿态稳定控制。

航天器在近距离对相对运动实施控制时，对控制精度要求很高，轨道控制理论上需要采用连续推力控制，这对发动机性能要求过高。在工程实践上，引入“控制误差盒”降低对发动机性能的要求，采用继电型推力器实现。“控制误差盒”的设置与控制精度、控制频度和燃料消耗密切相关[30]。相对姿态控制通常考虑设计一定的控制律和执行机构的操纵律，在保证控制的快速性和稳态性能的前提下，实现主动航天器对目标卫星视线的指向跟踪控制。

4.2 近圆轨道目标航天器近距离相对轨道设计

相对轨道设计是研究相对运动控制的基础。航天器相对运动轨道规划是指在各种约束条件下确定主动航天器的最优可行轨迹，使其从初状态开始，在指定的时间内到达期望的状态，并优化某些性能指标。轨迹规划提供相对运动的标称轨迹（制导功能），相对运动控制通过控制系统提供的力修正实际轨迹与标称轨迹的偏差，确保主动航天器沿标称轨迹运行。

4.2.1 绕飞轨迹设计

绕飞运动轨迹可分为周期性和非周期性两大类。很明显，周期性相对轨迹的形成是有一定限制条件的，该限制条件就是两者具有相同的轨道周期，轨道周期由速度大小 v 、地心距离 r 决定。

根据不同的相对运动初始条件，并施加不同的脉冲或持续机动，可以形成不同的绕飞轨迹，以下详细分析几种典型的绕飞轨迹。

1. 椭圆绕飞轨迹

根据第 2 章内容可知，考虑到近距离、超近距离相对运动的两个航天器间的相对位置与其轨道半径相比为小量，故对近圆轨道目标航天器，其相对运动形式在目标航天器轨道坐标系下可以用典型的 C-W 方程描述，在控制力为 0 且忽略摄动的情况下，其解析解为

$$
\begin{cases}
x(t) = x_0 + 6(nt - \sin nt)z_0 + \left(\dfrac{4}{n}\sin nt - 3t\right)\dot{x}_0 + \dfrac{2}{n}(1 - \cos nt)\dot{z}_0 \\
y(t) = y_0\cos nt + \dfrac{\dot{y}_0}{n}\sin nt \\
z(t) = (4 - 3\cos nt)z_0 - \dfrac{2}{n}(1 - \cos nt)\dot{x}_0 + \dfrac{\dot{z}_0}{n}\sin nt \\
\dot{x}(t) = 6n(1 - \cos nt)z_0 + (4\cos nt - 3)\dot{x}_0 + 2\dot{z}_0\sin nt \\
\dot{y}(t) = -ny_0\sin nt + \dot{y}_0\cos nt \\
\dot{z}(t) = 3nz_0\sin nt - 2\dot{x}_0\sin nt + \dot{z}_0\cos nt
\end{cases}
\tag{4-1}
$$

由式(4-1)可见,y 轴和 z 轴的相对运动都为周期运动,而 x 轴包含长期漂移项 $(6nz_0 - 3\dot{x}_0)t$,因此根据 C-W 方程得到 x 轴满足周期运动的条件为

$$
6nz_0 - 3\dot{x}_0 = 0 \tag{4-2}
$$

此时,轨道平面 x-z 内的相对运动可以写成一个椭圆,(图 4-1),即

$$
\frac{(x - x_{c0})^2}{4a^2} + \frac{z^2}{a^2} = 1 \tag{4-3}
$$

式中:$x_{c0} = x_0 + 2\dot{z}_0/n$;$a = \sqrt{(2\dot{x}_0/n - 3z_0)^2 + (\dot{z}_0/n)^2}$。

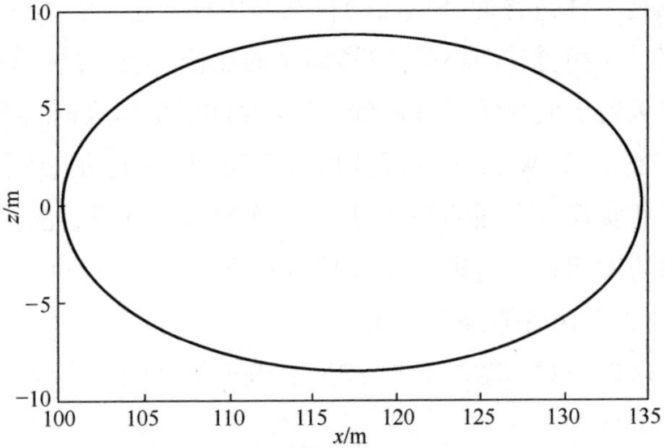

图 4-1 主动航天器的椭圆绕飞

($n = 0.001157\text{rad/s}, x_0 = 100\text{m}, z_0 = \dot{x}_0 = 0, \dot{z}_0 = 0.01\text{m/s}$)

由以上分析可知,如果相对运动初始条件满足式(4-2),主动星就能以$(x_{c0}, 0)$为中心的椭圆相对轨道上进行稳态绕飞,绕飞的周期为目标飞行器

的轨道周期。该椭圆轨迹的长半轴为短半轴长度的 2 倍。进一步分析,目标航天器既可以处在相对椭圆轨迹的中心 ($x_{c0}=0$) ,也可以处在长轴延长线上椭圆封闭曲线之外 ($2a<x_{c0}$) 。当然,后一种情况将不能实现对目标的围绕飞行。

根据前面关于轨道周期决定因素的分析,结合 C-W 方程的解析解式(4-1),进一步分析可知,如果在 y 方向施加速度脉冲,仍然能保持椭圆绕飞轨迹,速度脉冲 Δv_y 用于调整平面 xoz 外运动的幅度,此时形成振荡型轨道,从而可以多方位观测目标航天器。

2. 螺旋线绕飞轨迹

当时间的一次项系数 $6nz_0-3\dot{x}_0\neq0$ 时,由式(4-1)可见,x 方向的运动将不再是周期运动,而 z 方向和 y 方向仍然为周期运动。当 $6nz_0-3\dot{x}_0>0$ 时,x 方向运动向正方向不断往复推进,同时 z 方向周期运动平衡位置 $4z_0-2\dot{x}_0/n>0$;当 $6nz_0-3\dot{x}_0<0$ 时,x 方向运动向负方向不断往复推进,同时 z 方向周期运动平衡位置 $4z_0-2\dot{x}_0/n<0$。螺旋绕飞相对运动轨迹如图 4-2 所示。以上两种情况下,y 方向仍然可以围绕 0 平衡位置做周期运动,形成振荡的螺旋线相对运动,如图 4-3 所示。综合各轴运动可见,主动航天器相对目标航天器运动轨迹是随时间在 x 轴方向往复推进的螺旋线,螺旋线周期为目标飞行器的轨道周期。

螺旋绕飞是一种包含面外运动的自然非周期轨迹,可沿 V-bar 方向对目标进行螺旋扫描观测,扫描时间为轨道周期的数倍。虽然严格意义上,这时将不能对目标航天器形成封闭包围曲线,并当时间 t 足够大时两个航天器将相距足够远而不能用 C-W 方程分析其相对运动,但当主动航天器飞临目标航天器时可以短暂实现有限圈的绕飞,具有方便撤离的优点,此时需要同步规划绕飞时目标的防撞问题。若观测任务时间充裕,且需要对目标航天器作一次全面观测,则可以采用螺旋绕飞观测。

螺旋绕飞轨迹的对称轴平行于 x 轴,其偏离 x 轴的大小为

$$z_{\mathrm{d}}=4z_0-\frac{2\dot{x}_0}{n} \tag{4-4}$$

每个轨道周期内,主动航天器沿 x 轴方向漂移距离（螺距）为

$$l=2\pi(6nz_0-3\dot{x}_0)\sqrt{\frac{r^3}{\mu}} \tag{4-5}$$

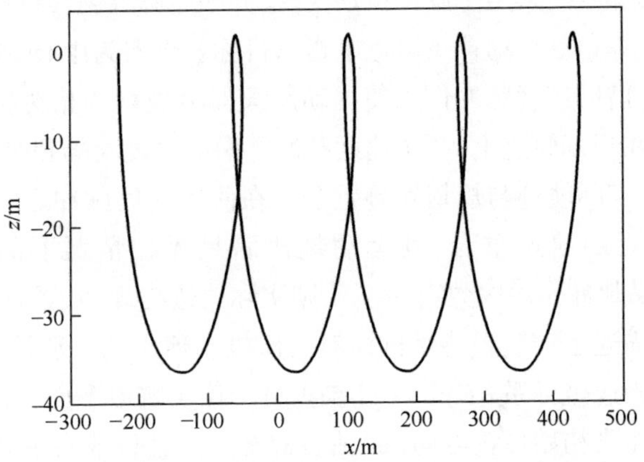

图 4-2　主动航天器相对目标航天器轨道平面内螺旋运动

（$n = 0.001157\text{rad/s}, z_0 = 0, \dot{x}_0 = 0.01\text{m/s}, x_0 = 100\text{m}, \dot{z}_0 = 0.01\text{m/s}$）

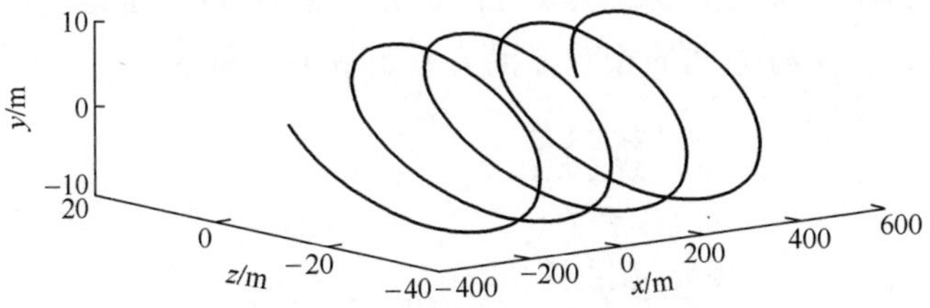

（a）螺旋线绕飞轨迹

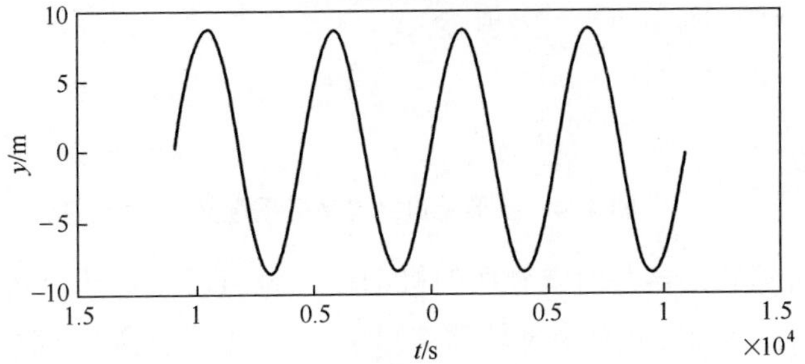

（b）y方向相对运动时间历程

图 4-3　主动航天器相对目标航天器振荡螺旋运动

（$n = 0.001157\text{rad/s}, z_0 = 0, \dot{x}_0 = 0.01\text{m/s}, x_0 = 100\text{m}, \dot{z}_0 = 0.01\text{m/s}, y_0 = 0, \dot{y}_0 = 0.01\text{m/s}$）

3. 圆形受迫绕飞轨迹

椭圆形自然绕飞虽然不需要消耗过多的燃料，但是周期为目标航天器的轨道周期，绕飞时间较长，从而限制了该绕飞方法对绕飞快速性要求较高任务的应用。圆形绕飞的标称轨迹为圆形，理论上的圆形绕飞需要采用连续变推力机动。为简化问题，采用多脉冲机动实现，并限定脉冲施加时位置在标称轨迹上。等时间/等角度机动伴飞轨道是指以目标航天器为中心，规划一条半径已知的圆轨道，借助速度脉冲作用使主动航天器沿规划的相对轨道运动。速度脉冲作用点在规划轨迹上，两次速度脉冲之间的角度间隔和时间间隔相等。在脉冲作用点，实际轨迹与规划轨迹重合。在两次速度脉冲之间的实际相对运动轨迹不和规划轨迹重合，其运动规律满足无控情况下的 C-W 方程式(4-1)。如果脉冲作用次数 $N \to \infty$ ，则实际轨迹与规划标称轨迹重合。

为了方便描述主动航天器对目标航天器机动伴飞的一般情况，定义机动伴飞轨道平面固连坐标系 $ox'y'z'$ ：y' 轴垂直于伴飞轨道平面，x' 轴在伴飞轨道平面内指向伴飞初始位置方向，z' 轴与 x' 轴、y' 轴构成右手坐标系。机动伴飞轨道平面固连坐标系 $ox'y'z'$，可以由目标航天器轨道坐标系 $oxyz$ 通过 3 次旋转来实现。以坐标系 $oxyz$ 为基准坐标系，先沿 z 轴旋转角度 θ_z ，得到中间坐标系 $ox''y''z$ ，然后，再沿 x'' 轴旋转角度 θ_x ，得到坐标系 $ox''y'z'''$ 。此时的 y' 轴方向就和伴飞轨道平面的法线方向重合。最后绕 y' 轴旋转角度 θ_y 得到坐标系 $ox'y'z'$ 。坐标系间的相对位置关系如图 4-4 所示。

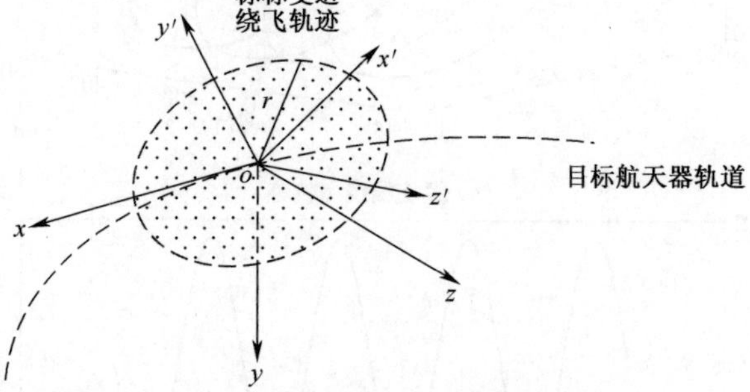

图 4-4　圆形受迫绕飞坐标系定义

这样与目标航天器共面或异面的机动伴飞轨道可以用 4 个特征量描述，即 r、θ_z、θ_x、θ_{yt} 。其中，r 为伴飞轨道半径；θ_x、θ_z 为目标航天器轨道坐标系 $oxyz$ 与 $ox'y'z'$ 之间的旋转角度，表征机动伴飞轨道平面与目标航天器轨道平面之间的方位；θ_{yt} 为 t 时刻主动航天器相对位置与 ox' 轴之间的夹角，决定主动航天器在机动伴飞轨道上的位置。当主动航天器位于 x' 轴上时，$\theta_{yt} = 0$；当伴飞轨道与目标航天器轨道共面时，$\theta_x = \theta_z = 0$。当 $\theta_x = 0$, $\theta_z = \pm\pi/2$ 时，伴飞平面是 yoz 平面。当 $\theta_x = \pm\pi/2$, $\theta_z = 0$ 时，伴飞平面是 xoy 平面。

由于机动伴飞过程中，脉冲作用点等时间、等角度间隔分布，如图 4-5 所示，则在任意时刻 t ，有

$$\theta_{yt} = \theta_{y0} + \frac{2\pi t}{T} \tag{4-6}$$

式中：θ_{y0} 为初始时刻主动航天器相对位置与 ox' 轴之间的夹角；T 为机动伴飞周期。根据坐标系 $oxyz$ 与 $ox'y'z'$ 之间的坐标变换关系，可以得到 t 时刻主动航天器在 $oxyz$ 坐标系内的瞬时相对位置 $\boldsymbol{r}_t$，即

$$\boldsymbol{r}_t = r\begin{bmatrix} \cos\theta_{yt}\cos\theta_z + \sin\theta_x\sin\theta_{yt}\sin\theta_z \\ \cos\theta_{yt}\sin\theta_z - \sin\theta_x\sin\theta_{yt}\cos\theta_z \\ \cos\theta_x\sin\theta_{yt} \end{bmatrix} \tag{4-7}$$

由式(2-14)，可得

$$\begin{bmatrix} \boldsymbol{r}(t) \\ \boldsymbol{v}(t) \end{bmatrix} = \begin{bmatrix} \boldsymbol{\phi}_{rr}(t) & \boldsymbol{\phi}_{rv}(t) \\ \boldsymbol{\phi}_{vr}(t) & \boldsymbol{\phi}_{vv}(t) \end{bmatrix} \begin{bmatrix} \boldsymbol{r}(0) \\ \boldsymbol{v}(0) \end{bmatrix} \tag{4-8}$$

可得

$$\begin{cases} \boldsymbol{v}^+(t_0) = \boldsymbol{\phi}_{rv}^{-1}(t-t_0)\left[\boldsymbol{r}(t) - \boldsymbol{\phi}_{rr}(t-t_0)\boldsymbol{r}(t_0)\right] \\ \boldsymbol{v}^-(t) = \boldsymbol{\phi}_{vr}(t-t_0)\boldsymbol{r}(t_0) + \boldsymbol{\phi}_{vv}\boldsymbol{v}^+(t_0) \end{cases} \tag{4-9}$$

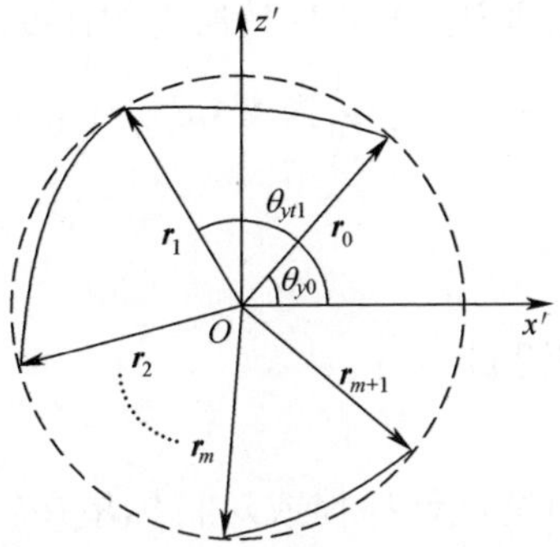

图 4-5　圆形受迫绕飞脉冲机动位置

假设主动航天器通过 N 次速度脉冲实现一周的机动伴飞，在某个时刻 $t_m = m\Delta t \ (m = 0,1,\cdots,N-1)$，经过速度脉冲，主动航天器已经转移到 $\boldsymbol{r}_m$，根据式(4-7)可以求出 $\boldsymbol{r}_{m+1}$。再由式(4-9)可以计算出速度脉冲大小 $\Delta\boldsymbol{v}_m = \boldsymbol{v}_m^+ - \boldsymbol{v}_m^-$，以及本次速度脉冲之后到下次速度脉冲之前的滑翔飞行轨迹。

4.2.2　悬停方法设计

主动航天器对目标航天器的“悬停”是一种特殊的相对运动轨迹，主动航

天器在一段时间内与目标航天器的相对位置保持不变,也就是使主动航天器在目标航天器的轨道坐标系中仿佛静止悬停于某个固定点上。空间“悬停”轨道的特点,使其在如空间营救、在轨监视和空间能量传输等特殊空间任务中具有广泛的应用前景。

对近圆轨道目标航天器,近距离相对运动 C-W 方程为

$$\begin{cases}\ddot{x}-2n\dot{z}=f_x\\ \ddot{y}+n^2y=f_y\\ \ddot{z}+2n\dot{x}-3n^2z=f_z\end{cases} \tag{4-10}$$

将稳态时悬停的条件 $\dot{x}=0$、$\dot{y}=0$、$\dot{z}=0$ 代入式(4-10)可得

$$\begin{cases}\ddot{x}=f_x\\ \ddot{y}+n^2y=f_y\\ \ddot{z}-3n^2z=f_z\end{cases} \tag{4-11}$$

令 $\ddot{x}=\ddot{y}=\ddot{z}=0$,则 $f_x=0, f_y=n^2y, f_z=-3n^2z$。可见 V-bar 方向悬停不需要外加力保持。记悬停保持的相对位置为 (x_0,y_0,z_0),若采用连续推力,则 $\Delta t=t_f-t_0$ 时间段内其他两方向静止保持所需的速度增量为

$$\Delta v=\int_{t_0}^{t_f}(|f_y|+|f_z|)\,\mathrm{d}t=\int_{t_0}^{t_f}(|n^2y_0|+|3n^2z_0|)\,\mathrm{d}t=n^2(3|z_0|+|y_0|)\,\Delta t \tag{4-12}$$

4.2.3 逼近轨迹设计

逼近技术是实施空间机械臂抓捕或对目标星在轨维修等操作的前提条件,通常需要根据目标航天器运行的不同状态和任务情况规划合理的逼近轨迹和制导方案,有时还必须制订合适的撤离方案以便在轨操作结束之后两个航天器安全地分离。

1. 螺旋逼近

如前所述,螺旋线绕飞轨迹因为不能在 V-bar 方向上形成限制范围的封闭曲线,其在 $+x$ 轴或 $-x$ 轴方向上形成振荡式的推进,因而也是一种逼近与撤离的方式。

螺旋绕飞轨迹的对称轴平行于 x 轴,其偏离 x 轴的大小为

$$z_{\mathrm{d}}=4z_0-\frac{2\dot{x}_0}{n} \tag{4-13}$$

每个轨道周期内，主动航天器沿 x 轴方向逼近的距离为

$$l = 2\pi(6nz_0 - 3\dot{x}_0)\sqrt{\frac{r^3}{\mu}} \tag{4-14}$$

根据任务需要，在 y 方向可以施加脉冲改变初始速度，形成轨道面外的振荡型往复运动。根据式(4-1)，y 轴方向振荡运动的幅值为

$$A_y = \frac{\dot{y}_0}{n}\sqrt{y_0^2 + \left(\frac{\dot{y}_0}{n}\right)^2} \tag{4-15}$$

2. 飞越逼近

飞越逼近相对运动要求主动航天器与目标航天器仅在轨道高度上有差别，其他完全相同(图 4-6)。由于两者的轨道高度不同，所以一个航天器比另一个航天器运行得快，从而导致观测航天器要么以恒定的相对高度接近目标，要么以恒定的相对高度远离目标。

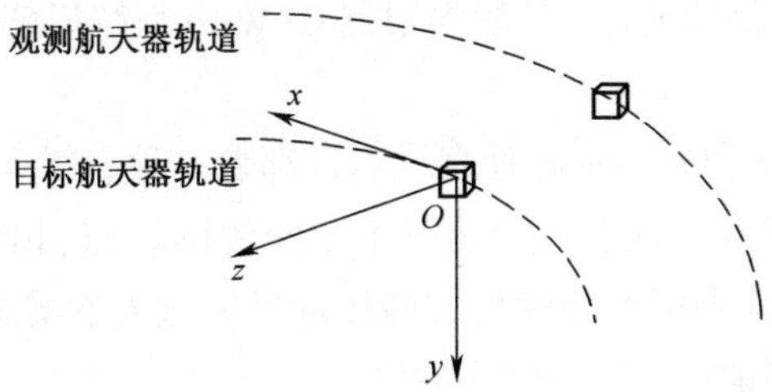

图 4-6　飞越逼近的两个航天器轨道

接近(远离)速度与观测航天器相对目标航天器的高度有关，依据 C-W 方程解析解式(4-1)，有

$$\dot{z}(t) = 3nz_0\sin nt - 2\dot{x}_0\sin nt + \dot{z}_0\cos nt \tag{4-16}$$

由于主动航天器要保持恒定的相对高度，则必须有

$$\dot{z}_0 = 0\ ,\ \dot{x}_0 = \frac{3nz_0}{2} \tag{4-17}$$

很明显，飞越逼近是非周期性的相对运动，有必要分析在一个轨道周期内，主动航天器与目标航天器在飞行方向上的距离变化 Δx_T 。

根据式(4-1)，有

$$x(t) = x_0 + 6(nt - \sin nt)z_0 + \left(\frac{4}{n}\sin nt - 3t\right)\dot{x}_0 + \frac{2}{n}(1 - \cos nt)\dot{z}_0 \tag{4-18}$$

令 $t = T = 2\pi/n$ ，则 $x(T) = x_0 + 3\pi z_0$。从而 $\Delta x_T = 3\pi z_0$，与轨道周期无关。

3. 任意方位直线逼近

如果要求逼近轨迹为任意的给定匀速直线运动,有

$$\begin{cases} x(t) = x(0) + \Delta v_x t \\ y(t) = y(0) + \Delta v_y t \\ z(t) = z(0) + \Delta v_z t \end{cases} \tag{4-19}$$

根据 C-W 方程解析解,可得

$$\begin{cases} f_x = -2n\Delta v_z \\ f_y = n^2 y \\ f_z = 2n\Delta v_x - 3n^2 z \end{cases} \tag{4-20}$$

在一般情况下,要实现相对直线运动需要在 3 个方向都施加冲量。这种一般运动也可以看作沿 3 个坐标轴的相对匀速直线运动的线性叠加,可以把三种运动分解处理。以其他的运动规律沿直线运动的情况,可以把式(4-19)中的变量 t 替换为函数 $f(t)$,然后再根据 C-W 方程解析解即可得到所需施加的三轴外力。

特别地,V-bar 和 R-bar 两种直线逼近都是这种直线运动的特殊情况。

若目标航天器和主动航天器运行于相同的圆轨道,相对位置仅有一定的相位差,当主动航天器需要在速度方向接近目标航天器实施对接任务时,可以采用 V-bar 逼近策略。

若沿切向施加速度脉冲 Δv_x ,同时沿径向施加连续常值推力,就可以使主动航天器沿直线接近目标航天器。具体推导过程如下。

相对运动初始条件为

$$\begin{cases} y(0) = z(0) = 0\ ,\ x(0) = x_0 \\ \dot{x}(0) = \Delta v_x,\ \dot{y}(0) = \dot{z}(0) = 0 \\ f_z = f\ ,f_x = f_y = 0 \end{cases}$$

将其代入 C-W 方程解析解,可得

$$\begin{cases} x(t) = x_0 + \left(\dfrac{4}{n}\sin nt - 3t\right)\Delta v_x - 2f_z \dfrac{\sin nt - nt}{n^2} \\ z(t) = -\dfrac{2}{n}(1 - \cos nt)\Delta v_x + f_z \dfrac{1 - \cos nt}{n^2} \\ \dot{z}(t) = -2\Delta v_x \sin nt + f_z \dfrac{\sin nt}{n} \end{cases} \tag{4-21}$$

显然,为了保持主动航天器在相同的圆轨道,要求 $z(t) = \dot{z}(t) = 0$,则可得

$f_z = 2n\Delta v_x$，有

$$\begin{cases} x(t) = x_0 + \Delta v_x t \\ \dot{x}(t) = \Delta v_x \end{cases} \tag{4-22}$$

故主动航天器相对于目标航天器为 V-bar 方向的匀速直线逼近。

当 $x(0) = x_0 < 0$ 时，要求 $\Delta v_x > 0$，此时 $\dot{x}(t) > 0$，$f_z > 0$，常值推力指向地心方向，主动航天器从后方加速接近目标航天器；当 $x(0) = x_0 > 0$ 时，要求 $\Delta v_x < 0$，此时 $\dot{x}(t) < 0$，$f_z < 0$，常值推力指向地心反方向，主动航天器从前方减速接近目标航天器。

V-bar 直线逼近就是将主动航天器从 V-bar 上距离目标航天器较远的一个停泊点沿 V-bar 方向直线转移到距离目标航天器较近的另一个停泊点的过程。上述逼近过程分析表明，主动航天器沿直线逼近目标航天器，不存在视界约束的限制，并且有利于相对信息的测量。V-bar 直线逼近如图 4-7 所示。

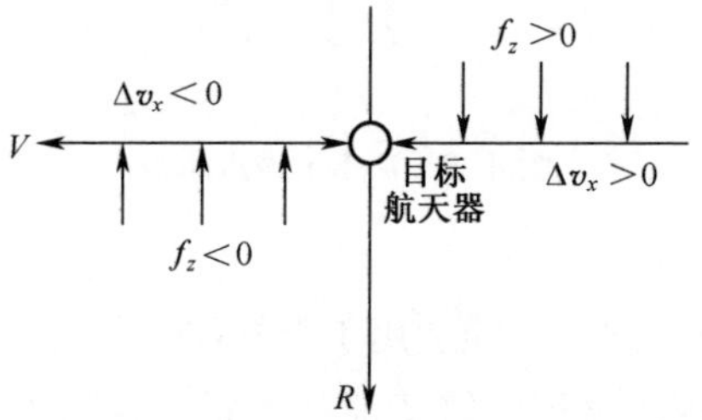

图 4-7　V-bar 逼近示意图

然而，出于安全性考虑，在逼近过程中相对速度随相对距离的变化有所限制，在一定时间内，相对速度要衰减到很小的水平。因此，可先以大速率等速逼近，当逼近到中间某一个位置时，再切换到小速率等速逼近。在逼近中止时需要进行以下操作：关闭连续推力 f_z，同时沿 x 轴方向施加脉冲 $-\Delta v_x$，使主动航天器相对于目标航天器静止。

若目标航天器和主动航天器运行于半径相距不太大的近圆轨道，且两者径向的相位相同，则当主动航天器需要在径向接近目标航天器实施对接任务时，通常采用 R-bar 逼近方案。

+R-bar 直线逼近和撤离过程同样需要施加外载荷。这时理想的相对运动轨迹为

$$x(t) = \dot{x}(t) = y(t) = \dot{y}(t) = 0, \quad z(0) = z_0, \dot{z}(t) = \Delta v_z$$

将其代入 C-W 方程解析解，同样可得

$$\begin{cases} f_x = -2n\Delta v_z \\ f_y = 0 \\ f_z = -3n^2 z \end{cases} \tag{4-23}$$

这说明+R-bar 直线运动过程需要在切向、径向两个方向施加外力。如果运动为逼近 $\Delta v_z < 0$,则需要施加+V 和-R 方向的外力,如图 4-8 所示。如果运动为撤离 $\Delta v_z > 0$,则需要施加-V 和-R 方向的外力。

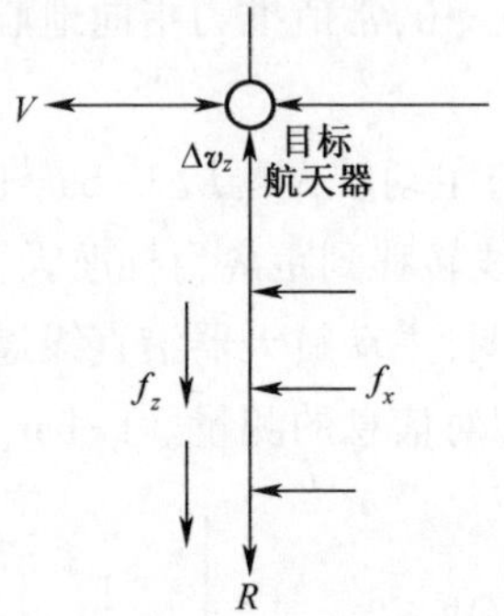

图 4-8 R-bar 逼近示意

4. 多脉冲滑移逼近

任意方位直线逼近方式只能适用于目标航天器运行在圆轨道或近圆轨道的情况,并且需要在逼近过程中持续消耗燃料。这里采用的多脉冲滑移制导律下的逼近策略,可以方便地设计接近及撤离的轨迹。这种方法中各步骤及推导较规范,应用范围广,适用于圆轨道及椭圆轨道共面及异面逼近的不同情况。

在图 4-9 所示的接近轨道示意中, t_0 时刻的初始相对位置、相对速度为 $\boldsymbol{r}_0$ 和 $\dot{\boldsymbol{r}}_0$,要求主动航天器在时间 T 内作用 N 次速度脉冲从初始相对位置 $\boldsymbol{r}_0$ 到达终端相对位置 $\boldsymbol{r}_t$ 。由 $\boldsymbol{r}_t$ 指向 $\boldsymbol{r}_0$ 的向量 $\boldsymbol{\rho}$ 为规划轨迹。其中 $\boldsymbol{u}_\rho$ 为 $\boldsymbol{\rho}$ 的单位向量。

在任意时刻 $t < T$,对于接近轨道,两个航天器之间的相对位置可以表示为

$$\boldsymbol{r}(t) = \boldsymbol{r}_t + \rho(t)\boldsymbol{u}_\rho \tag{4-24}$$

对于采用多脉冲滑移制导方式的接近轨道,即整个相对轨迹 N 段的每段开始和结束分别施加一次速度脉冲,这里假设任意两次脉冲作用的时间间隔是相同的,即 $\Delta t = T/N$ 。为了不失一般性,设在某个时刻 $t_m = m\Delta t$ ($m = 0,1,\cdots,N-1$),经过第 m 次速度脉冲后,主动航天器在相对轨道上的位置从

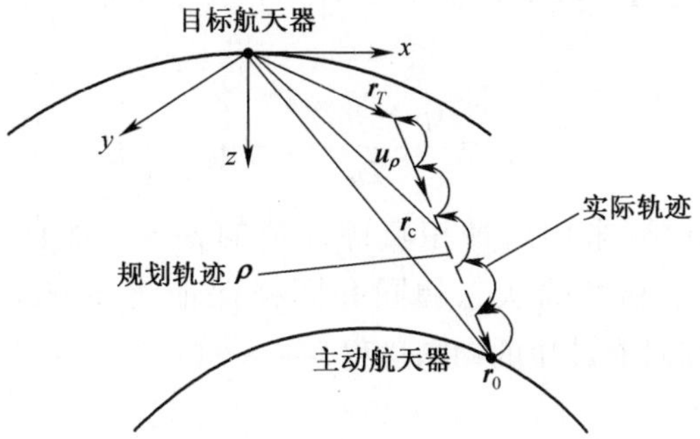

图 4-9　多脉冲滑移逼近示意图

$\boldsymbol{r}_m(\rho(t_m)=\rho_m)$（相对速度为 $\dot{\boldsymbol{r}}_m^-$）转移到 $\boldsymbol{r}_{m+1}(\rho(t_{m+1})=\rho_{m+1})$。对于接近轨道,有

$$\begin{cases}\boldsymbol{r}_m=\boldsymbol{r}_t+\rho_m\boldsymbol{u}_\rho\\ \boldsymbol{r}_{m+1}=\boldsymbol{r}_t+\rho_{m+1}\boldsymbol{u}_\rho\end{cases} \tag{4-25}$$

在脉冲作用点,实际轨迹与规划轨迹重合。在两次速度脉冲之间的实际相对运动轨迹和规划轨迹不重合,对于近圆目标航天器轨道,其运动规律满足相对运动方程式(4-1),并可以用式(4-9)求解速度脉冲增量;对于椭圆目标航天器轨道,可以用 2.2.3.2 节的建模方法,对相对位置 $\boldsymbol{r}$ 和相对速度 $\boldsymbol{v}$ 进行变换和反变换,同样可适用于这里的多脉冲滑移逼近制导。如果脉冲作用次数 $N\to\infty$，则实际轨迹与规划轨迹重合。

通过上面的分析可以看出,进行多脉冲滑移轨道设计最关键的部分是对决定 $\boldsymbol{r}(t)$ 矢量终端位置的 $\rho(t)$ 的变化规律的设计。$\rho(t)$ 的变化规律通常可以通过用一阶常微分方程表示其 $\dot{\rho}(t)$ 关于 $\rho(t)$ 相平面图的方法描述。考虑到工程实际,常用的变化规律有以下两种。

1）直线相轨迹

从初始点 $A(\rho_0,\dot{\rho}_0)$ 点到终端点 $B(\rho_T,\dot{\rho}_T)$ 点之间最简单的轨线就是直线。对接近轨道,ρ 和 $\dot{\rho}$ 之间的线性关系可以表示为

$$\dot{\rho}=a\rho+\dot{\rho}_T \tag{4-26}$$

由于 $\dot{\rho}$ 随着距离 ρ 的减小而减小,所以加速度 $\ddot{\rho}$ 也是逐渐减小的,这样在一定程度上确保了接近轨迹的安全性。

2）曲线相轨迹

A 点与 B 点之间还可以通过光滑曲线相连接。可以用不同的方程描述这类曲线的性质,这里假设 A 点与 B 点之间的弧段是一条抛物线的一部分,则

用抛物线方程描述这一段曲线。对于开口向上，对称轴与 γ 轴平行的抛物线，有

$$\dot{\rho}=\frac{(\rho-\rho_0)^2}{2p}+\dot{\rho}_0 \tag{4-27}$$

由图 4-10 可见，采用这种相轨迹描述的 $\rho(t)$，和直线相轨迹描述的 $\rho(t)$ 相比，在初始和终端状态相同并同样保证终端安全的前提下，由于 $|\dot{\rho}(t)|$ 较大，因而具有较快的动态过程。

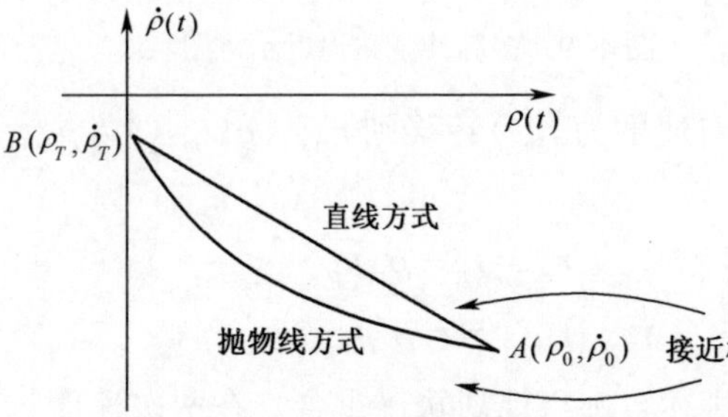

图 4-10　多脉冲滑移逼近 ρ 相平面图

由式(4-26)或式(4-27)解出 $\rho(t)$ 的表达式，将其代入式(4-24)，得到式(4-25)中 $\boldsymbol{r}_m$ 和 $\boldsymbol{r}_{m+1}$，最后就可以采用式(4-9)得二脉冲机动模型求解各次的脉冲速度增量。

4.3　近圆轨道目标航天器近距离相对轨道控制

4.3.1　控制问题描述

近距离相对运动轨道控制根据任务的不同，需要采用不同的策略。具体来说，需要在以下几个方面进行相对轨道控制。

1. 自然伴飞相对轨道初始化控制

在需要主动航天器对目标航天器建立伴飞状态的任务中，长期伴飞的初始状态是远程导引的终端状态。在完成远程导引之后，伴飞航天器与目标航天器之间的相对轨道要素满足预先设定的交接班条件，但两者尚未形成稳定伴飞，需要进行轨道控制建立伴飞条件，即伴飞初始化控制。

2. 长期自然伴飞相对轨道修正控制

在实际情况中,在形成长期稳定伴飞形态一段时间后,由于各种摄动因素的作用,主动航天器便逐渐会不沿设计的期望长期伴飞轨道运行,相对轨道会产生漂移,以至不能满足任务要求。这时需要设计控制律对长期伴飞轨道进行修正控制。

3. 受迫绕飞轨道控制

如前所述,自然绕飞周期较长,某些任务对快速性的要求需要用受迫绕飞实现。受迫绕飞通常使用圆形的标称轨迹,用连续变推力机动的控制方式可以实现对标称运动的跟踪。而用多脉冲机动方式可以节省燃料,但控制效果相对标称轨迹有一定的误差。

4. 近距离相对逼近控制

如前所述,空间操控可以用不同的逼近轨迹加以实现。其中,有些不需要外加持续控制力,属于自然逼近方式;有些需要在不同规划时刻施加速度脉冲,如多脉冲滑移逼近,具有良好的燃料经济性和一定的逼近快速性;还有一些需要施加连续的控制力,燃料消耗较大但具有一定的轨迹安全性。

5. 近距离悬停(相对静止保持)控制

悬停控制是实现航天器编队飞行的手段,此时通常需对主动航天器施加持续控制力,使其运行于非开普勒轨道。与常规轨道转移控制不同,空间悬停控制要求有较长的持续性,因而燃料消耗低是控制律设计必须考虑的条件之一。同时,悬停控制还必须有较高的鲁棒性和可靠性。

4.3.2 控制方法简介

为了实现以上各类控制任务的目标,本节先对当前工程上使用较多的几种常用相对运动控制方法的基本思想作简单介绍。

1. 滑模变结构控制

滑模变结构控制是一种应用范围十分广泛的鲁棒控制方法,出现于 20 世纪 50 年代,目前已经形成一个相对独立的研究分支,并成功应用于很多工程领域,如机器人控制、卫星姿态控制。本质上,滑模变结构控制是一类特殊的非线性控制,其非线性表现为控制的不连续性。在变结构控制系统中,任意一个运动从初始状态向原点的过程可分为两个阶段(两种模态):第一阶段是趋近模态;第二阶段为滑动模态。在一定条件下,滑动模态对系统的摄动或干扰具有不变性,这种不变性比鲁棒性更强,称为完全鲁棒或理想鲁棒性,这是滑模变结构控制的突出优点。

滑模变结构控制设计的 3 个基本步骤如下。

1)滑动函数设计

通常首先需将被控对象用 n 维状态空间模型表达,即

$$\dot{\boldsymbol{X}} = f(\boldsymbol{X}) + g(\boldsymbol{X})\boldsymbol{u} \tag{4-28}$$

滑动函数设计为各状态量的线性表达式,即

$$s(\boldsymbol{X}) = \boldsymbol{CX} \tag{4-29}$$

式中:$\boldsymbol{C}$ 为 $1 \times n$ 行向量。滑动函数 $s(\boldsymbol{X}) = 0$ 时称为滑动面。

2) 到达运动趋近律设计

当 $s(\boldsymbol{X}) \neq 0$ 时,为了保证滑动函数在有限时间内达到滑动面,需要对 $s(\boldsymbol{X})$ 的变化规律做出规定与描述,此即为趋近律 $\boldsymbol{F}(s)$ 。常用的有以下几种趋近律。

(1) 等速趋近律:$\dot{s} = F(s) = -\varepsilon \operatorname{sign}(s)$。

(2) 指数趋近律:$\dot{s} = F(s) = -ks - \varepsilon \operatorname{sign}(s)$。

(3) 幂次趋近律:$\dot{s} = F(s) = -\varepsilon\ |s|^q \operatorname{sign}(s)\ (q \in (0,1))$ 。

(4) 一般趋近律:$\dot{s} = F(s) = -\varepsilon \operatorname{sign}(s) - f(s)\ (sf(s) < 0)$ 。

为了实现趋近律,需要设计到达运动控制 $\boldsymbol{u}(t)$ 使得 $\dot{s} = (\partial s/\partial \boldsymbol{X})^{\mathrm{T}}[f(\boldsymbol{X}) + g(\boldsymbol{X})\boldsymbol{u}] = F(s)$, 由此可得

$$\boldsymbol{u}(t) = -\left[\left(\frac{\partial s}{\partial \boldsymbol{X}}\right)^{\mathrm{T}} g(\boldsymbol{X})\right]^{-1}\left(\frac{\partial s}{\partial \boldsymbol{X}}\right)^{\mathrm{T}} \boldsymbol{f}(\boldsymbol{X}) + \frac{\boldsymbol{F}(s)}{\left(\dfrac{\partial s}{\partial \boldsymbol{X}}\right)^{\mathrm{T}} g(\boldsymbol{X})} \tag{4-30}$$

3) 滑动面保持控制律设计

当到达运动控制律使得滑动函数逐渐收敛到滑动面后,需要设计等效控制 $\boldsymbol{u}_{\mathrm{eq}}(t)$ 使得 $\dot{s}$ 保持为0,从而 $s \equiv 0$,即 $\dot{s} = \partial s/\partial \boldsymbol{X}[f(\boldsymbol{X}) + g(\boldsymbol{X})\boldsymbol{u}] = 0$, 由此可得

$$\boldsymbol{u}_{\mathrm{eq}}(t) = -\left[\frac{\partial s}{\partial \boldsymbol{X}} g(\boldsymbol{X})\right]^{-1} \frac{\partial s}{\partial \boldsymbol{X}} f(\boldsymbol{X}) \tag{4-31}$$

此时在系统状态方程自循环下,可以保证状态逐渐收敛到平衡点:$s(\boldsymbol{X}) = \boldsymbol{CX} \to 0 \Rightarrow \boldsymbol{X} \to 0$。

2. Lyapunov 稳定性理论

研究非线性系统最有用也是最一般的方法是由 19 世纪末俄国数学家 A. M. 李雅普诺夫(Lyapunov)引进的运动稳定性理论。它通过对系统状态量构造一个“类似能量”的纯标量函数,然后考察该函数对时间的变化来判断稳定性。它的基本原理如下。

定理(全局稳定性) 假设存在状态 $\boldsymbol{X}$ 的标量函数 $V(\boldsymbol{X})$,它具有一阶连续偏导数并且:

· $V(\boldsymbol{X})$ 正定。

· $\dot{V}(\boldsymbol{X})$ 负定。

· $V(\boldsymbol{X}) \to \infty$,当 $\|\boldsymbol{X}\| \to \infty$。

那么原点作为平衡点是全局渐进稳定的。

依据以上 Lyapunov 稳定性定理,控制律的设计分为以下几个步骤实现。

(1) 建立系统的状态空间模型。此过程同式(4-28)。

(2) 寻找关于原系统状态变量的正定的 Lyapunov 函数 $V(\boldsymbol{X},\dot{\boldsymbol{X}})$。$V(\boldsymbol{X},\dot{\boldsymbol{X}})$ 类似于系统的能量函数,它除了 $\boldsymbol{X}$ 及 $\dot{\boldsymbol{X}}$ 均为 0 的点外,严格为正。

(3) 对 $V(\boldsymbol{X},\dot{\boldsymbol{X}})$ 求时间导数 $\dot{V}(\boldsymbol{X},\dot{\boldsymbol{X}})$,寻找控制 $\boldsymbol{u}(t)$ 使得 $\dot{V}(\boldsymbol{X},\dot{\boldsymbol{X}}) < 0$。由系统的状态方程,有

$$\dot{V}(\boldsymbol{X},\dot{\boldsymbol{X}}) = \left(\frac{\partial V}{\partial \boldsymbol{X}}\right)^{\mathrm{T}}\dot{\boldsymbol{X}} + \left(\frac{\partial V}{\partial \dot{\boldsymbol{X}}}\right)^{\mathrm{T}}\ddot{\boldsymbol{X}} = \left(\frac{\partial V}{\partial \boldsymbol{X}}\right)^{\mathrm{T}}[f(\boldsymbol{X}) + g(\boldsymbol{X})\boldsymbol{u}] + \left(\frac{\partial V}{\partial \dot{\boldsymbol{X}}}\right)^{\mathrm{T}}\ddot{\boldsymbol{X}} \tag{4-32}$$

由此设计 $\boldsymbol{u}(t)$,使得 $\dot{V}(\boldsymbol{X},\dot{\boldsymbol{X}}) < 0$,即可保证 $V(\boldsymbol{X},\dot{\boldsymbol{X}}) \to 0, t \to \infty$,从而状态量 $\boldsymbol{X}$ 逐渐收敛到平衡点并保持稳定。

需要补充说明的是,第一,Lyapunov 稳定性定理是充分性定理,如果对一个候选的 Lyapunov 函数 V,其导数 $\dot{V}$ 不满足要求,对系统的稳定性或不稳定性不能得出结论,唯一的办法是去寻找另一个候选的 Lyapunov 函数。第二,控制 $\boldsymbol{u}(t)$ 的设计方法也不是唯一的,可能存在多种输入 $\boldsymbol{u}(t)$ 都能满足 $\dot{V} < 0$,只是在不同的 $\boldsymbol{u}(t)$ 作用下,系统的动态过程有所差别。

3. 线性二次型最优控制

线性二次型最优控制(LQG 控制)适用于同时对状态量控制精度和控制量能量消耗加以考虑的情形。这种控制方法通过设立一个表征控制精度和能量消耗的性能指标函数,并在该指标函数中对状态量和控制量设定不同的加权矩阵来调节控制过程中对精度和能量的不同重视程度,以达到综合性能指标最优的目标。

LQG 控制的基本步骤如下。

(1) 建立系统的状态空间模型。此过程同式(4-28)。

(2) 设计相应的二次型性能指标函数 J,得到反馈控制律。考虑无限时

间、离散线性定常系统的 LQG 控制问题。性能指标函数为

$$J = \sum_{n=1}^{\infty} [\boldsymbol{X}^{\mathrm{T}}(k)\boldsymbol{Q}\boldsymbol{X}(k) + \boldsymbol{u}^{\mathrm{T}}(k)\boldsymbol{R}\boldsymbol{u}(k)] \tag{4-33}$$

并同时假设系统可控或可稳，$\boldsymbol{Q}$、$\boldsymbol{R}$ 为对称正定的常数阵。而经过离散化的系统状态方程为

$$\boldsymbol{X}(k+1) = \boldsymbol{A}\boldsymbol{X}(k) + \boldsymbol{B}\boldsymbol{u}(k) \tag{4-34}$$

则可以证明，对于 J 最小的控制 $\boldsymbol{u}(k)$ 是唯一的。它可以表示为

$$\boldsymbol{u}(k) = -\boldsymbol{K}\boldsymbol{X}(k) \tag{4-35}$$

式中：$\boldsymbol{K}$ 为反馈增益常数矩阵，可表示为

$$\boldsymbol{K} = \boldsymbol{R}^{-1}\boldsymbol{B}^{\mathrm{T}}\boldsymbol{A}^{-\mathrm{T}}(\boldsymbol{L} - \boldsymbol{Q}) \tag{4-36}$$

式中：$\boldsymbol{L}$ 满足下面的黎卡提方程，即

$$-\boldsymbol{L} + \boldsymbol{Q} + \boldsymbol{A}^{\mathrm{T}}\boldsymbol{L}(\boldsymbol{I} + \boldsymbol{B}\boldsymbol{R} - 1\boldsymbol{B}^{\mathrm{T}}\boldsymbol{L})^{-1}\boldsymbol{A} = 0 \tag{4-37}$$

(3) 根据实际控制效果调节加权矩阵 $\boldsymbol{Q}$ 和 $\boldsymbol{R}$，以实现根据实际要求对控制精度和能量消耗的综合最优。

为了方便起见，一般取 $\boldsymbol{Q}$ 和 $\boldsymbol{R}$ 为对角矩阵。状态加权矩阵 $\boldsymbol{Q}$ 反映了整个控制过程中动态跟踪误差累加和的相对权重；控制加权矩阵 $\boldsymbol{R}$ 反映了整个控制过程中所消耗控制能量的相对权重，不同的 $\boldsymbol{Q}$、$\boldsymbol{R}$ 决定了控制过程对精度和能量的不同重视程度。$\boldsymbol{Q}$ 增大，$\boldsymbol{R}$ 不变，则对应状态变量的控制精度将提高，控制能量消耗增大；$\boldsymbol{R}$ 增大，$\boldsymbol{Q}$ 不变，则对应的能量消耗将降低，同时控制精度将下降。这里，需要根据实际控制效果合理地调节 $\boldsymbol{Q}$ 和 $\boldsymbol{R}$。

4.3.3 长期自然伴飞轨道初始化控制

由前面分析可知，当伴飞航天器相对于目标航天器的初始相对运动参数满足式(4-2)时，伴飞航天器能在相对轨道上进行稳定伴飞。为此，若初始相对状态不满足式(4-2)时，需要施加控制。这里设计一个 xz 平面内的滑模变结构控制律，实现自然伴飞轨道的初始化控制。

假设伴飞航天器要实现以$(A,0)$为中心的相对椭圆伴飞，则

$$\begin{cases} S_x = \dot{x}_0 - 2nz_0 \to 0 \\ S_z = nx_0 + 2\dot{z}_0 - nA \to 0 \end{cases} \tag{4-38}$$

根据 C-W 方程，对伴飞航天器施加控制力，同时考虑实际应用中发动机推力大小误差等干扰，将增加一个随机的推力干扰量，则轨道平面内的相对运

动方程可写为

$$\begin{cases}\ddot{x}-2n\dot{z}=f_x+\sigma_x\\ \ddot{z}-3n^2z+2n\dot{x}=f_z+\sigma_z\end{cases} \tag{4-39}$$

式中：f_x、f_z 为伴飞航天器产生的加速度。由于航天器大多采用固定大小的推力器，因此推力器工作产生的加速度大小不变，定义为 $|f_x|=|f_z|=f$，σ 为随机干扰量，并且 $|\sigma_x|<f$、$|\sigma_z|<f$。

设计控制律为

$$\begin{cases}u_x=-f\text{sign}(S_x)\\ u_z=-f\text{sign}(S_z)\end{cases} \tag{4-40}$$

式中：sign（·）表示符号函数。

下面进行稳定性证明。

（1）要使得 $S_x\to 0$，只要满足 $S_x\dot{S}_x<0$。

因为

$$\dot{S}_xS_x=(f_x+\sigma_x)S_x=-f|S_x|+\sigma_xS_x\leqslant -f|S_x|+|\sigma_x||S_x|=(-f+|\sigma_x|)|S_x| \tag{4-41}$$

根据假设 $|\sigma_x|<f$，则 $S_x\dot{S}_x<0$，即采用该控制律，在有干扰的情况下能保证 S_x 收敛到 0。

（2）同样地，要使得 $S_z\to 0$，只要满足 $S_z\dot{S}_z<0$。

因为

$$\dot{S}_zS_z=(2\ddot{z}+n\dot{x})S_z=(2f_z+2\sigma_z-3n\dot{x}+6n^2z)S_z=2(f_z+\sigma_z-1.5nS_x)S_z \tag{4-42}$$

由于上面已经证明 $S_x\to 0$，所以

$$\dot{S}_zS_z\approx 2(f_z+\sigma_z)S_z=2(-f|S_z|+\sigma_zS_z)\leqslant 2(-f+|\sigma_z|)|S_z|<0 \tag{4-43}$$

即采用该控制律，在有干扰的情况下能保证 S_z 收敛到 0。

4.3.4 长期自然伴飞相对轨道修正脉冲控制

经过伴飞初始化后，在理想状态下主动航天器能形成一个稳定的伴飞椭圆。但在实际工程应用中，由于发动机推力误差、相对运动方程的近似误差以

及两星所受空间摄动差等因素的存在，伴飞航天器相对目标航天器的轨迹在 x 轴上仍然会存在一个缓慢的漂移过程。因此，当伴飞航天器漂移至允许伴飞区域的某一边界时，就需要采取措施改变伴飞航天器的漂移方向。

根据第 2 章基于相对轨道要素的相对运动模型建立的结论可知，两个航天器之间存在相对漂移，从本质上看是两者的轨道半长轴 a 不同，根据相对运动与轨道要素差的关系，可知伴飞航天器在一个轨道周期后相对椭圆在 x 轴上的漂移量与两者轨道半长轴之差 Δa 的关系为

$$\Delta x \approx -3\pi(a_c - a_t) = -3\pi\Delta a \tag{4-44}$$

式中：Δx 为一个轨道周期内两个航天器相对位置在 x 轴上的改变量。

假设伴飞航天器超出了伴飞区域的左边界，通过星上自带的相对跟瞄设备可以测得上一个轨道周期伴飞航天器未超出伴飞区域时，运行到相对椭圆的长半轴左端点时的 x 轴相对位置，记为 x_{L1}，同时可以测得当前轨道周期超出伴飞区域后，伴飞航天器运行到相对椭圆的长半轴左端点时的 x 轴相对位置，记为 x_{L2}，则一个轨道周期相对椭圆在 x 轴上的漂移量为 $\Delta x = x_{L2} - x_{L1}$，根据式(4-44)，可以得到在超出伴飞区域时，两个航天器的轨道半长轴之差为

$$\Delta a = -\frac{x_{L2} - x_{L1}}{3\pi} \tag{4-45}$$

在伴飞航天器超出伴飞区域的左边界后，自然要求通过轨道控制，使得相对椭圆向右漂移，这样伴飞航天器才能重新进入伴飞区域。由于 Δa 决定着漂移的大小和方向，现在假设经过伴飞调整后，两个航天器的轨道半长轴之差为 $-\Delta a$，这样伴飞航天器就能以相同的漂移速度反向漂移，则进行伴飞控制所需要调整的伴飞航天器半长轴量为

$$\delta a = (-\Delta a) - \Delta a = -2\Delta a \tag{4-46}$$

考察轨道摄动方程，即

$$\frac{\mathrm{d}a}{\mathrm{d}t} = \frac{2a^2 v}{\mu} f_t \tag{4-47}$$

$$\frac{\mathrm{d}e}{\mathrm{d}t} = \frac{1}{v}\left[2(e + \cos\theta) f_t - \frac{1}{a} r\sin\theta f_n\right] \tag{4-48}$$

式中：f_t 为航天器沿速度方向的控制加速度；f_n 为航天器在轨道平面内指向曲率中心方向的控制加速度。

从式(4-47)可以看出，要改变半长轴就需要沿速度矢量方向施加推力。在近圆轨道，可以认为切向力沿着轨道坐标系的 x 轴，即 $f_t = f_x$。因此，根据式(4-47)可知，要改变主动航天器的半长轴只需要在 x 轴施加推力。

另外，从式(4-48)可以看到，加速度 f_t 也会对主动航天器的轨道偏心率

产生影响,从而造成两个航天器的轨道偏心率之差 Δe 发生改变,根据式(2-46)可知,Δe 的大小直接影响到伴飞椭圆的大小,这是不希望改变的,因此要尽量避免对伴飞航天器的轨道偏心率产生影响。

分析式(4-48)中 f_t 前面括号内的项,在近圆轨道可以近似认为 $e=0$,因此只要保证 $\cos\theta=0$,就能避免轨道控制对相对椭圆大小的影响。从 z 轴的相对运动学方程可知[31],当 $\cos M=0$ 时,$z=0$,而在近圆轨道可以近似认为 $\theta\approx M$。因此可知,在 $z=0$ 时进行伴飞调整不会对相对椭圆的大小产生影响。而当 z 轴相对位置为 0 时,伴飞航天器正处于相对椭圆的长半轴端点。因此,对于伴飞航天器漂移出伴飞区域左边界的情况,可以采取在相对椭圆的长半轴左端点进行轨道调整。

对式(4-47)两边直接积分,可得

$$-2\Delta a=\int_{t_0}^{t}\frac{2a^2(t)v}{\mu}f_t\mathrm{d}t\approx\frac{2a^2v}{\mu}\int_{t_0}^{t}f_t\mathrm{d}t \tag{4-49}$$

由此可得伴飞维持所需要的速度增量为

$$\Delta V_x=\int_{t_0}^{t}f_t\mathrm{d}t=\frac{-\Delta a\mu}{a^2v} \tag{4-50}$$

由以上分析可知,如果伴飞航天器超出了伴飞区域的右边界,则得到上一个轨道周期伴飞航天器未超出伴飞区域时,运行到相对椭圆的长半轴右端点时的 x 轴相对位置,记为 x_{R1}。同时可以得到当前轨道周期超出伴飞区域后,伴飞航天器运行到相对椭圆的长半轴右端点时的 x 轴相对位置,记为 x_{R2}。采用相同的方法,可得到伴飞维持所需要的速度增量。

4.3.5 基于 Lyapunov 方法的长期伴飞轨道修正控制

对于长期伴飞过程中的轨道修正控制,4.3.4 节叙述的实际是一种脉冲控制方法,虽然控制效果较好,但是该方法建立在对相对运动学模型进行细致分析的基础之上,属于针对伴飞轨道漂移这个特定问题规划的策略,因而控制算法的可移植性较差。本节使用 Lyapunov 稳定性理论建立一种长期伴飞轨道修正控制方法,适用范围和可移植性较广,方便根据轨道偏差不同的情况设置具体的控制策略。

本节将惯性坐标系下主动航天器位置和速度及其期望位置和速度之间的误差作为控制输入量,根据 Lyapunov 稳定性理论设计反馈控制律[32-35],对长期伴飞轨道进行控制。

在地心赤道惯性坐标系下,目标航天器和主动航天器的运动方程可以写为

$$\ddot{\boldsymbol{r}}_{\mathrm{T}} = \boldsymbol{f}(\boldsymbol{r}_t) \tag{4-51}$$

$$\ddot{\boldsymbol{r}}_{\mathrm{c}} = \boldsymbol{f}(\boldsymbol{r}_t) + \boldsymbol{u} \tag{4-52}$$

式中:矢量函数 $\boldsymbol{f}(\boldsymbol{r})$ 代表航天器在惯性坐标系下受到的地球引力和 J_2 项摄动加速度矢量之和,设 $\boldsymbol{r} = [x \quad y \quad z]^{\mathrm{T}}$,则

$$\boldsymbol{f}(\boldsymbol{r}) = \begin{bmatrix} -\dfrac{\mu x}{r^3} - \dfrac{3J_2R_e^2\mu x}{2r^5}\left(1 - \dfrac{5z^2}{r^2}\right) \\ -\dfrac{\mu y}{r^3} - \dfrac{3J_2R_e^2\mu y}{2r^5}\left(1 - \dfrac{5z^2}{r^2}\right) \\ -\dfrac{\mu z}{r^3} - \dfrac{3J_2R_e^2\mu z}{2r^5}\left(3 - \dfrac{5z^2}{r^2}\right) \end{bmatrix} \tag{4-53}$$

式中: r 为航天器的地心距; $\boldsymbol{u}$ 为惯性坐标系下作用于主动航天器的控制加速度。

假设满足同步摄动条件的期望伴飞轨道上对应主动航天器的惯性位置矢量为 $\boldsymbol{r}_{\mathrm{d}}$,那么真实相对轨道与期望相对轨道之间的误差为

$$\Delta\boldsymbol{r} = \boldsymbol{r}_{\mathrm{c}} - \boldsymbol{r}_{\mathrm{d}} \tag{4-54}$$

定义 Lyapunov 函数为

$$\boldsymbol{V}(\Delta\boldsymbol{r}, \Delta\dot{\boldsymbol{r}}) = \frac{1}{2}\Delta\dot{\boldsymbol{r}}^{\mathrm{T}}\Delta\dot{\boldsymbol{r}} + \frac{1}{2}\Delta\boldsymbol{r}^{\mathrm{T}}\boldsymbol{K}_1\Delta\boldsymbol{r} \tag{4-55}$$

式中: $\boldsymbol{K}_1$ 为 3×3 正定位置反馈增益阵。对 $\boldsymbol{V}$ 求导数,可以得到

$$\dot{\boldsymbol{V}} = \Delta\dot{\boldsymbol{r}}^{\mathrm{T}}(\ddot{\boldsymbol{r}}_{\mathrm{c}} - \ddot{\boldsymbol{r}}_{\mathrm{d}} + \boldsymbol{K}_1\Delta\boldsymbol{r}) \tag{4-56}$$

考虑期望轨道上主动航天器不施加控制,将式(4-52)代入式(4-56)有

$$\dot{\boldsymbol{V}} = \Delta\dot{\boldsymbol{r}}^{\mathrm{T}}(\boldsymbol{f}(\boldsymbol{r}_{\mathrm{c}}) + \boldsymbol{u} - f(\boldsymbol{r}_{\mathrm{d}}) + \boldsymbol{K}_1\Delta\boldsymbol{r}) \tag{4-57}$$

令

$$\dot{\boldsymbol{V}} = -\Delta\dot{\boldsymbol{r}}^{\mathrm{T}}\boldsymbol{K}_2\Delta\dot{\boldsymbol{r}} \tag{4-58}$$

式中: $\boldsymbol{K}_2$ 为 3×3 正定速度反馈增益矩阵。可以得到控制律为

$$\boldsymbol{u} = -(\boldsymbol{f}(\boldsymbol{r}_{\mathrm{c}}) - \boldsymbol{f}(\boldsymbol{r}_{\mathrm{d}})) - \boldsymbol{K}_1\Delta\boldsymbol{r} - \boldsymbol{K}_2\Delta\dot{\boldsymbol{r}} \tag{4-59}$$

采用这一控制律对主动航天器的轨道进行控制。根据 Lyapunov 稳定性判别定理可知,在此控制律的作用下闭环系统是大范围一致渐近稳定的。

4.3.6 基于 LQG 方法的逼近、悬停控制

如前所述,对于控制精度和燃料消耗具体要求不同的控制任务,线性二次型最优控制可以通过调节指标函数 J 中的加权矩阵 $\boldsymbol{Q}$ 和 $\boldsymbol{R}$ 分别满足控制精度最优或者能量消耗最少,从而具有较为广泛的适用性。现有的研究成果广泛将这种控制方法运用到对各种相对运动形式的控制之中,本节对此进行详细分析。

式(2-4)是在目标航天器轨道系下表示的矢量形式的相对轨道动力学模型,将状态变量 $\boldsymbol{\rho}$ 进行拆分,有

$$\boldsymbol{\rho}(t)=\boldsymbol{l}_{\mathrm{D}}(t)+\boldsymbol{r}_{\mathrm{DS}}(t) \tag{4-60}$$

式中:$\boldsymbol{l}_{\mathrm{D}}(t)$ 为目标星到控制目标点的位置矢量,可根据绕飞、逼近或者悬停的不同控制任务进行具体设置,该矢量体现了对主动航天器控制的期望位置;$\boldsymbol{r}_{\mathrm{DS}}(t)$ 为控制目标点到追踪飞行器的位置矢量。各矢量关系的示意如图 4-11 所示。

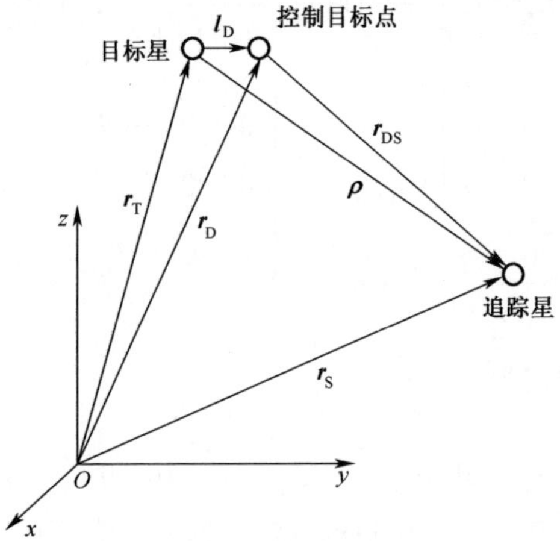

图 4-11 近距离相对运动各矢量的关系

式(2-4)可简化为

$$\begin{aligned}&(\ddot{\boldsymbol{l}}_{\mathrm{D}})_{T_o}+(\ddot{\boldsymbol{r}}_{\mathrm{DS}})_{T_o}+(\dot{\boldsymbol{\omega}}_{\mathrm{T}})_{T_o}^{\times}(\boldsymbol{l}_{\mathrm{D}}+\boldsymbol{r}_{\mathrm{DS}})_{T_o}+2(\boldsymbol{\omega}_{\mathrm{T}})_{T_o}^{\times}(\dot{\boldsymbol{l}}_{\mathrm{D}}+\dot{\boldsymbol{r}}_{\mathrm{DS}})_{T_o}+\\&(\boldsymbol{\omega}_{\mathrm{T}})_{T_o}^{\times}(\boldsymbol{\omega}_{\mathrm{T}})_{T_o}^{\times}(\boldsymbol{l}_{\mathrm{D}}+\boldsymbol{r}_{\mathrm{DS}})_{T_o}=-\frac{\mu}{\|\boldsymbol{r}_{\mathrm{S}}\|^{3}}(\boldsymbol{r}_{\mathrm{S}})_{T_o}+\frac{\mu}{\|\boldsymbol{r}_{\mathrm{T}}\|^{3}}(\boldsymbol{r}_{\mathrm{T}})_{T_o}+\\&(\boldsymbol{u}_{\mathrm{S}})_{T_o}-(\boldsymbol{u}_{\mathrm{T}})_{T_o}+(\boldsymbol{d}_{\mathrm{S}})_{T_o}-(\boldsymbol{d}_{\mathrm{T}})_{T_o}\end{aligned} \tag{4-61}$$

式中：$\boldsymbol{u}_{\mathrm{T}}$ 为施加在目标星上的控制力加速度矢量；$\boldsymbol{d}_{\mathrm{T}}$ 为目标星的摄动加速度；$\boldsymbol{u}_{\mathrm{S}}$ 为施加在主动星上的控制力加速度矢量；$\boldsymbol{d}_{\mathrm{S}}$ 为目标星的摄动加速度；T_{o} 表示目标星轨道坐标系。

将目标星轨道参数代入式(4-61)，可得

$$(\ddot{\boldsymbol{l}}_{\mathrm{D}})_{T_{\mathrm{o}}} + (\ddot{\boldsymbol{r}}_{\mathrm{DS}})_{T_{\mathrm{o}}} - \begin{bmatrix} \dot{\theta}_{\mathrm{T}}^2 & 0 & \ddot{\theta}_{\mathrm{T}} \\ 0 & 0 & 0 \\ -\ddot{\theta}_{\mathrm{T}} & 0 & \dot{\theta}_{\mathrm{T}}^2 \end{bmatrix} (\boldsymbol{l}_{\mathrm{D}} + \boldsymbol{r}_{\mathrm{DS}})_{T_{\mathrm{o}}} + 2\begin{bmatrix} 0 & 0 & -\dot{\theta}_{\mathrm{T}} \\ 0 & 0 & 0 \\ \dot{\theta}_{\mathrm{T}} & 0 & 0 \end{bmatrix} (\dot{\boldsymbol{l}}_{\mathrm{D}} + \dot{\boldsymbol{r}}_{\mathrm{DS}})_{T_{\mathrm{o}}}$$

$$= -\frac{\mu}{\|\boldsymbol{r}_{\mathrm{S}}\|^3}(\boldsymbol{r}_{\mathrm{S}})_{T_{\mathrm{o}}} + \frac{\mu}{\|\boldsymbol{r}_{\mathrm{T}}\|^3}(\boldsymbol{r}_{\mathrm{T}})_{T_{\mathrm{o}}} + (\boldsymbol{u}_{\mathrm{S}})_{T_{\mathrm{o}}} - (\boldsymbol{u}_{\mathrm{T}})_{T_{\mathrm{o}}} + (\boldsymbol{d}_{\mathrm{S}})_{T_{\mathrm{o}}} - (\boldsymbol{d}_{\mathrm{T}})_{T_{\mathrm{o}}} \tag{4-62}$$

令

$$\boldsymbol{u}_{\mathrm{g}} = \frac{\mu}{\|\boldsymbol{r}_{\mathrm{S}}\|^3}(\boldsymbol{r}_{\mathrm{S}})_{T_{\mathrm{o}}} - \frac{\mu}{\|\boldsymbol{r}_{\mathrm{T}}\|^3}(\boldsymbol{r}_{\mathrm{T}})_{T_{\mathrm{o}}} \tag{4-63}$$

$$\boldsymbol{u}_1 = -\begin{bmatrix} \dot{\theta}_{\mathrm{T}}^2 & 0 & \ddot{\theta}_{\mathrm{T}} \\ 0 & 0 & 0 \\ -\ddot{\theta}_{\mathrm{T}} & 0 & \dot{\theta}_{\mathrm{T}}^2 \end{bmatrix} (\boldsymbol{l}_{\mathrm{D}})_{T_{\mathrm{o}}} + 2\begin{bmatrix} 0 & 0 & -\dot{\theta}_{\mathrm{T}} \\ 0 & 0 & 0 \\ \dot{\theta}_{\mathrm{T}} & 0 & 0 \end{bmatrix} (\dot{\boldsymbol{l}}_{\mathrm{D}})_{T_{\mathrm{o}}} + (\ddot{\boldsymbol{l}}_{\mathrm{D}})_{T_{\mathrm{o}}} \tag{4-64}$$

那么式(4-62)可简化为

$$(\ddot{\boldsymbol{r}}_{\mathrm{DS}})_{T_{\mathrm{o}}} = \begin{bmatrix} \dot{\theta}_{\mathrm{T}}^2 & 0 & \ddot{\theta}_{\mathrm{T}} \\ 0 & 0 & 0 \\ -\ddot{\theta}_{\mathrm{T}} & 0 & \dot{\theta}_{\mathrm{T}}^2 \end{bmatrix} (\boldsymbol{r}_{\mathrm{DS}})_{T_{\mathrm{o}}} - 2\begin{bmatrix} 0 & 0 & -\dot{\theta}_{\mathrm{T}} \\ 0 & 0 & 0 \\ \dot{\theta}_{\mathrm{T}} & 0 & 0 \end{bmatrix} (\dot{\boldsymbol{r}}_{\mathrm{DS}})_{T_{\mathrm{o}}} -$$

$$\boldsymbol{u}_1 - \boldsymbol{u}_{\mathrm{g}} + (\boldsymbol{u}_{\mathrm{S}})_{T_{\mathrm{o}}} - (\boldsymbol{u}_{\mathrm{T}})_{T_{\mathrm{o}}} + (\boldsymbol{d}_{\mathrm{S}})_{T_{\mathrm{o}}} - (\boldsymbol{d}_{\mathrm{T}})_{T_{\mathrm{o}}} \tag{4-65}$$

式(4-65)为完整的相对轨道动力学方程。

为了便于设计线性二次型高斯(LQG)控制律，将以上的动力学方程式(4-65)转换为状态空间方程的形式。在式(4-65)等号右边加减

$$
\boldsymbol{u}_{\mathrm{G}}=\begin{bmatrix} \dfrac{-\mu}{\| r_{\mathrm{T}} \|^{3}} & 0 & 0 \\ 0 & \dfrac{-\mu}{\| r_{\mathrm{T}} \|^{3}} & 0 \\ 0 & 0 & \dfrac{2\mu}{\| r_{\mathrm{T}} \|^{3}} \end{bmatrix} (\boldsymbol{r}_{\mathrm{DS}})_{T_{\mathrm{o}}} \tag{4-66}
$$

得到

$$
(\ddot{\boldsymbol{r}}_{\mathrm{DS}})_{T_{\mathrm{o}}}=\begin{bmatrix} \dot{\theta}_{\mathrm{T}}^{2}-\dfrac{\mu}{\| r_{\mathrm{T}} \|^{3}} & 0 & \ddot{\theta}_{\mathrm{T}} \\ 0 & -\dfrac{\mu}{\| r_{\mathrm{T}} \|^{3}} & 0 \\ -\ddot{\theta}_{\mathrm{T}} & 0 & \dot{\theta}_{\mathrm{T}}^{2}+\dfrac{2\mu}{\| r_{\mathrm{T}} \|^{3}} \end{bmatrix} (\boldsymbol{r}_{\mathrm{DS}})_{T_{\mathrm{o}}}-2
\begin{bmatrix} 0 & 0 & -\dot{\theta}_{\mathrm{T}} \\ 0 & 0 & 0 \\ \dot{\theta}_{\mathrm{T}} & 0 & 0 \end{bmatrix} (\dot{\boldsymbol{r}}_{\mathrm{DS}})_{T_{\mathrm{o}}}-\boldsymbol{u}_{\mathrm{G}}-\boldsymbol{u}_{1}-\boldsymbol{u}_{\mathrm{g}}+(\boldsymbol{u}_{\mathrm{S}})_{T_{\mathrm{o}}}-(\boldsymbol{u}_{\mathrm{T}})_{T_{\mathrm{o}}}+(\boldsymbol{d}_{\mathrm{S}})_{T_{\mathrm{o}}}-(\boldsymbol{d}_{\mathrm{T}})_{T_{\mathrm{o}}} \tag{4-67}
$$

令状态变量为

$$
\boldsymbol{X}=\begin{pmatrix} \boldsymbol{r}_{\mathrm{DS}} \\ \dot{\boldsymbol{r}}_{\mathrm{DS}} \end{pmatrix}_{T_{\mathrm{o}}}=\begin{bmatrix} x & y & z & v_{x} & v_{y} & v_{z} \end{bmatrix}^{\mathrm{T}} \tag{4-68}
$$

及

$$
\boldsymbol{u}=-\boldsymbol{u}_{\mathrm{G}}-\boldsymbol{u}_{1}-\boldsymbol{u}_{\mathrm{g}}+(\boldsymbol{u}_{\mathrm{S}})_{T_{\mathrm{o}}}-(\boldsymbol{u}_{\mathrm{T}})_{T_{\mathrm{o}}}+(\boldsymbol{d}_{\mathrm{S}})_{T_{\mathrm{o}}}-(\boldsymbol{d}_{\mathrm{T}})_{T_{\mathrm{o}}} \tag{4-69}
$$

式中：x、y、z 为控制目标点到目标星的相对位置在目标星轨道坐标系下的分量；v_x、v_y、v_z 为控制目标点到目标星的相对速度在目标星轨道坐标系下的分量。

那么式(4-67)可简化为状态空间的形式，即

$$
\dot{\boldsymbol{X}}=\boldsymbol{A}(t)\boldsymbol{X}+\boldsymbol{B}(t)\boldsymbol{u} \tag{4-70}
$$

其中

$$
\boldsymbol{A}(t)=\begin{bmatrix} 0 & 0 & 0 & 1 & 0 & 0 \\ 0 & 0 & 0 & 0 & 1 & 0 \\ 0 & 0 & 0 & 0 & 0 & 1 \\ \omega^2-\dfrac{\mu}{\|r_{\mathrm{T}}\|^3} & 0 & \dot{\omega} & 0 & 0 & 2\omega \\ 0 & -\dfrac{\mu}{\|r_{\mathrm{T}}\|^3} & 0 & 0 & 0 & 0 \\ -\dot{\omega} & 0 & \omega^2+\dfrac{2\mu}{\|r_{\mathrm{T}}\|^3} & -2\omega & 0 & 0 \end{bmatrix} \tag{4-71}
$$

$$
\boldsymbol{B}(t)=\begin{bmatrix} 0 & 0 & 0 \\ 0 & 0 & 0 \\ 0 & 0 & 0 \\ 1 & 0 & 0 \\ 0 & 1 & 0 \\ 0 & 0 & 1 \end{bmatrix} \tag{4-72}
$$

可以看出,该状态空间方程是一个线性时变系统。

对于式(4-71),当目标星为圆轨道时,矩阵 $\boldsymbol{A}$ 可简化为

$$
\boldsymbol{A}=\begin{bmatrix} 0 & 0 & 0 & 1 & 0 & 0 \\ 0 & 0 & 0 & 0 & 1 & 0 \\ 0 & 0 & 0 & 0 & 0 & 1 \\ 0 & 0 & 0 & 0 & 0 & 2\omega \\ 0 & -\omega^2 & 0 & 0 & 0 & 0 \\ 0 & 0 & 3\omega^2 & -2\omega & 0 & 0 \end{bmatrix} \tag{4-73}
$$

由于矩阵 $\boldsymbol{B}$ 也是一个常矩阵,所以相对轨道动力学方程式(4-70)就化为了一个线性定常系统。

根据现代控制理论的方法,对于线性定常系统,有

$$
\dot{\boldsymbol{X}}=\boldsymbol{AX}+\boldsymbol{Bu} \tag{4-74}
$$

离散时间的状态空间表达式为

$$
\boldsymbol{X}(k+1)=\boldsymbol{\Phi}(T)\boldsymbol{X}(k)+\boldsymbol{\Gamma}(T)\boldsymbol{u}(k) \tag{4-75}
$$

其中

$$
\boldsymbol{\Phi}(T)=\mathrm{e}^{\boldsymbol{A}T} \tag{4-76}
$$

$$\boldsymbol{\Gamma}(T)=\int_0^T \mathrm{e}^{\boldsymbol{A}t}\mathrm{d}t\boldsymbol{B} \tag{4-77}$$

式中：T 为控制采样周期。

将式(4-72)、式(4-73)代入式(4-76)和式(4-77)得到目标星轨道是圆轨道时，相对轨道动力学方程离散化的 $\boldsymbol{\Phi}(T)$ 和 $\boldsymbol{\Gamma}(T)$ 为

$$\boldsymbol{\Phi}(T)=\begin{bmatrix} 4-3\cos\omega_0 T & 0 & 0 & \dfrac{\sin\omega_0 T}{\omega_0} & \dfrac{2(1-\cos\omega_0 T)}{\omega_0} & 0 \\ 6(\sin\omega_0 T-\omega_0 T) & 1 & 0 & \dfrac{2(\cos\omega_0 T-1)}{\omega_0} & \dfrac{4\sin\omega_0 T}{\omega_0}-3T & 0 \\ 0 & 0 & \cos\omega_0 T & 0 & 0 & \dfrac{\sin\omega_0 T}{\omega_0} \\ 3\sin\omega_0 T & 0 & 0 & \cos\omega_0 T & 2\sin\omega_0 T & 0 \\ 6(\cos\omega_0 T-1)\omega_0 & 0 & 0 & -2\sin\omega_0 T & 4\cos\omega_0 T-3 & 0 \\ 0 & 0 & -\omega_0\sin\omega_0 T & 0 & 0 & \cos\omega_0 T \end{bmatrix} \tag{4-78}$$

输入矩阵的形式为

$$\boldsymbol{\Gamma}(T)=\begin{bmatrix} \dfrac{1-\cos\omega_0 T}{\omega_0^2} & \dfrac{2(\omega_0 T-\sin\omega_0 T)}{\omega_0^2} & 0 \\ \dfrac{2(\sin\omega_0 T-\omega_0 T)}{\omega_0^2} & \dfrac{4(1-\cos\omega_0 T)}{\omega_0^2}-\dfrac{3T^2}{2} & 0 \\ 0 & 0 & \dfrac{(1-\cos\omega_0 T)}{\omega_0^2} \\ \dfrac{\sin\omega_0 T}{\omega_0} & \dfrac{2(1-\cos\omega_0 T)}{\omega_0} & 0 \\ \dfrac{2(\cos\omega_0 T-1)}{\omega_0} & \dfrac{4\sin\omega_0 T-3\omega_0 T}{\omega_0} & 0 \\ 0 & 0 & \dfrac{\sin\omega_0 T}{\omega_0} \end{bmatrix} \tag{4-79}$$

式中：T 为采样周期；ω_0 为目标星轨道角速度。所以，离散系统也是一个定常系统。

将上述得到离散化相对动力学方程加上观测方程,并考虑模型噪声和观测噪声后,可得到:

$$X(k+1)=\Phi X(k)+\Gamma u(k)+W(k) \tag{4-80}$$

$$Y(k+1)=H(k+1)X(k+1)+V(k+1) \tag{4-81}$$

式中:$W(k)$、$V(k)$ 为零均值的高斯分布的白噪声。

目标函数为

$$J=E\left(\sum_{n=1}^{\infty}\left[X^{\mathrm{T}}(k)QX(k)+u^{\mathrm{T}}(k)Ru(k)\right]\right) \tag{4-82}$$

式中:Q 为状态变量加权矩阵;R 为控制变量的加权矩阵。

根据 4.3.2 节所述的 LQG 控制原理和无限时间状态调节器的设计,使目标函数式(4-82)达到最小值的线性反馈控制律为

$$u(k)=-K\hat{X}(k) \tag{4-83}$$

式中:K 为状态反馈增益矩阵,即

$$K=(R+\Gamma^{\mathrm{T}}P\Gamma)^{-1}\Gamma^{\mathrm{T}}P\Phi \tag{4-84}$$

其中矩阵 P 由黎卡提方程得到。

得到离散二次型最优控制 $u(k)$ 后,在采样周期内,作用在主动星上的控制加速度为(在主动星本体系下描述)

$$(u_{\mathrm{S}})_{Sb}(k)=C_{Sb/T_{\mathrm{o}}}(u_{\mathrm{G}}+u_{1}+u_{\mathrm{g}}+(u_{\mathrm{T}})_{T_{\mathrm{o}}}-(d_{\mathrm{S}})_{T_{\mathrm{o}}}+(d_{\mathrm{T}})_{T_{\mathrm{o}}}+u(k)) \tag{4-85}$$

考虑到目标星不做机动,同时不考虑摄动力的影响,令

$$\begin{cases}(u_{\mathrm{T}})_{T_{\mathrm{o}}}=0\\(d_{\mathrm{S}})_{T_{\mathrm{o}}}=0\\(d_{\mathrm{T}})_{T_{\mathrm{o}}}=0\end{cases} \tag{4-86}$$

那么,控制加速度可化为

$$(u_{\mathrm{S}})_{T_{\mathrm{o}}}(k)=C_{Sb/T_{\mathrm{o}}}(u_{\mathrm{G}}+u_{1}+u_{\mathrm{g}}+u(k)) \tag{4-87}$$

从上面的推导可以看出,矩阵 K 的取值取决于状态方程中的 Φ、Γ 和目标函数中的 Q、R,其中 Φ、Γ 由相对轨道动力学方程决定,加权矩阵 Q、R 由设计确定。状态加权矩阵 Q 反映了整个控制过程中动态跟踪误差累加和的相对权重;控制加权矩阵 R 反映了整个控制过程中所消耗控制能量的相对权重,不同的 Q、R 决定了控制过程对精度和能量的不同重视程度。因此,有必要对矩阵 Q、R 进行优化设计,以得到同时满足精度和能量要求的矩阵 K。

矩阵 Q、R 的选择一般有以下几点原则。

(1) 矩阵 $\boldsymbol{Q}$ 为半正定矩阵,$\boldsymbol{R}$ 为正定矩阵。

(2) 为方便起见,一般取矩阵 $\boldsymbol{Q}$ 和 $\boldsymbol{R}$ 为对角矩阵。

(3) $\boldsymbol{Q}$ 不变,矩阵 $\boldsymbol{R}$ 增大,则控制过程中,控制输入量变小,跟踪误差相对变大; $\boldsymbol{R}$ 不变,矩阵 $\boldsymbol{Q}$ 增大,则控制过程中,控制误差变小,控制输入量变大。

(4) 若矩阵 $\boldsymbol{Q}$、$\boldsymbol{R}$ 同比例改变, 矩阵 $\boldsymbol{K}$ 不变。因此,可以取矩阵 $\boldsymbol{Q}$ 为某个定值,只改变矩阵 $\boldsymbol{R}$ 的值。

4.4 大椭圆轨道目标航天器近距离相对轨道控制

大椭圆轨道上航天器运行的角速度、角加速度和地心距是时变的,以往针对圆轨道交会常用的 C-W 制导不再适用,因此需要研究适用于大椭圆轨道快速交会的制导律。本节针对大椭圆轨道反馈线性化相对轨道动力学模型,设计了在已知目标星绝对轨道信息情况下自主交会的 LQG 控制律。

4.4.1 大椭圆轨道交会 LQG 控制动力学模型

自主轨道控制技术是在自主导航技术的基础上,利用实时的轨道导航数据,星上自主解算轨道控制量,进行高精度的实时闭环轨道控制。这里依然采用基于 LQG 最优控制律的轨道控制算法,其控制原理如图 4-12 所示,其中反馈增益矩阵根据 LQG 最优控制算法得到。

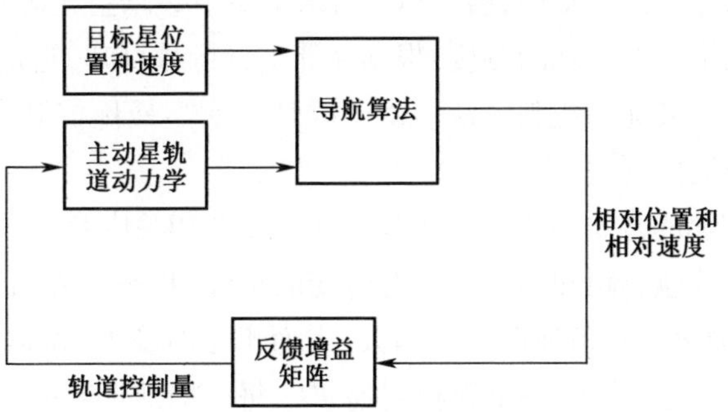

图 4-12 实时闭环轨道控制原理框图

相对轨道动力学建模为轨控系统设计的基础,为了保证轨道控制的高精度,在建立轨道控制的动力学模型时,应尽量采用精确的模型,减少模型误差。

但精确的动力学模型往往形式比较复杂,难以设计控制律。为解决此问题,采用现代控制理论中的反馈线性化手段,把相对轨道动力学方程中的非线性项放到控制输入中去,将相对轨道动力学不作任何简化处理的情况下化成了线性状态方程的形式,易于控制系统设计。

大椭圆轨道精确相对动力学模型是非线性的,直接用经过线性化的Lawden 方程进行控制律的设计会产生线性化误差,尤其是当两航天器距离比较远时,会影响控制精度。对于式(4-70),可以看出该状态空间方程是一个线性时变系统,并且与 Lawden 方程的形式完全一致,这是由于在方程的右边加减了 $\boldsymbol{u}_G$ 这一项,实际上该式就是 Lawden 方程中两星中心引力加速度差 $\boldsymbol{u}_g$ 一阶线性化的结果。这样最终相对轨道动力学化成了线性方程的形式,可以按照常规的线性系统调节器理论进行设计轨道控制律,大大简化了控制器的设计。

4.4.2 LQG 控制律设计及实现

轨道控制律的设计主要考虑三个原则:一是自主性,即星上能够自主控制律实现;二是实时性,这要求控制律要简单,计算量要小;三是推进剂消耗要少,做到最优或次优控制。基于以上原则,采用了基于线性二次型高斯最优控制的轨道控制律。

线性二次型最优控制是一种实时闭环控制方法,它实时地将误差反馈到系统输入,从而达到提高控制精度的目的,具有一定的鲁棒性;虽然线性二次型最优控制的算法比较复杂,但可以把计算好的反馈增益矩阵存于计算机中,从而大大降低了星上实现的难度;根据性能指标函数可知,它是一种基于过程状态最优和燃料最优的控制方法。由于线性二次型最优控制有很多优点,可以将其用于轨道控制中。

LQG 控制律的基本原理表述可参见 4.3.2 节相关内容。

椭圆轨道的地心距和角速度具有时变的特性,状态方程的系统矩阵 $\boldsymbol{A}$ 是关于地心距、加速度和角加速度的函数,因而也是时变的,所以反馈增益矩阵 $\boldsymbol{K}$ 也是时变的。可以设计一个轨控周期 T_C, 每个周期计算一次 $\boldsymbol{K}$ 值,为保证控制精度,T_C不能取得太大,本书选择 $T_C = 0.4\text{s}$。因此根据上面的公式可求出每个轨控时刻对应的状态反馈增益矩阵 $\boldsymbol{K}(t)$。

考虑目标星不做机动,并且不考虑轨道的摄动,则目标航天器大椭圆轨道下主动星上的控制加速度的推导过程仍然可用式(4-85)~式(4-87)表述。

在实际飞行中,若主动星和目标星的状态偏差很小,而且两星实际受到的相对摄动也很小,在给定状态转移矩阵 $\boldsymbol{K}$ 后,计算出的控制量会很小,考虑到测量精度、喷气误差等影响因素,直接进行控制对实际精度提高不会带来太大影响,相反会造成大量燃料的消耗,这显然不满足燃料最优控制的要求。针对这个问题,可以定义空间位置和速度偏差区域(ErrorBox)即误差盒,来判断当前实际位置偏差是否超出该区域,以确定是否施加控制(图 4-13)。定义任意时刻两星相对位置允许的误差区域(图 4-13)为

$$\boldsymbol{e}_t = [e_x \quad e_y \quad e_z \quad e_{vx} \quad e_{vy} \quad e_{vz}]$$

式中:e_{vi}和 $e_i(i=x,y,z)$分别为 t 时刻允许的速度和位置偏差值。

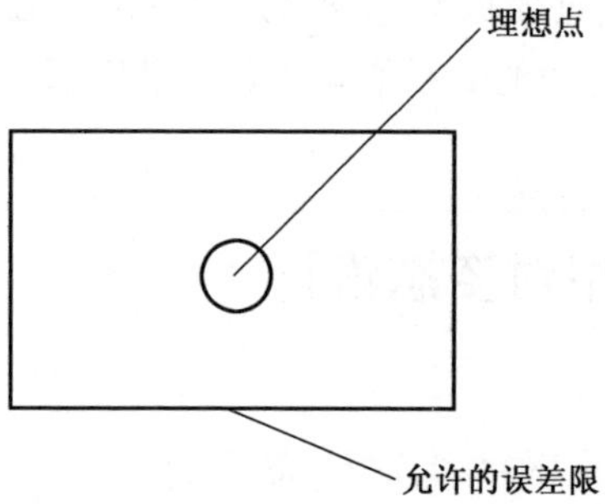

图 4-13　偏差区域示意图

如果主动星与理想轨迹在某个轴上的位置偏差在允许的误差限内时,可令该轴的位置偏差为 0,则该轴的位置误差不参与控制量的计算。同理,如果主动星与理想轨迹在某个轴上的速度偏差在允许的误差限内时,可令该轴的速度偏差为 0,则该轴的速度误差不参与控制量的计算。

4.4.3　LQG 控制参数设计

LQG 控制中需要设计的参数有 $\boldsymbol{Q}$、$\boldsymbol{R}$、$\boldsymbol{Q}_0$,然后可以得到最优控制输入的反馈增益矩阵 $\boldsymbol{K}$。

从 4.4.2 节的推导中可以看出,矩阵 $\boldsymbol{K}$ 的取值取决于状态方程中的 $\boldsymbol{A}$、$\boldsymbol{B}$ 和目标函数中的 $\boldsymbol{Q}$、$\boldsymbol{R}$、$\boldsymbol{Q}_0$。其中 $\boldsymbol{A}$、$\boldsymbol{B}$ 由相对轨道动力学方程决定,加权矩阵 $\boldsymbol{Q}$、$\boldsymbol{R}$ 可以选择确定,状态加权矩阵 $\boldsymbol{Q}$ 反映了系统在控制过程中动态跟踪误差的积累和;控制加权矩阵 $\boldsymbol{R}$ 反映了整个控制过程中所消耗的控制能量。不同的 $\boldsymbol{Q}$、$\boldsymbol{R}$ 决定了不同的矩阵 $\boldsymbol{K}$,也决定了不同的控制性能,因此有必要对矩阵

$\boldsymbol{Q}$、$\boldsymbol{R}$ 进行选择,以得到满足时间和精度要求的 $\boldsymbol{K}$。

一般来说,加权矩阵 $\boldsymbol{Q}$、$\boldsymbol{R}$、$\boldsymbol{N}$、$\boldsymbol{Q}_0$ 的选择需要设计者根据设计经验,不断试验校正,直至得到满意的设计结果。不过,也有一些具有指导意义的选择依据,在工程实际中,一般加权矩阵 $\boldsymbol{Q}$、$\boldsymbol{R}$ 为对称矩阵,而且多数选用对角线矩阵。初始选取可以按照下面原则进行,即

$$\begin{cases}\boldsymbol{Q}_0^{-1} = \text{diagonal matrix of maximum acceptable value of } [\boldsymbol{e}_{fi}(t_f)]^2 \\ \boldsymbol{Q}^{-1} = \text{diagonal matrix of maximum acceptable value of } T_{xi}[\boldsymbol{x}_i(t)]^2 \\ \boldsymbol{R}^{-1} = \text{diagonal matrix of maximum acceptable value of } T_{ui}[\boldsymbol{u}_i(t)]^2\end{cases}$$

式中:T_i 为期望的衰减时间。按上述方式选择加权矩阵 $\boldsymbol{Q}$、$\boldsymbol{R}$、$\boldsymbol{Q}_0$,使得性能指标中各项(终端误差、过程状态、过程约束)的度量在同一个量级上,大体相同。而 $\boldsymbol{Q}$、$\boldsymbol{R}$ 在调整过程中的关系如 4.3.6 节最后部分所述。

4.5 近距离相对姿态设计

4.5.1 基于四元数的相对姿态设计

在超近距离伴飞过程中,要求主动航天器能够持续对目标航天器进行观测,即要求主动航天器上的测量设备始终对准目标航天器。此外,为了使主动航天器获得充足的能量,要求其太阳能帆板单位矢量始终与太阳光线矢量 $\hat{\boldsymbol{s}}$ 垂直[36,37]。满足这两个姿态约束条件的主动航天器姿态唯一确定。为了研究问题方便起见,这里规定主动航天器测量设备中心轴线单位矢量沿主动航天器虚拟本体坐标系的 x_{bd} 轴正向,太阳能帆板单位矢量沿主动航天器虚拟本体坐标系的 y_{bd} 轴正向。目标航天器、主动航天器以及太阳光线之间的指向关系,如图 4-14 所示。

下面讨论基于姿态四元数的期望姿态指向的设计方法。

在惯性坐标系中,两个航天器之间的期望相对位置为

$$\boldsymbol{\rho}_{di} = (\boldsymbol{C}_o^i)^{\mathrm{T}}\boldsymbol{\rho}_d = \boldsymbol{C}_i^o\boldsymbol{\rho}_d \tag{4-88}$$

式中:$\boldsymbol{C}_o^i$ 为从惯性坐标系到目标航天器轨道坐标系的坐标转换矩阵。若目标航天器在惯性坐标系下的位置和速度矢量分别为 $\boldsymbol{r}_T$ 和 $\boldsymbol{v}_T$,则坐标转换矩阵为

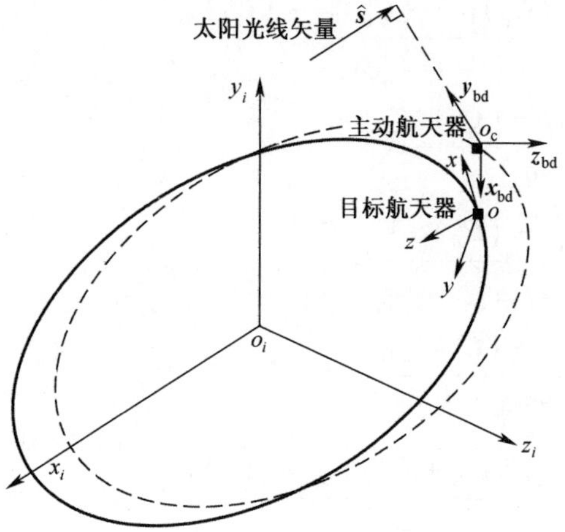

图 4-14　姿态指向关系

$$\begin{cases} \tilde{\boldsymbol{x}} = \tilde{\boldsymbol{y}} \times \tilde{\boldsymbol{z}}, \tilde{\boldsymbol{y}} = -\dfrac{\boldsymbol{r}_{\mathrm{T}} \times \boldsymbol{v}_{\mathrm{T}}}{\| \boldsymbol{r}_{\mathrm{T}} \times \boldsymbol{v}_{\mathrm{T}} \|}, \tilde{\boldsymbol{z}} = -\dfrac{\boldsymbol{r}_{\mathrm{T}}}{\boldsymbol{r}_{\mathrm{T}}} \\ \boldsymbol{C}_o^i = (\boldsymbol{C}_i^o)^{\mathrm{T}} = \begin{bmatrix} \tilde{\boldsymbol{x}} & \tilde{\boldsymbol{y}} & \tilde{\boldsymbol{z}} \end{bmatrix}^{\mathrm{T}} \end{cases} \tag{4-89}$$

在惯性坐标系中,虚拟本体坐标系 3 个坐标轴方向的单位矢量可以写为

$$\begin{cases} \tilde{\boldsymbol{x}}_{\mathrm{bd}} = \dfrac{\boldsymbol{\rho}_{\mathrm{d}i}}{\| \boldsymbol{\rho}_{\mathrm{d}i} \|}, \tilde{\boldsymbol{y}}_{\mathrm{bd}} = \dfrac{\boldsymbol{\rho}_{\mathrm{d}i} \times \hat{\boldsymbol{s}}}{\| \boldsymbol{\rho}_{\mathrm{d}i} \times \hat{\boldsymbol{s}} \|}, \tilde{\boldsymbol{z}}_{\mathrm{bd}} = \tilde{\boldsymbol{x}}_{\mathrm{bd}} \times \tilde{\boldsymbol{y}}_{\mathrm{bd}} \\ \boldsymbol{C}_{\mathrm{d}}^i = \begin{bmatrix} \tilde{\boldsymbol{x}}_{\mathrm{bd}} & \tilde{\boldsymbol{y}}_{\mathrm{bd}} & \tilde{\boldsymbol{z}}_{\mathrm{bd}} \end{bmatrix}^{\mathrm{T}} \end{cases} \tag{4-90}$$

式中:$\boldsymbol{C}_{\mathrm{d}}^i$ 为从惯性坐标系到主动航天器虚拟本体坐标系的坐标转换矩阵。当坐标转换矩阵的元素已知时,可以按下列 4 组方程计算四元数 $\boldsymbol{q}_{\mathrm{d}i}$ [38],即

$$\begin{cases} q_{4\mathrm{d}i} = \pm \dfrac{\sqrt{1 + (\boldsymbol{C}_{\mathrm{d}}^i)_{11} + (\boldsymbol{C}_{\mathrm{d}}^i)_{22} + (\boldsymbol{C}_{\mathrm{d}}^i)_{33}}}{2} \\ q_{1\mathrm{d}i} = \dfrac{[(\boldsymbol{C}_{\mathrm{d}}^i)_{23} - (\boldsymbol{C}_{\mathrm{d}}^i)_{32}]}{4q_{4\mathrm{d}i}} \\ q_{2\mathrm{d}i} = \dfrac{[(\boldsymbol{C}_{\mathrm{d}}^i)_{31} - (\boldsymbol{C}_{\mathrm{d}}^i)_{13}]}{4q_{4\mathrm{d}i}} \\ q_{3\mathrm{d}i} = \dfrac{[(\boldsymbol{C}_{\mathrm{d}}^i)_{12} - (\boldsymbol{C}_{\mathrm{d}}^i)_{21}]}{4q_{4\mathrm{d}i}} \end{cases}$$

$$\begin{cases} q_{1\mathrm{d}i} = \pm \dfrac{\sqrt{1 + (\boldsymbol{C}_{\mathrm{d}}^{i})_{11} - (\boldsymbol{C}_{\mathrm{d}}^{i})_{22} - (\boldsymbol{C}_{\mathrm{d}}^{i})_{33}}}{2} \\ q_{2\mathrm{d}i} = \dfrac{[(\boldsymbol{C}_{\mathrm{d}}^{i})_{12} + (\boldsymbol{C}_{\mathrm{d}}^{i})_{21}]}{4q_{1\mathrm{d}i}} \\ q_{3\mathrm{d}i} = \dfrac{[(\boldsymbol{C}_{\mathrm{d}}^{i})_{13} + (\boldsymbol{C}_{\mathrm{d}}^{i})_{31}]}{4q_{1\mathrm{d}i}} \\ q_{4\mathrm{d}i} = \dfrac{[(\boldsymbol{C}_{\mathrm{d}}^{i})_{23} + (\boldsymbol{C}_{\mathrm{d}}^{i})_{32}]}{4q_{1\mathrm{d}i}} \end{cases}$$

$$\begin{cases} q_{2\mathrm{d}i} = \pm \dfrac{\sqrt{1 - (\boldsymbol{C}_{\mathrm{d}}^{i})_{11} + (\boldsymbol{C}_{\mathrm{d}}^{i})_{22} - (\boldsymbol{C}_{\mathrm{d}}^{i})_{33}}}{2} \\ q_{3\mathrm{d}i} = \dfrac{[(\boldsymbol{C}_{\mathrm{d}}^{i})_{23} + (\boldsymbol{C}_{\mathrm{d}}^{i})_{32}]}{4q_{2\mathrm{d}i}} \\ q_{4\mathrm{d}i} = \dfrac{[(\boldsymbol{C}_{\mathrm{d}}^{i})_{31} - (\boldsymbol{C}_{\mathrm{d}}^{i})_{13}]}{4q_{2\mathrm{d}i}} \\ q_{1\mathrm{d}i} = \dfrac{[(\boldsymbol{C}_{\mathrm{d}}^{i})_{12} + (\boldsymbol{C}_{\mathrm{d}}^{i})_{21}]}{4q_{2\mathrm{d}i}} \end{cases}$$

$$\begin{cases} q_{3\mathrm{d}i} = \pm \dfrac{\sqrt{1 - (\boldsymbol{C}_{\mathrm{d}}^{i})_{11} - (\boldsymbol{C}_{\mathrm{d}}^{i})_{22} + (\boldsymbol{C}_{\mathrm{d}}^{i})_{33}}}{2} \\ q_{4\mathrm{d}i} = \dfrac{[(\boldsymbol{C}_{\mathrm{d}}^{i})_{12} - (\boldsymbol{C}_{\mathrm{d}}^{i})_{21}]}{4q_{3\mathrm{d}i}} \\ q_{1\mathrm{d}i} = \dfrac{[(\boldsymbol{C}_{\mathrm{d}}^{i})_{13} + (\boldsymbol{C}_{\mathrm{d}}^{i})_{31}]}{4q_{3\mathrm{d}i}} \\ q_{2\mathrm{d}i} = \dfrac{[(\boldsymbol{C}_{\mathrm{d}}^{i})_{23} + (\boldsymbol{C}_{\mathrm{d}}^{i})_{32}]}{4q_{3\mathrm{d}i}} \end{cases}$$

首先利用每组的第一行计算 $q_{1\mathrm{d}i}$、$q_{2\mathrm{d}i}$、$q_{3\mathrm{d}i}$、$q_{4\mathrm{d}i}$，取相同的符号，选择给出4个数中最大值的那一组作为计算公式。

根据航天器姿态运动学方程，有

$$\dot{\boldsymbol{q}}_{\mathrm{d}i} = \frac{1}{2}\begin{bmatrix} -\boldsymbol{\omega}_{\mathrm{d}i}^{\times} & \boldsymbol{\omega}_{\mathrm{d}i} \\ -\boldsymbol{\omega}_{\mathrm{d}i}^{\mathrm{T}} & \boldsymbol{0} \end{bmatrix} \boldsymbol{q}_{\mathrm{d}i} \tag{4-91}$$

由式(4-91)可知，求解主动航天器期望姿态变化率 $\dot{\boldsymbol{q}}_{\mathrm{d}i}$ 需要知道 $\boldsymbol{\omega}_{\mathrm{d}i}$ 的表达式。以姿态矩阵表示的姿态运动方程为

$$\dot{\boldsymbol{C}}_{\mathrm{d}}^{i}=-\boldsymbol{\omega}_{\mathrm{d}i}^{\times}\boldsymbol{C}_{\mathrm{d}}^{i}$$

所以

$$\boldsymbol{\omega}_{\mathrm{d}i}^{\times}=-\dot{\boldsymbol{C}}_{\mathrm{d}}^{i}(\boldsymbol{C}_{\mathrm{d}}^{i})^{\mathrm{T}}=-\dot{\boldsymbol{C}}_{\mathrm{d}}^{i}\boldsymbol{C}_{i}^{d} \tag{4-92}$$

根据式(4-90),有

$$\dot{\boldsymbol{C}}_{\mathrm{d}}^{i}=\begin{bmatrix}\dot{\tilde{\boldsymbol{x}}}_{\mathrm{bd}} & \dot{\tilde{\boldsymbol{y}}}_{\mathrm{bd}} & \dot{\tilde{\boldsymbol{z}}}_{\mathrm{bd}}\end{bmatrix}^{\mathrm{T}} \tag{4-93}$$

定义表达式

$$\begin{cases}D_1=\|\boldsymbol{\rho}_{\mathrm{d}i}\|\\ D_2=\|\boldsymbol{\rho}_{\mathrm{d}i}\times\hat{\boldsymbol{s}}\|\end{cases} \tag{4-94}$$

那么

$$\begin{cases}\dot{\tilde{\boldsymbol{x}}}_{\mathrm{bd}}=\dfrac{\dot{\boldsymbol{\rho}}_{\mathrm{d}i}-\dot{D}_1\tilde{\boldsymbol{x}}_{\mathrm{bd}}}{D_1}\\ \dot{\tilde{\boldsymbol{y}}}_{\mathrm{bd}}=\dfrac{\dot{\boldsymbol{\rho}}_{\mathrm{d}i}\times\hat{\boldsymbol{s}}-\dot{D}_2\tilde{\boldsymbol{y}}_{\mathrm{bd}}}{D_2}\\ \dot{\tilde{\boldsymbol{z}}}_{\mathrm{bd}}=\dot{\tilde{\boldsymbol{x}}}_{\mathrm{bd}}\times\tilde{\boldsymbol{y}}_{\mathrm{bd}}+\tilde{\boldsymbol{x}}_{\mathrm{bd}}\times\dot{\tilde{\boldsymbol{y}}}_{\mathrm{bd}}\end{cases} \tag{4-95}$$

在计算式(4-95)中 $\dot{\tilde{\boldsymbol{y}}}_{\mathrm{bd}}$ 的表达式时用到了这样的假设:太阳光线在惯性坐标系中移动缓慢,因此认为在短期超近距离伴飞过程中太阳光线矢量 $\hat{\boldsymbol{s}}$ 惯性固定,即 $\dot{\hat{\boldsymbol{s}}}=\mathbf{0}$。

在式(4-95)中,有

$$\begin{cases}\dot{D}_1=\dfrac{\dot{\boldsymbol{\rho}}_{\mathrm{d}i}\cdot\boldsymbol{\rho}_{\mathrm{d}i}}{D_1}\\ \dot{D}_2=\dfrac{(\dot{\boldsymbol{\rho}}_{\mathrm{d}i}\times\hat{\boldsymbol{s}})\cdot(\boldsymbol{\rho}_{\mathrm{d}i}\times\hat{\boldsymbol{s}})}{D_2}\end{cases} \tag{4-96}$$

根据式(4-88),$\dot{\boldsymbol{\rho}}_{\mathrm{d}i}$ 可以按照下式计算,即

$$\dot{\boldsymbol{\rho}}_{\mathrm{d}i}=\dot{\boldsymbol{C}}_{i}^{o}\boldsymbol{\rho}_{\mathrm{d}}+\boldsymbol{C}_{i}^{o}\dot{\boldsymbol{\rho}}_{\mathrm{d}} \tag{4-97}$$

其中,$\boldsymbol{C}_{i}^{o}$ 的转置矩阵满足

$$\dot{\boldsymbol{C}}_{o}^{i}=-\boldsymbol{\omega}\times\boldsymbol{C}_{o}^{i} \tag{4-98}$$

式中:$\boldsymbol{\omega}$ 为目标航天器轨道角速度。

至此,可以根据式(4-92)计算 $\boldsymbol{\omega}_{\mathrm{d}i}^{\times}$,从而根据式(4-91)计算期望姿态变

化率 $\dot{\boldsymbol{q}}_{\mathrm{d}i}$。

根据式(4-91)可得期望姿态变化加速度 $\ddot{\boldsymbol{q}}_{\mathrm{d}i}$ 的表达式为

$$\ddot{\boldsymbol{q}}_{\mathrm{d}i} = \frac{1}{2}\begin{bmatrix} -\dot{\boldsymbol{\omega}}_{\mathrm{d}i}^{\times} & \dot{\boldsymbol{\omega}}_{\mathrm{d}i} \\ -\dot{\boldsymbol{\omega}}_{\mathrm{d}i}^{T} & \boldsymbol{0} \end{bmatrix}\boldsymbol{q}_{\mathrm{d}i} + \frac{1}{2}\begin{bmatrix} -\boldsymbol{\omega}_{\mathrm{d}i}^{\times} & \boldsymbol{\omega}_{\mathrm{d}i} \\ -\boldsymbol{\omega}_{\mathrm{d}i}^{T} & \boldsymbol{0} \end{bmatrix}\dot{\boldsymbol{q}}_{\mathrm{d}i} \tag{4-99}$$

根据式(4-92)有

$$\dot{\boldsymbol{\omega}}_{\mathrm{d}i}^{\times} = -\ddot{\boldsymbol{C}}_{\mathrm{d}}^{i}\boldsymbol{C}_{i}^{d} - \dot{\boldsymbol{C}}_{\mathrm{d}}^{i}\dot{\boldsymbol{C}}_{i}^{d} \tag{4-100}$$

则

$$\ddot{\boldsymbol{C}}_{\mathrm{d}}^{i} = \begin{bmatrix} \ddot{\tilde{\boldsymbol{x}}}_{\mathrm{bd}} & \ddot{\tilde{\boldsymbol{y}}}_{\mathrm{bd}} & \ddot{\tilde{\boldsymbol{z}}}_{\mathrm{bd}} \end{bmatrix}^{\mathrm{T}} \tag{4-101}$$

其中

$$\begin{cases} \ddot{\tilde{\boldsymbol{x}}}_{\mathrm{bd}} = \dfrac{\ddot{\boldsymbol{\rho}}_{\mathrm{d}i} - 2\dot{D}_1\dot{\tilde{\boldsymbol{x}}}_{\mathrm{bd}} - \ddot{D}_1\tilde{\boldsymbol{x}}_{\mathrm{bd}}}{D_1} \\ \ddot{\tilde{\boldsymbol{y}}}_{\mathrm{bd}} = \dfrac{\ddot{\boldsymbol{\rho}}_{\mathrm{d}i} \times \hat{\boldsymbol{s}} - 2\dot{D}_2\dot{\tilde{\boldsymbol{y}}}_{\mathrm{bd}} - \ddot{D}_2\tilde{\boldsymbol{y}}_{\mathrm{bd}}}{D_2} \\ \ddot{\tilde{\boldsymbol{z}}}_{\mathrm{bd}} = \ddot{\tilde{\boldsymbol{x}}}_{\mathrm{bd}} \times \tilde{\boldsymbol{y}}_{\mathrm{bd}} + 2\dot{\tilde{\boldsymbol{x}}}_{\mathrm{bd}} \times \dot{\tilde{\boldsymbol{y}}}_{\mathrm{bd}} + \tilde{\boldsymbol{x}}_{\mathrm{bd}} \times \ddot{\tilde{\boldsymbol{y}}}_{\mathrm{bd}} \end{cases} \tag{4-102}$$

其中，$\ddot{D}_1$ 与 $\ddot{D}_2$ 分别表示如下：

$$\begin{cases} \ddot{D}_1 = \dfrac{\ddot{\boldsymbol{\rho}}_{\mathrm{d}i} \cdot \boldsymbol{\rho}_{\mathrm{d}i} + \dot{\boldsymbol{\rho}}_{\mathrm{d}i} \cdot \dot{\boldsymbol{\rho}}_{\mathrm{d}i} - \dot{D}_1^2}{D_1} \\ \ddot{D}_2 = \dfrac{(\ddot{\boldsymbol{\rho}}_{\mathrm{d}i} \times \hat{\boldsymbol{s}}) \cdot (\boldsymbol{\rho}_{\mathrm{d}i} \times \hat{\boldsymbol{s}}) + (\dot{\boldsymbol{\rho}}_{\mathrm{d}i} \times \hat{\boldsymbol{s}}) \cdot (\dot{\boldsymbol{\rho}}_{\mathrm{d}i} \times \hat{\boldsymbol{s}}) - \dot{D}_2^2}{D_2} \end{cases} \tag{4-103}$$

根据式(4-97)，有

$$\ddot{\boldsymbol{\rho}}_{\mathrm{d}i} = \ddot{\boldsymbol{C}}_{i}^{o}\boldsymbol{\rho}_{\mathrm{d}} + 2\dot{\boldsymbol{C}}_{i}^{o}\dot{\boldsymbol{\rho}}_{\mathrm{d}} + \boldsymbol{C}_{i}^{o}\ddot{\boldsymbol{\rho}}_{\mathrm{d}} \tag{4-104}$$

其中

$$\ddot{\boldsymbol{C}}_{o}^{i} = -\dot{\boldsymbol{\omega}} \times \boldsymbol{C}_{o}^{i} + \boldsymbol{\omega} \times \boldsymbol{\omega} \times \boldsymbol{C}_{o}^{i} \tag{4-105}$$

至此，可以根据式(4-100)计算 $\dot{\boldsymbol{\omega}}_{\mathrm{d}i}^{\times}$，从而根据式(4-99)计算期望姿态变化加速度 $\ddot{\boldsymbol{q}}_{\mathrm{d}i}$。

从上面的推导过程可以看出，计算主动航天器的姿态及其变化率和加速度需要用到相对距离信息，这是轨道和姿态耦合的一个表现。

4.5.2 基于 MRP 的视线指向姿态设计

姿态指向跟踪控制是在轨操控相对导航制导与控制技术的一个重要部分,在一些如逼近/绕飞监视、空间中继通信、天基扫描成像等在轨操控任务中具有广泛的应用需求,此类任务中实现高精度、高稳定度的姿态指向保持是保证主航天器上的载荷可靠地操控目标卫星的前提。

本节设计一种基于修正罗德里格参数(MRP)建立的主动航天器相对目标航天器视线指向跟踪的姿态描述方法,为后续研究视线指向跟踪控制做好准备。

为描述航天器的姿态指向跟踪问题,引入以下坐标系。

(1) 惯性坐标系 $S_i(o_ix_iy_iz_i)$:原点 o_i 在地心,x_i 轴指向春分点,z_i 轴为地球自转轴,y_i 与 x_i、z_i 轴构成右手坐标系。

(2) 星体坐标系 $S_b(o_bx_by_bz_b)$:原点为主星的质心,三轴固连于星体上,分别与星体的惯量主轴方向一致。

(3) 视线坐标系 $S_s(o_sx_sy_sz_s)$:原点为主航天器质心,x_s 轴指向目标航天器质心,y_s 轴为 x_s 轴和 x_b 轴的叉乘方向,z_s 轴由右手定则得到。若在某时刻相对运动中 x_s 和 x_b 轴重合,此时上述基于叉乘的定义无效,直接令 y_s 轴、z_s 轴分别与 y_b 轴、z_b 轴重合。

各坐标系间的关系如图 4-15 所示。

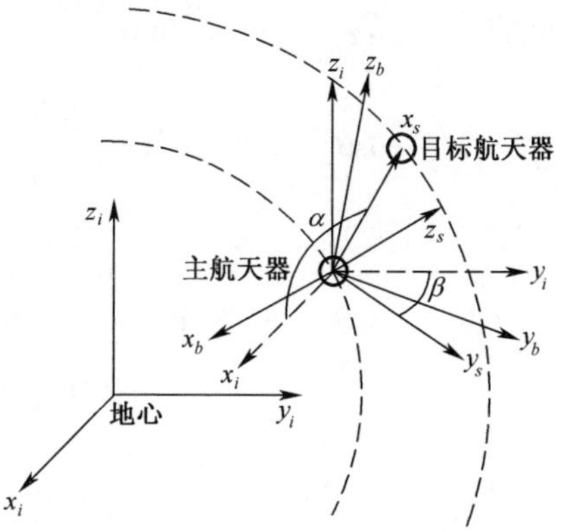

图 4-15 各坐标系间的几何关系

修正型罗德里格参数是目前研究较多的姿态描述方法,与欧拉角、四元数相比具有 0° ~ 360° 范围内无奇异、无冗余度的优势。

以惯性坐标系 S_i 为参考坐标系，根据欧拉定理可知航天器本体坐标系 S_b 相对于 S_i 的姿态可以用 MRP 参数 $\boldsymbol{\sigma}$ 描述，即

$$\boldsymbol{\sigma}=[\sigma_1 \quad \sigma_2 \quad \sigma_3]^{\mathrm{T}}=[\cos\beta_1 \quad \cos\beta_2 \quad \cos\beta_3]^{\mathrm{T}}\tan\frac{\phi}{4} \tag{4-106}$$

式中：β_i 为确定本体坐标系姿态的旋转轴与惯性系三轴的夹角；ϕ 为绕该轴旋转的角度。

设主航天器相对惯性坐标系 S_i 的角速度为 $\boldsymbol{\omega}$（在本体坐标系 S_b 中描述），则航天器相对于该惯性坐标系的以 MRP 表示的姿态运动学方程为

$$\dot{\boldsymbol{\sigma}}=\boldsymbol{M}(\boldsymbol{\sigma})\boldsymbol{\omega} \tag{4-107}$$

其中，$\boldsymbol{M}(\sigma)=\frac{1}{4}\times[(1-\boldsymbol{\sigma}^{\mathrm{T}}\boldsymbol{\sigma})\boldsymbol{I}_3+2\boldsymbol{\sigma}^{\times}+2\boldsymbol{\sigma}\boldsymbol{\sigma}^{\mathrm{T}}]$。

由式(4-106)可知，当 $\phi\rightarrow\pm 360°$ 时，$\tan(\phi/4)\rightarrow\pm\infty$，即出现了奇异。但旋转角为 $[-180°,180°)$ 的等效旋转向量即可表示所有旋转情况。为此设置避免奇异的等效旋转算法为

$$\phi=\begin{cases}\phi_0 & -\phi_{\mathrm{T}}<\phi_0<\phi_{\mathrm{T}}\\ \phi_0-2\pi & \phi_0>\phi_{\mathrm{T}}\\ \phi_0+2\pi & \phi_0<-\phi_{\mathrm{T}}\end{cases} \tag{4-108}$$

式中：ϕ_{T} 为转角调整阈值，取值范围为 $[180°,360°)$ 中的任意值。但为了减少触发阈值调整的次数，应尽量增大 ϕ_{T} 取值。设待调整的姿态 MRP 为 $\boldsymbol{\sigma}_0$，采用上述等效旋转算法调整后的 σ 表示为

$$\begin{aligned}\boldsymbol{\sigma}&=[\cos\beta_1 \quad \cos\beta_2 \quad \cos\beta_3]^{\mathrm{T}}\tan\left[\frac{(\phi_0 \ \pm 2\pi)}{4}\right]\\&=-[\cos\beta_1 \quad \cos\beta_2 \quad \cos\beta_3]^{\mathrm{T}}\cot\left(\frac{\phi_0}{4}\right)\\&=-[\cos\beta_1 \quad \cos\beta_2 \quad \cos\beta_3]^{\mathrm{T}}\frac{\tan\left(\frac{\phi_0}{4}\right)}{\tan^2\left(\frac{\phi_0}{4}\right)}\\&=-\frac{\boldsymbol{\sigma}_0}{|\boldsymbol{\sigma}_0|^2}\end{aligned} \tag{4-109}$$

式(4-107)和式(4-109)构成了避免奇异的完整运动学方程，即用式(4-107)进行姿态参数 $\boldsymbol{\sigma}$ 的解算，并用式(4-109)进行等效旋转，即当旋转角越过调整阈值 ϕ_{T} 时进行调整以避免 $\boldsymbol{\sigma}$ 陷入奇异。

式(4-107)描述了主航天器在惯性坐标系下的姿态运动,称为绝对姿态描述,可用参数对 $(\boldsymbol{\sigma},\boldsymbol{\omega})$ 确定。设描述视线坐标系 S_s 惯性姿态的参数对为 $(\boldsymbol{\sigma}_{\mathrm{d}},\boldsymbol{\omega}_{\mathrm{d}})$,它同时也表示了本体坐标系 S_b 的一种期望运动;描述本体系 S_b 相对于视线坐标系 S_s 姿态的参数对为 $(\delta\boldsymbol{\sigma},\delta\boldsymbol{\omega})$ 。这3对参数之间的关系如图4-16所示。

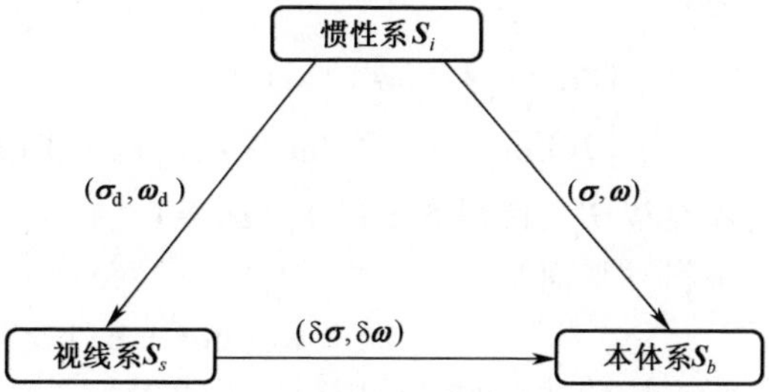

图 4-16　各坐标系相对姿态描述参数关系

图4-16的数学描述为

$$\delta\boldsymbol{\sigma}=\boldsymbol{\sigma}\otimes\boldsymbol{\sigma}_{\mathrm{d}}^{-1}$$

$$=\frac{[(\boldsymbol{\sigma}^{\mathrm{T}}\boldsymbol{\sigma}-1)\boldsymbol{\sigma}_{\mathrm{d}}+(1-\boldsymbol{\sigma}_{\mathrm{d}}^{\mathrm{T}}\boldsymbol{\sigma}_{\mathrm{d}})\boldsymbol{\sigma}-2(\boldsymbol{\sigma}^{\times})\boldsymbol{\sigma}]}{[1+(\boldsymbol{\sigma}_{\mathrm{d}}^{\mathrm{T}}\boldsymbol{\sigma}_{\mathrm{d}})(\boldsymbol{\sigma}^{\mathrm{T}}\boldsymbol{\sigma})+2\boldsymbol{\sigma}_{\mathrm{d}}^{\mathrm{T}}\boldsymbol{\sigma}_{\mathrm{d}}]} \tag{4-110}$$

$$\delta\boldsymbol{\omega}=\boldsymbol{\omega}-\boldsymbol{L}_{bs}\boldsymbol{\omega}_{\mathrm{d}} \tag{4-111}$$

式中: $\boldsymbol{L}_{bs}$ 为视线坐标系 $\boldsymbol{S}_s$ 到本体坐标系 $\boldsymbol{S}_b$ 的坐标转换矩阵,且式(4-110)、式(4-111)两式满足

$$\delta\dot{\boldsymbol{\sigma}}=[\boldsymbol{M}(\delta\boldsymbol{\sigma})]\delta\boldsymbol{\omega} \tag{4-112}$$

至于视线坐标系 $\boldsymbol{S}_s$ 的惯性角速度 $\boldsymbol{\omega}_{\mathrm{d}}$,则是由主航天器和目标航天器的轨道参数决定的,其运动学同样满足

$$\dot{\boldsymbol{\sigma}}_{\mathrm{d}}=\boldsymbol{M}(\boldsymbol{\sigma}_{\mathrm{d}})\boldsymbol{\omega}_{\mathrm{d}} \tag{4-113}$$

4.6　超近距离视线指向跟踪控制

本节基于4.5.2节建立的视线指向跟踪相对姿态描述方法,用滑模控制算法设计实现对应姿态运动的控制策略。

控制问题描述:假设主航天器上的跟踪载荷与星体固连安装,则不妨设本体坐标系 S_b 对视线坐标系 S_s 实现跟踪时,主航天器对目标航天器的姿态指向跟踪就能同步实现。

将式(4-111)对时间求导,可得

$$\delta\dot{\boldsymbol{\omega}}=\dot{\boldsymbol{\omega}}-\dot{\boldsymbol{L}}_{bs}\boldsymbol{\omega}_{\mathrm{d}}-\boldsymbol{L}_{bs}\dot{\boldsymbol{\omega}}_{\mathrm{d}}=\dot{\boldsymbol{\omega}}-(\delta\boldsymbol{\omega}^{\times})^{\mathrm{T}}\boldsymbol{L}_{bs}\boldsymbol{\omega}_{\mathrm{d}}-\boldsymbol{L}_{bs}\dot{\boldsymbol{\omega}}_{\mathrm{d}} \tag{4-114}$$

并代入刚体航天器姿态动力学方程式,可得

$$\boldsymbol{J}(\delta\dot{\boldsymbol{\omega}}) = -\boldsymbol{\omega}^{\times}\boldsymbol{J}\boldsymbol{\omega} - \boldsymbol{J}\boldsymbol{L}_{bs}\dot{\boldsymbol{\omega}}_{\mathrm{d}} - \boldsymbol{J}(\delta\boldsymbol{\omega}^{\times})^{\mathrm{T}}\boldsymbol{L}_{bs}\boldsymbol{\omega}_{\mathrm{d}} + \boldsymbol{T}_{\mathrm{c}} \tag{4-115}$$

据此,姿态控制问题可以描述为:对于式(4-112)、式(4-115)确定的动态系统,即

$$\begin{cases}\delta\dot{\boldsymbol{\sigma}} = [\boldsymbol{M}(\delta\boldsymbol{\sigma})]\delta\boldsymbol{\omega} \\ \boldsymbol{J}(\delta\dot{\boldsymbol{\omega}}) = -\boldsymbol{\omega}^{\times}\boldsymbol{J}\boldsymbol{\omega} - \boldsymbol{J}\boldsymbol{L}_{bs}\dot{\boldsymbol{\omega}}_{\mathrm{d}} - \boldsymbol{J}(\delta\boldsymbol{\omega}^{\times})^{\mathrm{T}}\boldsymbol{L}_{bs}\boldsymbol{\omega}_{\mathrm{d}} + \boldsymbol{T}_{\mathrm{c}}\end{cases} \tag{4-116}$$

设计控制律 $\boldsymbol{T}_{\mathrm{c}}$,使得 $\delta\boldsymbol{\omega}\to 0$、$\delta\boldsymbol{\sigma}\to 0$。

取滑动平面为

$$\boldsymbol{s} = \delta\boldsymbol{\omega} + \boldsymbol{K}(\delta\boldsymbol{\sigma}) \tag{4-117}$$

设到达滑动面的运动控制趋近律为

$$\dot{\boldsymbol{s}} = -\boldsymbol{\varepsilon}\,\mathrm{sign}(\boldsymbol{s}) \tag{4-118}$$

式中:$\varepsilon = \mathrm{diag}\{\varepsilon_1 \quad \varepsilon_2 \quad \varepsilon_3\}$,$\varepsilon_i$ 是正数,$\mathrm{sign}(\boldsymbol{s}) = [\mathrm{sign}(s_1) \quad \mathrm{sign}(s_2) \quad \mathrm{sign}(s_3)]^{\mathrm{T}}$

对式(4-117)求时间的导数,并代入式(4-116)可得

$$\begin{aligned}\boldsymbol{J}\dot{\boldsymbol{s}} &= \boldsymbol{J}\delta\dot{\boldsymbol{\omega}} + \boldsymbol{J}\boldsymbol{K}(\delta\dot{\boldsymbol{\sigma}}) \\ &= -\boldsymbol{\omega}^{\times}\boldsymbol{J}\boldsymbol{\omega} - \boldsymbol{J}\boldsymbol{L}_{bs}\dot{\boldsymbol{\omega}}_{\mathrm{d}} - \boldsymbol{J}(\delta\boldsymbol{\omega}^{\times})^{\mathrm{T}}\boldsymbol{L}_{bs}\boldsymbol{\omega}_{\mathrm{d}} + \boldsymbol{T}_{\mathrm{c}} + \boldsymbol{J}\boldsymbol{K}[\boldsymbol{M}(\delta\boldsymbol{\sigma})]\delta\boldsymbol{\omega}\end{aligned} \tag{4-119}$$

代入式(4-118)得

$$\boldsymbol{T}_{\mathrm{c}} = \boldsymbol{\omega}^{\times}\boldsymbol{J}\boldsymbol{\omega} + \boldsymbol{J}\boldsymbol{L}_{bs}\dot{\boldsymbol{\omega}}_{\mathrm{d}} + \boldsymbol{J}(\delta\boldsymbol{\omega}^{\times})^{\mathrm{T}}\boldsymbol{L}_{bs}\boldsymbol{\omega}_{\mathrm{d}} - \boldsymbol{J}\boldsymbol{K}[\boldsymbol{M}(\delta\boldsymbol{\sigma})]\delta\boldsymbol{\omega} - \boldsymbol{J}\boldsymbol{\varepsilon}\,\mathrm{sign}(\boldsymbol{s}) \tag{4-120}$$

式(4-120)中采用了符号函数,符号函数的存在使得 $\boldsymbol{T}_{\mathrm{c}}$ 不连续,在稳态时会有抖振存在。为了减小稳态时的抖振,用双曲正切函数 $\mathrm{th}(\boldsymbol{s}/p^2)$ 代替符号函数 $\mathrm{sign}(\boldsymbol{s})$,即用平滑函数代替不连续函数,其中 p 为转移因子。为了保证函数 $\mathrm{th}(\boldsymbol{s}/p^2)$ 接近 $\mathrm{sign}(\boldsymbol{s})$ 并有较高的动态性能,p 应取较小值;为了有效消除抖振,p 应取较大值。因此,p 值的选取应该综合考虑后加以确定。基于此的控制律为

$$\boldsymbol{T}_{\mathrm{c}} = \boldsymbol{\omega}^{\times}\boldsymbol{J}\boldsymbol{\omega} + \boldsymbol{J}\boldsymbol{L}_{bs}\dot{\boldsymbol{\omega}}_{\mathrm{d}} + \boldsymbol{J}(\delta\boldsymbol{\omega}^{\times})^{\mathrm{T}}\boldsymbol{L}_{bs}\boldsymbol{\omega}_{\mathrm{d}} - \boldsymbol{J}\boldsymbol{K}[\boldsymbol{M}(\delta\boldsymbol{\sigma})]\delta\boldsymbol{\omega} - \boldsymbol{J}\boldsymbol{\varepsilon}\cdot\mathrm{th}\left(\frac{\boldsymbol{s}}{p^2}\right) \tag{4-121}$$

滑动面内的保持控制律为

$$\begin{cases}\dot{\boldsymbol{s}} = 0\ ;\boldsymbol{s} = 0 \\ \boldsymbol{T}_{\mathrm{c}} = \boldsymbol{\omega}^{\times}\boldsymbol{J}\boldsymbol{\omega} + \boldsymbol{J}\boldsymbol{L}_{bs}\dot{\boldsymbol{\omega}}_{\mathrm{d}} + \boldsymbol{J}(\delta\boldsymbol{\omega}^{\times})^{\mathrm{T}}\boldsymbol{L}_{bs}\,\omega_{\mathrm{d}} - \boldsymbol{J}\boldsymbol{K}[\boldsymbol{M}(\delta\boldsymbol{\sigma})]\delta\boldsymbol{\omega}\end{cases} \tag{4-122}$$

因此可见,此控制律也被包含在式(4-121)控制律中。

第5章 超近距离相对运动一体化控制技术

5.1 概　　述

在轨道服务与操作技术研究的最终目标就是要解决超近距离相对运动一体化控制技术，为实现在轨服务与操作提供技术支撑[39]。

对目标航天器进行超近距离在轨服务与操作时，航天器不能简单地保持对地稳定状态，而是需要根据测量得到的相对状态信息，对目标的特定部位进行姿态跟踪，同时轨道控制继续进行，保证相对位置的保持或逼近。由于在超近距离目标姿态的变化会造成相对状态的改变，因此两星的相对轨道和相对姿态运动互相耦合，动力学呈现较强的非线性[40-42]，需要通过对相对姿态、相对轨道的动力学建模，分析两者之间的耦合性，采取相对运动一体化控制方法，完成对特定部位的跟踪[43-45]，为最后的对接或抓捕创造条件。

本章将围绕航天器超近距离相对运动一体化控制展开论述，特别是针对失效旋转目标的超近距离接近停靠控制，涉及的关键问题包括相对动力学建模、交会对接轨迹设计和相对运动一体化控制等。

5.2 相对动力学建模

相对动力学建模与分析是研究航天器超近距离相对运动的理论基础，相对运动模型的建立分为相对轨道动力学和相对姿态动力学两方面，分别采用相对位置、相对速度和相对姿态角、相对姿态角速度作为自变量，经过一些近似简化之后得到形式相对简单的动力学方程，在此基础上进行姿态轨道控制律的设计。

5.2.1 坐标系定义

本章主要用到以下几个坐标系。

(1) J2000.0 地心惯性坐标系 $o_i x_i y_i z_i$。原点在地心，x_i 轴沿地球赤道平面与黄道平面的交线，指向春分点，z_i 轴与地球自旋轴重合指向地球北极，y_i 轴与 x_i、z_i 轴形成正交右手坐标系。

(2) 航天器第一轨道坐标系。原点在航天器质心，x 轴沿径向背离地心，y 轴在轨道面内垂直于 x 轴指向前方，z 轴与 x、y 轴构成右手坐标系。对于主动星和目标星，分别有主动星第一轨道坐标系 $o_c x_c y_c z_c$ 和目标星第一轨道坐标系 $o_t x_t y_t z_t$。

(3) 航天器本体坐标系。原点在航天器质心，x、y、z 轴与本体固连，x 轴与体纵轴重合指向前；z 轴指向航天器对地面；y 轴与 x、z 轴构成正交右手坐标系。对于主动星和目标星，分别有主动星本体坐标系 $o_c x_{cb} y_{cb} z_{cb}$ 和目标星本体坐标系 $O_t x_{tb} y_{tb} z_{tb}$。

5.2.2 相对姿态动力学建模

姿态动力学描述航天器在控制力矩和各种干扰力矩作用下，围绕其质心的运动规律。姿态动力学与姿态控制有着极为密切的关系，它提供被控对象的数学模型，直接影响控制系统的设计及其性能。

5.2.2.1 传统姿态运动动力学

航天器刚体动力学方程描述为

$$\boldsymbol{I}\dot{\boldsymbol{\omega}} + \boldsymbol{\omega} \times \boldsymbol{I}\boldsymbol{\omega} = \boldsymbol{T}_{\mathrm{d}} + \boldsymbol{T}_{\mathrm{c}} - \boldsymbol{\omega} \times \boldsymbol{h}_{\omega} \tag{5-1}$$

式中：$\boldsymbol{\omega}$ 为航天器本体相对惯性空间的角速度向量；$\boldsymbol{I}$ 为航天器的转动惯量矩阵；$\boldsymbol{h}_{\omega}$ 为航天器转动部件的角动量向量；$\boldsymbol{T}_{\mathrm{c}}$ 为控制力矩在本体坐标系的投影；$\boldsymbol{T}_{\mathrm{d}}$ 为干扰力矩在本体系的投影。

对于向量 $\boldsymbol{a} = [a_1, a_2, a_3]^{\mathrm{T}} \in R^3$，定义 $\boldsymbol{a}$ 对应的斜对称矩阵为

$$\boldsymbol{a}^{\times} = \begin{bmatrix} 0 & -a_3 & a_2 \\ a_3 & 0 & -a_1 \\ -a_2 & a_1 & 0 \end{bmatrix}$$

将式(5-1)两边各个量在航天器本体坐标系上投影,则有

$$\dot{\boldsymbol{\omega}} = \boldsymbol{I}^{-1}(\boldsymbol{T}_{\mathrm{d}} + \boldsymbol{T}_{\mathrm{c}} - \boldsymbol{\omega}^{\times} \boldsymbol{h}_{\omega} - \boldsymbol{\omega}^{\times} \boldsymbol{I}\boldsymbol{\omega}) \tag{5-2}$$

设 $\boldsymbol{Q}$ 是本体坐标系相对于基准坐标系的四元数,则四元数描述的航天器姿态运动学方程为

$$\dot{\boldsymbol{Q}} = \frac{1}{2}\boldsymbol{Q} \circ \boldsymbol{\Omega}^{b} = \frac{1}{2}\begin{bmatrix} q_0 & -q_1 & -q_2 & -q_3 \\ q_1 & q_0 & -q_3 & q_2 \\ q_2 & q_3 & q_0 & -q_1 \\ q_3 & -q_2 & q_1 & q_0 \end{bmatrix}\begin{bmatrix} 0 \\ \omega_x \\ \omega_y \\ \omega_z \end{bmatrix} \tag{5-3}$$

式中:$\boldsymbol{\omega} = (\omega_x \quad \omega_y \quad \omega_z)^{\mathrm{T}}$ 为航天器本体相对基准坐标系的角速度矢量。

5.2.2.2 相对姿态运动动力学

1. 相对姿态描述

航天器绕任意点都有 3 个转动自由度,必须使用 3 个独立变量才能确定航天器在空间的姿态。由于四元数模为 1 的规范化约束条件,此处采用相对四元数作为相对姿态的描述参数。目标星和主动星运动学方程分别为

$$\begin{cases} \dot{\boldsymbol{Q}}_{\mathrm{t}} = \dfrac{1}{2}\boldsymbol{Q}_{\mathrm{t}} \circ \boldsymbol{\Omega}_{\mathrm{t}}^{b} \\ \dot{\boldsymbol{Q}}_{\mathrm{c}} = \dfrac{1}{2}\boldsymbol{Q}_{\mathrm{c}} \circ \boldsymbol{\Omega}_{\mathrm{c}}^{b} \end{cases} \tag{5-4}$$

式中:$\boldsymbol{Q}_{\mathrm{t}}$ 和 $\boldsymbol{Q}_{\mathrm{c}}$ 分别为目标星和主动星本体系相对于惯性坐标系的姿态四元数;$\boldsymbol{\Omega}_{\mathrm{t}}^{b}$ 和 $\boldsymbol{\Omega}_{\mathrm{c}}^{b}$ 分别为目标星和主动星本体系相对于惯性坐标系的旋转角速度矢量的矢量四元数在本体坐标系下的表示。相对姿态四元数 $\boldsymbol{Q}_{\mathrm{r}}$ 定义为目标星相对于主动星本体坐标系的姿态四元数,有

$$\boldsymbol{Q}_{\mathrm{t}} = \boldsymbol{Q}_{\mathrm{c}} \circ \boldsymbol{Q}_{\mathrm{r}} \tag{5-5}$$

由此,有

$$\boldsymbol{Q}_{\mathrm{r}} = \boldsymbol{Q}_{\mathrm{c}}^{*} \circ \boldsymbol{Q}_{\mathrm{t}} \tag{5-6}$$

式中:$\boldsymbol{Q}_{\mathrm{c}}^{*}$ 为 $\boldsymbol{Q}_{\mathrm{c}}$ 的共轭四元数。

2. 相对姿态运动动力学

目标星和主动星的绝对姿态动力学方程分别为

$$\boldsymbol{I}_{\mathrm{t}}\dot{\boldsymbol{\omega}}_{\mathrm{t}} + [\boldsymbol{\omega}_{\mathrm{t}}^{\times}]\boldsymbol{I}_{\mathrm{t}}\boldsymbol{\omega}_{\mathrm{t}} = \boldsymbol{T}_{\mathrm{t}} + \boldsymbol{D}_{\mathrm{t}} \tag{5-7}$$

$$\boldsymbol{I}_{\mathrm{c}}\dot{\boldsymbol{\omega}}_{\mathrm{c}} + [\boldsymbol{\omega}_{\mathrm{c}}^{\times}]\boldsymbol{I}_{\mathrm{c}}\boldsymbol{\omega}_{\mathrm{c}} = \boldsymbol{T}_{\mathrm{c}} + \boldsymbol{D}_{\mathrm{c}} \tag{5-8}$$

式中:$\boldsymbol{\omega}_{\mathrm{t}}$、$\boldsymbol{\omega}_{\mathrm{c}}$ 为目标星、主动星相对惯性坐标系的旋转角速度在其本体坐标

系下的表示；$\boldsymbol{I}_t$、$\boldsymbol{I}_c$ 分别为目标星、主动星的转动惯量矩阵在其本体坐标系下的表示；$\boldsymbol{T}_t$、$\boldsymbol{T}_c$ 分别为作用于目标星与主动星的控制力矩；$\boldsymbol{D}_t$ 与 $\boldsymbol{D}_c$ 分别为目标星、主动星的外部干扰力矩。

为使相对姿态与绝对姿态的运动学方程形式一致，相对角速度定义为目标星本体相对于主动星本体的相对旋转角速度在主动星本体坐标系下的表示，有

$$\boldsymbol{\omega}_r = \boldsymbol{C}_{cb/tb}\boldsymbol{\omega}_t - \boldsymbol{\omega}_c \tag{5-9}$$

式中：$\boldsymbol{C}_{cb/tb}$ 为由目标星本体坐标系到主动星本体坐标系的转换矩阵。

对式(5-9)求导并以矩阵形式表示，有

$$\dot{\boldsymbol{\omega}}_r = \boldsymbol{C}_{cb/tb}\dot{\boldsymbol{\omega}}_t + \left[\frac{\mathrm{d}}{\mathrm{d}t}\boldsymbol{C}_{cb/tb}\right]\boldsymbol{\omega}_t - \dot{\boldsymbol{\omega}}_c \tag{5-10}$$

式中，$\dot{\boldsymbol{\omega}}_r = [\dot{\omega}_{r1}, \dot{\omega}_{r2}, \dot{\omega}_{r3}]^T$；$\dot{\boldsymbol{\omega}}_c = [\dot{\omega}_{c1}, \dot{\omega}_{c2}, \dot{\omega}_{c3}]^T$；$\left[\frac{\mathrm{d}}{\mathrm{d}t}\boldsymbol{C}_{cb/tb}\right] = -[\boldsymbol{\omega}_{ct}{}^{\times}]\boldsymbol{C}_{cb/tb} = [\boldsymbol{\omega}_r^{\times}]\boldsymbol{C}_{cb/tb}$，这里 $[\boldsymbol{\omega}_r^{\times}]$ 为矢积矩阵，故

$$\begin{aligned}\left[\frac{\mathrm{d}}{\mathrm{d}t}\boldsymbol{C}_{cb/tb}\right]\boldsymbol{\omega}_t &= [\boldsymbol{\omega}_r^{\times}]\boldsymbol{C}_{cb/tb}\boldsymbol{\omega}_t = [\boldsymbol{\omega}_r^{\times}](\boldsymbol{\omega}_t)_c = [\boldsymbol{\omega}_r^{\times}](\boldsymbol{\omega}_c + \boldsymbol{\omega}_r) \\ &= [\boldsymbol{\omega}_r^{\times}]\boldsymbol{\omega}_c\end{aligned} \tag{5-11}$$

从而，有

$$\begin{aligned}\dot{\boldsymbol{\omega}}_r &= \boldsymbol{C}_{cb/tb}\dot{\boldsymbol{\omega}}_t + [\boldsymbol{\omega}_r^{\times}]\boldsymbol{\omega}_c - \dot{\boldsymbol{\omega}}_c \\ &= \boldsymbol{C}_{cb/tb}{}^{-1}\dot{\boldsymbol{\omega}}_t + [\boldsymbol{\omega}_r^{\times}]\boldsymbol{\omega}_c - \boldsymbol{I}_c{}^{-1}(\boldsymbol{T}_c - [\boldsymbol{\omega}_c^{\times}]\boldsymbol{I}_c\boldsymbol{\omega}_c + \boldsymbol{D}_c)\end{aligned} \tag{5-12}$$

因此，相对姿态动力学方程的矩阵形式为

$$\boldsymbol{I}_c\dot{\boldsymbol{\omega}}_r - \boldsymbol{I}_c\boldsymbol{C}_{cb/tb}{}^{-1}\dot{\boldsymbol{\omega}}_t - \boldsymbol{I}_c[\boldsymbol{\omega}_r^{\times}]\boldsymbol{\omega}_c - [\boldsymbol{\omega}_c^{\times}]\boldsymbol{I}_c\boldsymbol{\omega}_c = -\boldsymbol{T}_c + \boldsymbol{D}_c \tag{5-13}$$

由式(5-13)可见，相对姿态运动可通过 $\boldsymbol{T}_c$ 加以控制。

5.2.3 相对轨道动力学建模

5.2.3.1 传统轨道动力学

轨道动力学描述航天器在控制力和各种摄动力作用下质心的运动规律。轨道动力学的一般方程为

$$\frac{d^2\boldsymbol{r}}{dt^2} = -\frac{\mu}{r^3}\boldsymbol{r} + \boldsymbol{u} + \boldsymbol{d} \tag{5-14}$$

式中：$-\frac{\mu}{r^3}\boldsymbol{r}$ 为中心引力加速度；$\boldsymbol{u}$ 为控制加速度；$\boldsymbol{d}$ 摄动加速度。

5.2.3.2 相对轨道动力学

相对轨道动力学建模是相对轨道控制系统设计的基础，对于空间交会对接和在轨服务等短期任务，可以采用简化的相对动力学模型，需要重点解决任务轨迹设计与相对运动控制问题。下面给出相对轨道动力学方程推导的过程。

在地心惯性坐标系下，主动航天器的绝对轨道动力学方程可描述为

$$\frac{d^2\boldsymbol{r}_c}{dt^2} = -\frac{\mu}{\|\boldsymbol{r}_c\|^3}\boldsymbol{r}_c + \boldsymbol{u}_c + \boldsymbol{d}_c \tag{5-15}$$

式中：$\boldsymbol{r}_c$ 为主动星地心距矢量；$\boldsymbol{u}_c$ 为施加在主动星上的控制加速度矢量；$\boldsymbol{d}_c$ 为主动星的摄动加速度；μ 为地球引力常数。

在地心惯性坐标系下，目标航天器的绝对轨道动力学方程可描述为

$$\frac{d^2\boldsymbol{r}_t}{dt^2} = -\frac{\mu}{\|\boldsymbol{r}_t\|^3}\boldsymbol{r}_t + \boldsymbol{u}_t + \boldsymbol{d}_t \tag{5-16}$$

式中：$\boldsymbol{r}_t$ 为目标航天器地心距矢量；$\boldsymbol{u}_t$ 为施加在目标航天器上的控制加速度矢量；$\boldsymbol{d}_t$ 为目标航天器的摄动加速度。

将式(5-15)与式(5-16)相减，并令 $\boldsymbol{r}_c - \boldsymbol{r}_t = \boldsymbol{r}_{ct} = \boldsymbol{l} + \boldsymbol{\rho}$，得到精确的相对动力学方程式为

$$\frac{d^2(\boldsymbol{l}+\boldsymbol{\rho})}{dt^2} = -\frac{\mu}{\|\boldsymbol{r}_c\|^3}\boldsymbol{r}_c + \frac{\mu}{\|\boldsymbol{r}_t\|^3}\boldsymbol{r}_t + \boldsymbol{u}_c - \boldsymbol{u}_t + \boldsymbol{d}_c - \boldsymbol{d}_t \tag{5-17}$$

式中：$\boldsymbol{l}$ 为目标航天器到控制目标点的位置矢量，可以根据最终逼近段的要求与约束条件进行路径规划；$\boldsymbol{\rho}$ 为控制目标点到主动航天器的相对位置矢量。

根据在活动坐标系中矢量的导数规则，将式(5-17)在目标航天器第一轨道系下投影，得到

$$\begin{aligned}&(\ddot{\boldsymbol{l}})_t + (\ddot{\boldsymbol{\rho}})_t + 2(\boldsymbol{\omega}_t)_t \times (\dot{\boldsymbol{l}} + \dot{\boldsymbol{\rho}})_t + (\dot{\boldsymbol{\omega}}_t)_t \times (\boldsymbol{l}+\boldsymbol{\rho})_t + (\boldsymbol{\omega}_t)_t \times (\boldsymbol{\omega}_t)_t \times \\ &(\boldsymbol{l}+\boldsymbol{\rho})_t = -\frac{\mu}{\|\boldsymbol{r}_c\|^3}(\boldsymbol{r}_c)_t + \frac{\mu}{\|\boldsymbol{r}_t\|^3}(\boldsymbol{r}_t)_t + (\boldsymbol{u}_c)_t - (\boldsymbol{u}_t)_t + (\boldsymbol{d}_c)_t - (\boldsymbol{d}_t)_t\end{aligned} \tag{5-18}$$

式中：$(\boldsymbol{\omega})_t$ 和 $(\dot{\boldsymbol{\omega}})_t$ 为目标航天器轨道坐标系的绝对角速度和角加速度，在目标航天器轨道坐标系下的投影为

$$(\boldsymbol{\omega})_t = \begin{bmatrix} 0 & -\dot{\theta}_t & 0 \end{bmatrix}^T \tag{5-19}$$

$$(\dot{\boldsymbol{\omega}})_t = \begin{bmatrix} 0 & -\ddot{\theta}_t & 0 \end{bmatrix}^T \tag{5-20}$$

式中：θ_t 为目标航天器的真近点角，即

$$\dot{\theta}_t = \sqrt{\frac{\mu}{p_t^3}}\,(1 + e_t\cos\theta_t)^2 \tag{5-21}$$

$$r_t = \frac{p_t}{1 + e_t\cos\theta_t} \tag{5-22}$$

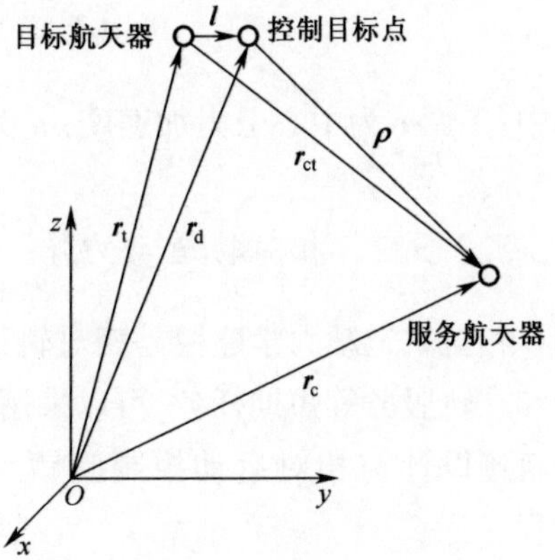

图 5-1 目标航天器、控制目标点与主动航天器的向量关系

将式(5-19)~式(5-22)代入式(5-18)，得到

$$(\ddot{\boldsymbol{l}})_t + (\ddot{\boldsymbol{\rho}})_t + 2\begin{bmatrix} 0 & 0 & -\dot{\theta}_t \\ 0 & 0 & 0 \\ \dot{\theta}_t & 0 & 0 \end{bmatrix}(\dot{\boldsymbol{l}} + \dot{\boldsymbol{\rho}})_t + \begin{bmatrix} -\dot{\theta}_t^2 & 0 & -\ddot{\theta}_t \\ 0 & 0 & 0 \\ \ddot{\theta}_t & 0 & -\dot{\theta}_t^2 \end{bmatrix}(\boldsymbol{l} + \boldsymbol{\rho})_t =$$
$$-\frac{\mu}{\|\boldsymbol{r}_c\|^3}(\boldsymbol{r}_c)_t + \frac{\mu}{\|\boldsymbol{r}_t\|^3}(\boldsymbol{r}_t)_t + (\boldsymbol{u}_c)_t - (\boldsymbol{u}_t)_t + (\boldsymbol{d}_c)_t - (\boldsymbol{d}_t)_t \tag{5-23}$$

令

$$\boldsymbol{u}_g = -\frac{\mu}{\|\boldsymbol{r}_c\|^3}(\boldsymbol{r}_c)_t + \frac{\mu}{\|\boldsymbol{r}_t\|^3}(\boldsymbol{r}_t)_t \tag{5-24}$$

$$(\boldsymbol{u}_1)_t = (\ddot{\boldsymbol{l}})_t + 2\begin{bmatrix} 0 & 0 & -\dot{\theta}_t \\ 0 & 0 & 0 \\ \dot{\theta}_t & 0 & 0 \end{bmatrix}(\dot{\boldsymbol{l}})_t + \begin{bmatrix} -\dot{\theta}_t^2 & 0 & -\ddot{\theta}_t \\ 0 & 0 & 0 \\ \ddot{\theta}_t & 0 & -\dot{\theta}_t^2 \end{bmatrix}(\boldsymbol{l})_t \tag{5-25}$$

因此，完整的相对轨道动力学方程为

$$(\ddot{\boldsymbol{\rho}})_t + 2\begin{bmatrix} 0 & 0 & -\dot{\theta}_t \\ 0 & 0 & 0 \\ \dot{\theta}_t & 0 & 0 \end{bmatrix}(\dot{\boldsymbol{\rho}})_t + \begin{bmatrix} -\dot{\theta}_t^2 & 0 & -\ddot{\theta}_t \\ 0 & 0 & 0 \\ \ddot{\theta}_t & 0 & -\dot{\theta}_t^2 \end{bmatrix}(\boldsymbol{\rho})_t =$$

$$\boldsymbol{u}_g - (\boldsymbol{u}_l)_t + (\boldsymbol{u}_c)_t - (\boldsymbol{u}_t)_t + (\boldsymbol{d}_c)_t - (\boldsymbol{d}_t)_t \tag{5-26}$$

对于主动航天器和目标航天器超近距离的相对运动,相对位置矢量$\boldsymbol{\rho}$是小量,对$\boldsymbol{u}_g$项通过取一阶近似(线性化)进行简化。由$(\boldsymbol{\rho})_t = [x \quad y \quad z]^T$、$(\boldsymbol{r}_t)_t = [0 \quad 0 \quad -r_t]^T$、$(\boldsymbol{r}_c)_t = [x \quad y \quad z - r_t]^T$,将$\boldsymbol{u}_g$项改写为分量形式,即

$$\begin{aligned} \boldsymbol{u}_g &= \frac{\mu}{r_t^3}\left[(\boldsymbol{r}_t)_t - \frac{r_t^3}{r_c^3}(\boldsymbol{r}_c)_t\right] \\ &= \frac{\mu}{r_t^3}\left[(\boldsymbol{r}_t)_t - \left(1 - \frac{2z}{r_t} + \frac{\rho^2}{r_t^2}\right)^{-\frac{3}{2}}(\boldsymbol{r}_c)_t\right] \\ &\approx \frac{\mu}{r_t^3}\left[(\boldsymbol{r}_t)_t - \left(1 + \frac{3z}{r_t}\right)((\boldsymbol{r}_t)_t + (\boldsymbol{\rho})_t)\right] \\ &\approx -\frac{\mu}{r_t^3}\left[(\boldsymbol{\rho})_t) + \frac{3z}{r_t}(\boldsymbol{r}_t)_t\right] \end{aligned} \tag{5-27}$$

假设目标航天器轨道为近圆轨道,偏心率近似为0,即$\dot{\theta}_t = \sqrt{\dfrac{\mu}{r_t^3}} = n, \ddot{\theta}_t = 0$,且目标航天器不做机动,同时不考虑摄动力的影响,将式(5-27)代入式(5-26),可以得到基于路径规划的相对轨道动力学方程为

$$(\ddot{\boldsymbol{\rho}})_t + 2\begin{bmatrix} 0 & 0 & -n \\ 0 & 0 & 0 \\ n & 0 & 0 \end{bmatrix}(\dot{\boldsymbol{\rho}})_t + \begin{bmatrix} 0 & 0 & 0 \\ 0 & n^2 & 0 \\ 0 & 0 & -3n^2 \end{bmatrix}(\boldsymbol{\rho})_t = (\boldsymbol{u}_c)_t - (\boldsymbol{u}_l)_t \tag{5-28}$$

5.2.4 姿态轨道耦合性分析

相对运动一体化控制律需要确保精确相对位置跟踪和姿态同步,使得主动航天器的机械臂与目标位置的抓捕位置始终保持对准。尽管可以分开处理相对位置控制和姿态控制,但两者是耦合的,这是由同步问题的属性所决定的。其耦合主要体现在以下3个方面。

(1) 相对轨道动力学是建立在目标星轨道系下的,主动航天器推力器产生的推力在本体坐标系下的表示与自身姿态有关,这种耦合称为控制输出耦合。

由于主动航天器的推力器是沿着本体安装的,需将控制加速度转换到主动航天器本体坐标系下,便于控制卫星推力器执行。

$$(\ddot{\boldsymbol{\rho}})_{\mathrm{t}} + 2\begin{bmatrix} 0 & 0 & -n \\ 0 & 0 & 0 \\ n & 0 & 0 \end{bmatrix}(\dot{\boldsymbol{\rho}})_{\mathrm{t}} + \begin{bmatrix} 0 & 0 & 0 \\ 0 & n^2 & 0 \\ 0 & 0 & -3n^2 \end{bmatrix}(\boldsymbol{\rho})_{\mathrm{t}} = \boldsymbol{C}_{\mathrm{t}/cb}(\boldsymbol{u}_{\mathrm{c}})_{cb} - (\boldsymbol{u}_1)_{\mathrm{t}} \tag{5-29}$$

式中：$\boldsymbol{C}_{\mathrm{t}/cb}$ 为主动航天器本体系到目标航天器轨道坐标系的转换矩阵，说明相对运动控制的输出需要用到当前时刻的姿态信息，其具体有以下表达式，即

$$\boldsymbol{C}_{\mathrm{t}/cb} = \boldsymbol{C}_{\mathrm{t}/i}\boldsymbol{C}_{i/\mathrm{c}}\boldsymbol{C}_{\mathrm{c}/cb} \tag{5-30}$$

式中：$\boldsymbol{C}_{\mathrm{t}/i}$ 为惯性坐标系到目标航天器轨道系的转换矩阵；$\boldsymbol{C}_{i/\mathrm{c}}$ 为主动航天器轨道系到惯性坐标系的转换矩阵；$\boldsymbol{C}_{\mathrm{c}/cb}$ 为主动航天器本体坐标系到轨道坐标系的转换矩阵。

(2)相对位置和相对速度的跟踪指令即设计的逼近路径是随着目标航天器姿态的变化而变化的这种耦合是由控制指令产生的，称其为控制指令耦合。将式(5-29)进一步改写得到相对轨道动力学方程为

$$(\ddot{\boldsymbol{\rho}})_{\mathrm{t}} + 2\begin{bmatrix} 0 & 0 & -n \\ 0 & 0 & 0 \\ n & 0 & 0 \end{bmatrix}(\dot{\boldsymbol{\rho}})_{\mathrm{t}} + \begin{bmatrix} 0 & 0 & 0 \\ 0 & n^2 & 0 \\ 0 & 0 & -3n^2 \end{bmatrix}(\boldsymbol{\rho})_{\mathrm{t}} = \boldsymbol{C}_{\mathrm{t}/cb}(\boldsymbol{u}_{\mathrm{c}})_{cb} - \boldsymbol{C}_{\mathrm{t}/\mathrm{t}b}(\boldsymbol{u}_1)_{\mathrm{t}b} \tag{5-31}$$

式中 $\boldsymbol{C}_{\mathrm{t}/\mathrm{t}b}$ 具体有以下表达式，即

$$\boldsymbol{C}_{\mathrm{t}/\mathrm{tb}} = \boldsymbol{C}_{\mathrm{t}/i}\boldsymbol{C}_{i/\mathrm{c}}\boldsymbol{C}_{\mathrm{c}/\mathrm{cb}}\boldsymbol{C}_{\mathrm{cb}/\mathrm{tb}} \tag{5-32}$$

式中：$\boldsymbol{C}_{\mathrm{cb}/\mathrm{t}b}$ 为主动航天器相对目标航天器的姿态转换矩阵，可以由相对测量得到的目标航天器相对于主动航天器的姿态转换矩阵求逆得到。

(3)相对测量得到主动航天器本体坐标系下目标航天器相对主动航天器的位置、速度，需将其转换到目标星轨道坐标系下进行控制，这种转换与主动星自身姿态有关，这种耦合是由控制输入产生的，称为控制输入耦合，有

$$\begin{aligned} (\ddot{\boldsymbol{\rho}})_{\mathrm{t}} &= \boldsymbol{C}_{\mathrm{t}/cb}(\ddot{\boldsymbol{\rho}})_{cb} \\ (\dot{\boldsymbol{\rho}})_{\mathrm{t}} &= \boldsymbol{C}_{\mathrm{t}/cb}(\dot{\boldsymbol{\rho}})_{cb} \\ (\boldsymbol{\rho})_{\mathrm{t}} &= \boldsymbol{C}_{\mathrm{t}/cb}(\boldsymbol{\rho})_{cb} \end{aligned} \tag{5-33}$$

式中 $\boldsymbol{C}_{\mathrm{t}/cb}$ 同式 5-30。

5.3 交会对接轨迹设计

在对目标超近距离接近时，航天器之间极有可能发生碰撞，需结合目标的

构型、运动状态进行防撞策略设计,包括碰撞预测和碰撞规避[46]。

在超近距离接近过程中,可能导致发生碰撞的因素包括模型误差、测量误差、故障误差、目标复杂结构因素、目标旋转等运动状态因素等。本节将目标设定为图 5-2 所示的构型,主要针对目标结构因素和目标旋转运动状态因素对安全防撞策略设计与规避控制技术展开介绍。

(1) 目标复杂构型因素。高轨卫星具有构型复杂的特点,不仅包括常规的大尺寸太阳帆板,还包括远地点大推力发动机和高增益大尺寸天线,因此在对高轨目标进行超近距离绕飞时要综合考虑这些突出复杂结构的影响。

(2) 目标旋转等运动状态因素。大部分卫星在控制系统失效后便会在空间自由翻滚,随着能量耗散,最终稳定至绕本体最大惯量轴慢旋,其旋转轴指向与动量矩方向重合,星体在空间中保持惯性稳定,得到稳定的旋转运动状态。在空间近距离接近过程中,随着距离越来越近,目标将不能再被当作点质量模型,而需要当作分布质量模型处理;并且在面向非合作目标自主交会时需要考虑目标姿态翻滚造成对接口方位的变化,同步实现相对位置、速度的精确控制和相对姿态的实时跟踪。

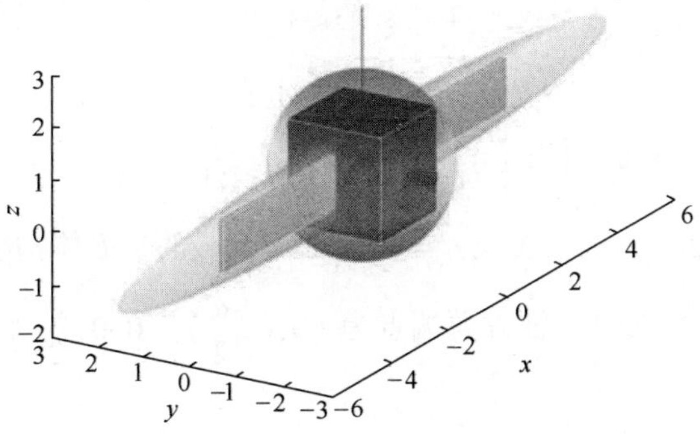

图 5-2　目标构型及其最小包络体

5.3.1　目标构型

针对姿态翻滚非合作目标近距离接近过程中的安全性问题,以某一个带有太阳帆、天线等附件的姿态翻滚航天器为研究对象展开研究。

目标构型尺寸设计见表 5-1。

表 5-1 目标构型尺寸设计 （单位:m）

本体	2×2×2 的立方体
太阳帆板	两个 4×0.1×1 的长方体
天线	长 2 的线段
发动机尾喷管	上底半径 0.073，下底半径 0.149，高 0.518 的圆台

在航天器安全区域的定义上，考虑到目标是一个带有太阳帆、天线等附件的卫星，其某一方向的尺寸要远大于其他两个方向，采用太阳帆的椭球包络体和中心体球形包络体组合的形式得到目标最小包络体：“球+椭球”模型，以描述目标的安全区域。两个包络体中心重合，包络体主轴坐标系与椭球主轴坐标系重合，且与目标星的本体系重合。

在目标本体坐标系下，本体的立方体包络球的数学模型为

$$\frac{x^2}{3\left(\frac{a}{2}\right)^2}+\frac{y^2}{3\left(\frac{a}{2}\right)^2}+\frac{z^2}{3\left(\frac{a}{2}\right)^2}=1 \tag{5-34}$$

式中：$a=2$ 为本体的立方体构型的边长。

太阳帆板的长方体包络椭球的数学模型为

$$\frac{x^2}{3\left(\frac{x_f}{2}\right)^2}+\frac{y^2}{3\left(\frac{y_f}{2}\right)^2}+\frac{z^2}{3\left(\frac{z_f}{2}\right)^2}=1 \tag{5-35}$$

式中：$x_f = 4 \times 2 + 2, y_f = 0.1, z_f = 1$，为太阳帆板的长方体构型的长、宽、高。

天线的数学模型为 z 轴方向端点为 $(0,0,\frac{a}{2})$、$(0,0,\frac{a}{2}+l)$ 的线段。其中 $l=2$。

尾喷管的圆台数学模型为 $-y$ 方向上，上底半径 0.073m，下底半径 0.149m，高 0.518m 的圆台，上底圆心 $(0,-\frac{a}{2},0)$，下底圆心 $(0,-\frac{a}{2}-h,0)$。其中 $h=0.518$。

5.3.2 安全区域约束

5.3.2.1 安全区和禁飞区设计

安全区域约束是为保证超近距离接近过程的安全性所设定的一个禁飞区

域,主动星不能进入该区域。典型的安全区域约束为围绕目标的球形区域,为有效避开星体上可能发生碰撞的部位(包括天线、喷管、太阳帆板等),本节设计了“球+椭球”模型,根据星体包络体模型设计禁飞区及碰撞约束条件。

在目标本体坐标系下,考虑“球+椭球”模型,在包络球区域,禁飞区为[47]

$$S_1 = \left\{ \boldsymbol{M} \mid \boldsymbol{r} \in \boldsymbol{M}, \frac{x^2}{3\left(\frac{a}{2}\right)^2} + \frac{y^2}{3\left(\frac{a}{2}\right)^2} + \frac{z^2}{3\left(\frac{a}{2}\right)^2} \leqslant 1 \right\} \tag{5-36}$$

在禁飞区 S_1 边界 ∂S_1,只有相对速度矢量指向禁飞区内才引起碰撞,表示成不等式的形式,即

$$\{ \dot{\boldsymbol{r}} \in \boldsymbol{R}^3 : \boldsymbol{v}_1^{\mathrm{T}} \dot{\boldsymbol{r}} < 0 \} \tag{5-37}$$

式中:$\boldsymbol{v}_1 = \left(\frac{x}{3(a/2)^2}, \frac{y}{3(a/2)^2}, \frac{z}{3(a/2)^2} \right)^{\mathrm{T}}$ 为指向禁飞区 S_1 法向向外的向量。

在包络椭球区域,禁飞区为

$$S_2 = \left\{ \boldsymbol{M} \mid \boldsymbol{r} \in \boldsymbol{M}, \frac{x^2}{3\left(\frac{x_{\mathrm{f}}}{2}\right)^2} + \frac{y^2}{3\left(\frac{y_{\mathrm{f}}}{2}\right)^2} + \frac{z^2}{3\left(\frac{z_{\mathrm{f}}}{2}\right)^2} \leqslant 1 \right\} \tag{5-38}$$

在禁飞区 S_2 边界 ∂S_2,只有相对速度矢量指向禁飞区内才引起碰撞,表示成不等式的形式,即

$$\{ \dot{\boldsymbol{r}} \in \boldsymbol{R}^3 : \boldsymbol{v}_2^{\mathrm{T}} \dot{\boldsymbol{r}} < 0 \} \tag{5-39}$$

式中:$\boldsymbol{v}_2 = \left(\frac{x}{3(x_{\mathrm{f}}/2)^2}, \frac{y}{3(y_{\mathrm{f}}/2)^2}, \frac{z}{3(z_{\mathrm{f}}/2)^2} \right)^{\mathrm{T}}$ 为指向禁飞区 S_2 法向向外的向量。

当 $-\frac{\sqrt{3}a}{2} \leqslant x \leqslant \frac{\sqrt{3}a}{2}$ 时,碰撞约束为 S_1;当 $x<-\frac{\sqrt{3}a}{2}$ 或 $x>\frac{\sqrt{3}a}{2}$ 时,碰撞约束为 S_2。

同时还要考虑天线碰撞约束条件,当 $\frac{\sqrt{3}a}{2} \leqslant z \leqslant \frac{a}{2}+l$ 时,碰撞约束为

$$\{ \boldsymbol{r} \in \boldsymbol{R}^3 : x^2 + y^2 = 0 \} \tag{5-40}$$

在接近过程中为了保证安全性,应使主动航天器全程保持在安全区域内;若出离该区域,则进行碰撞预警,逼近过程立即终止,并执行撤离机动。

5.3.2.2 动态走廊设计

以具体构型为例,目标 $-y$ 轴方向上的发动机尾喷管为一个上底半径

$r_1=0.073\text{m}$,下底半径 $r_2=0.149\text{m}$,高为 0.518m 的圆台。对接部位确定在尾喷管处,以尾喷管角度为约束条件,设计对接走廊,即圆台法向所形成的一个圆锥形空间区域(图 5-3)。由于目标姿态翻滚,对接走廊(对接轴)随目标姿态运动不断变换,实际上是一个动态的对接走廊。停靠阶段,主动星在对接走廊内逼近对接点,完成与目标停靠过程,同时保证两个航天器姿态同步。

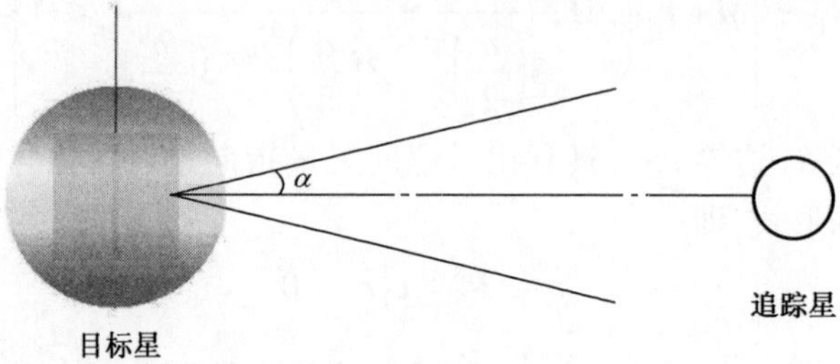

图 5-3　对接走廊示意图

对接走廊的角度为 $\alpha=\arctan\left(\dfrac{r_2-r_1}{h}\right)$,有 $\tan\alpha=\dfrac{r_2-r_1}{h}=\dfrac{r_1}{y_0}>\dfrac{\sqrt{x^2+y^2}}{y-(a/2-y_0)}$。则在目标本体坐标系下,对接走廊为

$$x^2+z^2<\left[\frac{r_2-r_2}{h}(y-a/2)+r_1\right]^2 \tag{5-41}$$

在停靠过程中,应使主动航天器全程保持在对接走廊内;若离开该区域,立即机动回到该区域内。

5.3.3　安全防撞路径规划

5.3.3.1　最优轨迹优化问题

包络体主轴坐标系与目标本体系重合,由于目标姿态翻滚,其对接轴的指向在惯性空间中是动态变化的,因而以目标本体系作为定坐标系,在该坐标系下规划安全防撞路径。

最优轨迹优化问题的构成要素有以下几个。

1. 轨迹约束

包括动力学约束、路径约束和端点约束。动力学约束即由前面得到的微分方程约束关系,端点约束即轨迹的起止点满足初始值和终端值要求,路径约束即位姿约束条件，主要包括以下几个。

(1)被动安全约束：坐标位置、速度满足几何约束。在本体系坐标下，若 $x<\frac{\sqrt{3}a}{2}$ 或 $x>\frac{\sqrt{3}a}{2}$，要求

$$h_1 = \frac{x^2}{3\left(\frac{x_f}{2}\right)^2} + \frac{y^2}{3\frac{y_f}{2}^2} + \frac{z^2}{3\left(\frac{z_f}{2}\right)^2} - 1 > 0$$

若 $h_1=0$，要求

$$\left(\frac{x}{3\left(\frac{x_f}{2}\right)^2}, \frac{y}{3\left(\frac{y_f}{2}\right)^2}, \frac{z}{3\left(\frac{z_f}{2}\right)^2}\right)(\dot{x} \quad \dot{y} \quad \dot{z})^{\mathrm{T}} > 0$$

若 $-\frac{\sqrt{3}a}{2} \leqslant x \leqslant \frac{\sqrt{3}a}{2}$，要求

$$h_2 = \frac{x^2}{3\left(\frac{a}{2}\right)^2} + \frac{y^2}{3\left(\frac{a}{2}\right)^2} + \frac{z^2}{3\left(\frac{a}{2}\right)^2} - 1 > 0$$

若 $h_2=0$，要求

$$\left(\frac{x}{3\left(\frac{a}{2}\right)^2}, \frac{y}{3\left(\frac{a}{2}\right)^2}, \frac{z}{3\left(\frac{a}{2}\right)^2}\right)(\dot{x} \quad \dot{y} \quad \dot{z})^{\mathrm{T}} > 0$$

若 $\frac{\sqrt{3}a}{2} \leqslant z \leqslant \frac{a}{2} + l$，要求 $x^2+y^2>0$。

以上为超近距离接近过程中的几何约束关系。

(2) 视线角约束：实时对准目标对接轴。主动星在机动过程中随着机动过程中相对位置的变化，$\boldsymbol{Q}_{\mathrm{t}}$、$\boldsymbol{\omega}_{\mathrm{t}}$、$\dot{\boldsymbol{\omega}}_{\mathrm{t}}$ 实时更新，并以此为姿态跟踪的参考值。

2. 性能指标

由于考虑的是超近距离下的逼近过程，应使接近轨迹尽量贴合星体的轮廓。主动星与目标包络体的距离 h 表示成

若 $x<-\frac{\sqrt{3}a}{2}$ 或 $x > \frac{\sqrt{3}a}{2}$，$h = \frac{x^2}{3\left(\frac{x_f}{2}\right)^2} + \frac{y^2}{3\left(\frac{x_f}{2}\right)^2} + \frac{z^2}{3\left(\frac{x_f}{2}\right)^2} - 1$。

若 $-\frac{\sqrt{3}a}{2} \leqslant x \leqslant \frac{\sqrt{3}a}{2}$，要求 $h = \frac{x^2}{3\left(\frac{a}{2}\right)^2} + \frac{y^2}{3\left(\frac{a}{2}\right)^2} + \frac{z^2}{3\left(\frac{a}{2}\right)^2} - 1$。

同时还要考虑燃料消耗等性能指标,优化函数为

$$J=\min\left(h+\frac{1}{2}\boldsymbol{u}^{\mathrm{T}}\boldsymbol{u}\right) \tag{5-42}$$

3. 寻优参数

优化的变量有 9 个,包括位置、速度和控制量($x,y,z,v_x,v_y,v_z,u_x,u_y,u_z$)。

通过上述对模型的处理,将最优轨迹规划问题就转化为一种求解有非线性约束的多目标优化问题,下面研究合理的优化算法以计算最优轨迹。

5.3.3.2 高斯伪谱法求解

1. 基于高斯伪谱近似的最优控制问题的描述

路径规划问题就是根据航天器当前的位姿,运用合适的数学参考模型规划出一条满足航天器动力学特性和其他约束条件的路径,以驱动航天器到达期望的位姿。因此,路径规划问题将转化为一个最优控制问题:根据星体包络体模型得到安全区域约束条件,期望生成一条燃料最优且最贴近包络体的路径。传统的非线性规划方法是将路径空间中若干个采样点的避碰约束条件作为非线性规划的约束条件进行优化求解。本书将采用基于高斯伪谱的最优控制数值计算方法,将连续优化控制问题转化为离散非线性规划问题进行求解。

高斯伪谱法(Gauss Pseudospectral Method GPM)是一种正交计算方法,它的配置点是勒让德-高斯(Legendre-Gauss,LG)点。这种方法将状态演化和控制规律通过用多项式参数化,微分方程用正交多项式近似。高斯伪谱法是一种基于谱方法的算法,它比其他方法具有更快的收敛速度。

一般最优控制问题都是寻找最优控制规律,使性能指标函数最小。Bolza形式最优控制问题可以表示为

$$\begin{cases}\min J=\Phi(\boldsymbol{x}(t_0),t_0,\boldsymbol{x}(t_\mathrm{f}),t_\mathrm{f})+\int_{t_0}^{t_\mathrm{f}}g(\boldsymbol{x}(t),\boldsymbol{u}(t),t)\,\mathrm{d}t\\ \text{s. t. } \dot{\boldsymbol{x}}=\boldsymbol{f}(\boldsymbol{x}(t),\boldsymbol{u}(t),t),t\in[t_0,t_\mathrm{f}]\\ \qquad\boldsymbol{\phi}(\boldsymbol{x}(t_0),t_0,\boldsymbol{x}(t_\mathrm{f}),t_\mathrm{f})=0\\ \qquad\boldsymbol{c}(\boldsymbol{x}(t),\boldsymbol{u}(t),t)\leqslant 0\end{cases} \tag{5-43}$$

式中:$\boldsymbol{x}\in\mathbf{R}^n$ 为状态变量;$\boldsymbol{u}\in\mathbf{R}^m$ 为控制变量;t 为实际任意时间;t_0 为实际初始时间;t_f 为实际终端实际。函数 Φ 和 g 为标量,$\boldsymbol{f}\in\mathbf{R}^n$、$\boldsymbol{\phi}\in\mathbf{R}^q$ 和 $\boldsymbol{c}\in\mathbf{R}^c$ 为向量函数。

为了处理方便,下面引入新的时间变量 $\tau\in[-1,1]$。定义

$$t = \frac{t_f - t_0}{2}\tau + \frac{t_f + t_0}{2} \tag{5-44}$$

则原最优控制问题就转变为

$$\begin{cases} \min J = \boldsymbol{\Phi}(\boldsymbol{x}(t_0), t_0, \boldsymbol{x}(t_f), t_f) + \dfrac{t_f - t_0}{2}\displaystyle\int_{-1}^{1} G(\boldsymbol{X}(\tau), \boldsymbol{U}(\tau), \tau; t_0, t_f) \mathrm{d}f \\ \text{s. t. } \dfrac{\mathrm{d}\boldsymbol{X}}{\mathrm{d}\tau} = \dfrac{t_f - t_0}{2}\boldsymbol{F}(\boldsymbol{X}(\tau), \boldsymbol{U}(\tau), \tau; t_0, t_f), \qquad t \in [t_0, t_f] \\ \quad \boldsymbol{\phi}(\boldsymbol{X}(-1), t_0, \boldsymbol{X}(1), t_f) = 0 \\ \quad \boldsymbol{C}(\boldsymbol{X}(\tau), \boldsymbol{U}(\tau), \tau; t_0, t_f) \leqslant 0 \end{cases} \tag{5-45}$$

其中

$$\boldsymbol{X}(\tau) = \boldsymbol{x}\left(\frac{t_f - t_0}{2}\tau + \frac{t_f + t_0}{2}\right)$$

$$\boldsymbol{U}(\tau) = \boldsymbol{u}\left(\frac{t_f + t_0}{2}\tau + \frac{t_f + t_0}{2}\right)$$

$$G(\boldsymbol{X}(\tau), \boldsymbol{U}(\tau), \tau; t_0, t_f) = g(\boldsymbol{x}\left(\frac{t_f - t_0}{2}\tau + \frac{t_f + t_0}{2}\right), \boldsymbol{u}\left(\frac{t_f - t_0}{2}\tau + \frac{t_f + t_0}{2}\right), \frac{t_f - t_0}{2}\tau + \frac{t_f + t_0}{2})$$

$$\boldsymbol{F}(\boldsymbol{X}(\tau), \boldsymbol{U}(\tau), \tau; t_0, t_f) = \boldsymbol{f}(\boldsymbol{x}\left(\frac{t_f - t_0}{2}\tau + \frac{t_f + t_0}{2}\right), \boldsymbol{u}\left(\frac{t_f - t_0}{2}\tau + \frac{t_f + t_0}{2}\right), \frac{t_f - t_0}{2}\tau + \frac{t_f + t_0}{2})$$

$$\boldsymbol{C}(\boldsymbol{X}(\tau), \boldsymbol{U}(\tau), \tau; t_0, t_f) = \boldsymbol{c}(\boldsymbol{x}\left(\frac{t_f - t_0}{2}\tau + \frac{t_f + t_0}{2}\right), \boldsymbol{u}\left(\frac{t_f - t_0}{2}\tau + \frac{t_f + t_0}{2}\right), \frac{t_f - t_0}{2}\tau + \frac{t_f + t_0}{2}) \tag{5-45}$$

对上述连续 Bolza 最优控制问题的直接方法是通过离散化将最优控制问题转化为非线性规划问题(NLP)。高斯伪谱法就是基于插值多项式近似逼近状态和控制轨迹。状态变量用一个 $N+1$ 次拉格朗日插值多项式 $L_i(\tau)$ $(i=0,1,\cdots,N)$ 逼近,即

$$\boldsymbol{X}(\tau) \approx \sum_{i=0}^{N} \boldsymbol{X}(\tau_i) L_i(\tau) \tag{5-46}$$

其中

$$L_i(\tau) = \prod_{j=0, j\neq i}^{N} \frac{\tau - \tau_j}{\tau_i - \tau_j}$$

控制变量用一个 $N+1$ 次拉格朗日插值多项式 $L_i^*(\tau)$ $(i=0,1,2,\cdots,N)$ 逼近,即

$$U(\tau) \approx \sum_{i=0}^{N} U(\tau_i) L_i(\tau)^* \tag{5-47}$$

其中

$$L_i^*(\tau) = \prod_{j=1, j\neq i}^{N} \frac{\tau - \tau_j}{\tau_i - \tau_j}$$

对状态方程求导得

$$\dot{X}(\tau) \approx \sum_{i=0}^{N} X(\tau_i) \dot{L}_i(\tau) \tag{5-48}$$

拉格朗日多项式在每个 LG 点的微分可以用一个微分近似矩阵 $D \in \mathbf{R}^{N\times(N+1)}$ 表示，微分近似矩阵的各部分可表示成

$$D_{ki} = \dot{L}_i(\tau_k) = \sum_{i=0}^{N} \frac{\prod_{j=1, j\neq i,l}^{N} \tau_k - \tau_j}{\prod_{j=1, j\neq i}^{N} \tau_i - \tau_j} \tag{5-49}$$

式中：$k=1,2,\cdots,N$；$i=1,2,\cdots,N$。通过微分近似矩阵将动态约束转换为代数约束，即

$$\sum_{i=0}^{N} D_{ki} X_i = \frac{t_f - t_0}{2} F(X_k, U_k, \tau_k; t_0, t_f) = 0 \quad k = 1,2,\cdots,N \tag{5-50}$$

这里 $X_k \equiv X(\tau_k) \in \mathbf{R}^n$，$U_k \equiv U(\tau_k) \in \mathbf{R}^m$。需要注意的是，动态约束只在 LG 点计算而不在边界点计算，在离散化中其他变量定义为

$$X_0 \equiv X(-1) \tag{5-51}$$

另外，X_f 是由 X_k 和 U_k 通过高斯求积分定义

$$X_f = X_0 + \frac{t_f + t_0}{2} \sum_{k=1}^{N} \omega_k F(X_k, U_k, \tau_k; t_0, t_f) \tag{5-52}$$

式中：ω_k 为高斯权。

通过高斯求积分近似代价函数得到

$$J = \Phi(X_0, t_0, X_f, t_f) + \frac{t_f - t_0}{2} \sum_{k=1}^{N} \omega_k G(X_k, U_k, \tau_k; t_0, t_f) \tag{5-53}$$

边界约束条件表示为

$$\Phi(X_0, t_0, X_f, t_f) = 0 \tag{5-54}$$

LG 点的路径约束为

$$C(X_k, U_k, \tau_k; t_0, t_f) \leqslant 0 \quad k = 1,2,\cdots,N \tag{5-55}$$

由此定义了一个 NLP 问题，它的解是连续 Bolza 问题的近似解。

2. 安全防撞路径规划形成的最优控制问题

在目标本体坐标系下,相对轨道动力学模型为

$$\begin{bmatrix}\dot{x}_1\\ \dot{x}_2\\ \dot{x}_3\\ \dot{x}_4\\ \dot{x}_5\\ \dot{x}_6\end{bmatrix}=\begin{bmatrix}\boldsymbol{0}_3 & \boldsymbol{I}_3\\ -\boldsymbol{\omega}_{tb}^{\times}\boldsymbol{\omega}_{tb}^{\times}-\dfrac{\mu}{|r_t|^3}\begin{bmatrix}1-3a_{13}^2 & -3a_{13}a_{23} & -3a_{13}a_{33}\\ -3a_{13}a_{23} & 1-3a_{23}^2 & -3a_{23}a_{33}\\ -3a_{13}a_{33} & -3a_{23}a_{33} & 1-3a_{33}^2\end{bmatrix} & -2\boldsymbol{\omega}_{tb}^{\times}\end{bmatrix}\begin{bmatrix}x_1\\ x_2\\ x_3\\ x_4\\ x_5\\ x_6\end{bmatrix}+\begin{bmatrix}\boldsymbol{0}_3\\ \dfrac{\boldsymbol{I}_3}{m_c}\end{bmatrix}\begin{bmatrix}u_1\\ u_2\\ u_3\end{bmatrix}$$

(5-56)

其中

$$x_1=x,x_2=y,x_3=z,x_4=\dot{x},x_5=\dot{y},x_6=\dot{z}$$

$$\boldsymbol{C}_{t_b}^{0}=\boldsymbol{C}_{tb}^{i}\boldsymbol{C}_{o}^{iT}=\begin{bmatrix}a_{11} & a_{12} & a_{13}\\ a_{21} & a_{22} & a_{23}\\ a_{31} & a_{32} & a_{33}\end{bmatrix}$$

以两个航天器相对距离最短和消耗能量最少相结合为性能指标,则有

$$\min f(x)=\int_{t_0}^{t_f}\left[h+\frac{1}{2}(u_1^2+u_2^2+u_3^2)\right]\mathrm{d}t \tag{5-57}$$

其中

如果 $x_1<-\dfrac{\sqrt{3}a}{2}\parallel x_1>\dfrac{\sqrt{3}a}{2},h=\dfrac{x_1^2}{3\left(\dfrac{x_f}{2}\right)^2}+\dfrac{x_2^2}{3\left(\dfrac{x_f}{2}\right)^2}+\dfrac{x_3^2}{3\left(\dfrac{x_f}{2}\right)^2}-1$

否则 $$h=\frac{x_1^2}{3\left(\dfrac{a}{2}\right)^2}+\frac{x_2^2}{3\left(\dfrac{a}{2}\right)^2}+\frac{x_3^2}{3\left(\dfrac{a}{2}\right)^2}-1$$

初始状态 $\boldsymbol{x}(t_0)=(x_{10},x_{20},x_{30},x_{40},x_{50},x_{60},u_{10},u_{20},u_{30})$。

终止状态 $\boldsymbol{x}(t_f)=(x_{1f},x_{2f},x_{3f},x_{4f},x_{5f},x_{6f},u_{1f},u_{2f},u_{3f})$。

状态变量不等式约束,即障碍约束 $c_i(\boldsymbol{x})\geqslant 0$。

根据前面对安全区的定义,约束函数可用下式表示,即

如果 $x_1<-\dfrac{\sqrt{3}a}{2}\parallel x_1>\dfrac{\sqrt{3}a}{2}$

$$h=\frac{x_1^2}{3\left(\dfrac{x_f}{2}\right)^2}+\frac{x_2^2}{3\left(\dfrac{x_f}{2}\right)^2}+\frac{x_3^2}{3\left(\dfrac{x_f}{2}\right)^2}-1>0,c_i(x)=-h$$

或 $h=0,k=\left(\frac{x_1}{3\left(\frac{x_f}{2}\right)^2}+\frac{x_2}{3\left(\frac{y_f}{2}\right)^2}+\frac{x_3}{3\left(\frac{z_f}{2}\right)^2}\right)(x_4 \quad x_5 \quad x_6)^{\mathrm{T}}>0,c_i(\boldsymbol{x})=-k$

否则 $$h=\frac{x_1^2}{3\left(\frac{a}{2}\right)^2}+\frac{x_2^2}{3\left(\frac{a}{2}\right)^2}+\frac{x_3^2}{3\left(\frac{a}{2}\right)^2}-1>0,c_i(\boldsymbol{x})=-h$$

或 $h=0,k=\left(\frac{x_1}{3\left(\frac{a}{2}\right)^2}+\frac{x_2}{3\left(\frac{a}{2}\right)^2}+\frac{x_3}{3\left(\frac{a}{2}\right)^2}\right)(x_4 \quad x_5 \quad x_6)^{\mathrm{T}}>0,c_i(\boldsymbol{x})=-k$

如果 $$\frac{\sqrt{3}a}{2}\leqslant x_3\leqslant\frac{a}{2}+l$$

$$m=x_1^2+x_2^2>0,c_i(\boldsymbol{x})=-m$$

这样就将接近路径规划问题转变成求解最优控制问题。

3. 安全防撞路径规划形成的最优控制问题

下面应用高斯伪谱法求解以上最优控制问题。首先定义各个高斯点上的状态变量为 $\boldsymbol{X}_{1N},\boldsymbol{X}_{2N},\boldsymbol{X}_{3N},\boldsymbol{X}_{4N},\boldsymbol{X}_{5N},\boldsymbol{X}_{6N}\in\mathbf{R}^N$，控制变量为 $\boldsymbol{U}_{1N},\boldsymbol{U}_{2N},\boldsymbol{U}_{3N}\in\mathbf{R}^N$；然后将原最优控制问题转换为 NLP 问题。

(1)用高斯求积公式近似逼近目标函数，得到

$$J=\Phi(t_f-t_0)+\frac{t_f-t_0}{2}\boldsymbol{\omega}^{\mathrm{T}}\cdot\sum_{i=1}^{N}(\boldsymbol{U}_{1N,i}^2+\boldsymbol{U}_{2N,i}^2+\boldsymbol{U}_{3N,i}^2) \tag{5-58}$$

式中：$\boldsymbol{\omega}\in\mathbf{R}^{\mathrm{N}}$ 为高斯权向量。

(2)应用微分近似矩阵 $\boldsymbol{D}\in\mathbf{R}^{N\times(n+1)}$ 得到状态方程的积分形式为

$$\begin{cases}\boldsymbol{D}\boldsymbol{X}_{1N}=\dfrac{t_f-t_0}{2}\cdot\boldsymbol{X}_{4N}\\ \boldsymbol{D}\boldsymbol{X}_{2N}=\dfrac{t_f-t_0}{2}\cdot\boldsymbol{X}_{5N}\\ \boldsymbol{D}\boldsymbol{X}_{3N}=\dfrac{t_f-t_0}{2}\cdot\boldsymbol{X}_{6N}\\ \boldsymbol{D}\boldsymbol{X}_{4N}=\dfrac{t_f-t_0}{2}\cdot(\boldsymbol{A}_{X_{1N}}+1/m_c\boldsymbol{U}_{1N})\\ \boldsymbol{D}\boldsymbol{X}_{5N}=\dfrac{t_f-t_0}{2}\cdot(\boldsymbol{A}_{X_{2N}}+1/m_c\boldsymbol{U}_{2N})\\ \boldsymbol{D}\boldsymbol{X}_{6N}=\dfrac{t_f-t_0}{2}\cdot(\boldsymbol{A}_{X_{3N}}+1/m_c\boldsymbol{U}_{3N})\end{cases} \tag{5-59}$$

由于原状态方程是连续时变的，在将原最优控制问题转换成 NLP 问题时，需对状态矩阵进行离散化处理。

状态矩阵

$$A = \begin{bmatrix} \mathbf{0}_3 & \boldsymbol{I}_3 \\ -\boldsymbol{\omega}_{tb}^{\times}-\boldsymbol{\omega}_{tb}^{\times}-\dfrac{\mu}{|r_t|^3}\begin{bmatrix} 1-3a_{13}^2 & -3a_{13}a_{23} & -3a_{13}a_{33} \\ -3a_{13}a_{23} & 1-3a_{23}^2 & -3a_{23}a_{33} \\ -3a_{13}a_{33} & -3a_{23}a_{33} & 1-3a_{33}^2 \end{bmatrix} & -2\boldsymbol{\omega}_{tb}^{\times} \end{bmatrix} \tag{5-60}$$

与目标姿态有关，则首先对目标姿态欧拉角离散化。

令 $\boldsymbol{\Omega}=[\psi \quad \theta \quad \varphi]$，其一阶导数为

$$\dot{\boldsymbol{\Omega}}=\begin{bmatrix}\dot{\psi}\\ \dot{\theta}\\ \dot{\varphi}\end{bmatrix}=\begin{bmatrix}(\omega_x\sin\varphi+\omega_y\cos\varphi)\csc\theta\\ \omega_x\cos\varphi-\omega_y\sin\varphi\\ \omega_z-(\omega_x\sin\varphi+\omega_y\cos\varphi)\cot\theta\end{bmatrix} \tag{5-61}$$

记为

$$\dot{\boldsymbol{\Omega}}_{\mathrm{i}}=\boldsymbol{K}\boldsymbol{\Omega}_i \tag{5-62}$$

欧拉角的离散形式表达为

$$\dot{\boldsymbol{\Omega}}_{i+1}=\boldsymbol{\Omega}_i+\boldsymbol{K}\boldsymbol{\Omega}_i\cdot\frac{\tau_{i+1}+\tau_i}{2}t_{\mathrm{f}} \tag{5-63}$$

得到近似欧拉角 $\boldsymbol{\Omega}_N=[\psi_N \quad \theta_N \quad \varphi_N]\in\boldsymbol{R}^{3\times N}$，则目标本体坐标系与惯性坐标系之间的近似变换矩阵表示为

$$\boldsymbol{C}_{\mathrm{tb}N}^{i}=\begin{bmatrix}\cos\varphi_N\cos\psi_N-\sin\varphi_N\cos\theta_N\sin\psi_N & \cos\varphi_N\sin\psi_N+\sin\varphi_N\cos\theta_N\cos\psi_N & \sin\varphi_N\sin\theta_N\\ -\sin\varphi_N\cos\psi_N-\cos\varphi_N\cos\theta_N\sin\psi_N & -\sin\varphi_N\sin\psi_N+\cos\varphi_N\cos\theta_N\cos\psi_N & \cos\varphi_N\sin\theta_N\\ \sin\theta_N\sin\psi_N & -\sin\theta_N\cos\psi_N & \cos\theta_N\end{bmatrix} \tag{5-64}$$

那么目标本体系相对于轨道坐标系的近似转换矩阵可表示为

$$\boldsymbol{C}_{\mathrm{tb}N}^{o}=\boldsymbol{C}_{\mathrm{tb}N}^{i}\,\boldsymbol{C}_{o}^{i\mathrm{T}} \tag{5-65}$$

令

$$\boldsymbol{C}_{\mathrm{tb}N}^{o}=\begin{bmatrix}a_{11N} & a_{12N} & a_{13N}\\ a_{21N} & a_{22N} & a_{23N}\\ a_{31N} & a_{32N} & a_{33N}\end{bmatrix} \tag{5-66}$$

由此得到近似状态矩阵 $\boldsymbol{A}_N\in\mathbf{R}^{3\times6\times N}$

$$
\boldsymbol{A}_N = \begin{bmatrix} \boldsymbol{0}_3 & \boldsymbol{I}_3 \\ -\boldsymbol{\omega}_{tb}^{\times}\boldsymbol{\omega}_{tb}^{\times} - \dfrac{\mu}{|r_t|^3}\begin{bmatrix} 1-3a_{13N}^2 & -3a_{13N}a_{23N} & -3a_{13N}a_{33N} \\ -3a_{13N}a_{23N} & 1-3a_{23N}^2 & -3a_{23}a_{33N} \\ -3a_{13N}a_{33N} & -3a_{23}a_{33N} & 1-3a_{33N}^2 \end{bmatrix} & -2\boldsymbol{\omega}_{tb}^{\times} \end{bmatrix}
\tag{5-67}
$$

则

$$
\begin{cases} \boldsymbol{A}_{X_{1Ni}} = \boldsymbol{A}_{N1i}\boldsymbol{X}_i \\ \boldsymbol{A}_{X_{2Ni}} = \boldsymbol{A}_{N2i}\boldsymbol{X}_i \quad \boldsymbol{X}_i \in \boldsymbol{R}^n \\ \boldsymbol{A}_{X_{3Ni}} = \boldsymbol{A}_{N3i}\boldsymbol{X}_i \end{cases}
\tag{5-68}
$$

（3）由高斯求积公式得到末端约束条件为

$$
\begin{cases} X_{1\mathrm{f}} = X_{10} + \dfrac{t_\mathrm{f} - t_0}{2} \cdot \boldsymbol{\omega}^\mathrm{T} \cdot \boldsymbol{X}_{4N} \\ X_{2\mathrm{f}} = X_{20} + \dfrac{t_\mathrm{f} - t_0}{2} \cdot \boldsymbol{\omega}^\mathrm{T} \cdot \boldsymbol{X}_{5N} \\ X_{3\mathrm{f}} = X_{30} + \dfrac{t_\mathrm{f} - t_0}{2} \cdot \boldsymbol{\omega}^\mathrm{T} \cdot \boldsymbol{X}_{6N} \\ X_{4\mathrm{f}} = X_{40} + \dfrac{t_\mathrm{f} - t_0}{2} \cdot \boldsymbol{\omega}^\mathrm{T} \cdot \left(\boldsymbol{A}_{X_{1N}} + \dfrac{1}{m_\mathrm{c}}\boldsymbol{U}_{1N}\right) \\ X_{5\mathrm{f}} = X_{50} + \dfrac{t_\mathrm{f} - t_0}{2} \cdot \boldsymbol{\omega}^\mathrm{T} \cdot \left(\boldsymbol{A}_{X_{2N}} + \dfrac{1}{m_\mathrm{c}}\boldsymbol{U}_{2N}\right) \\ X_{6\mathrm{f}} = X_{60} + \dfrac{t_\mathrm{f} - t_0}{2} \cdot \boldsymbol{\omega}^\mathrm{T} \cdot \left(\boldsymbol{A}_{X_{3N}} + \dfrac{1}{m_\mathrm{c}}\boldsymbol{U}_{3N}\right) \end{cases}
\tag{5-69}
$$

（4）高斯点的路径约束为 $\boldsymbol{C}_{iN} \leqslant 0$，则

如果 $X_{1Ni} < -\dfrac{\sqrt{3}a}{2} \parallel X_{1Ni} > \dfrac{\sqrt{3}a}{2}$

$$
h = \frac{X_{1Ni}^2}{3\left(\dfrac{x_\mathrm{f}}{2}\right)^2} + \frac{X_{2Ni}^2}{3\left(\dfrac{y_\mathrm{f}}{2}\right)^2} + \frac{X_{3Ni}^2}{3\left(\dfrac{z_\mathrm{f}}{2}\right)^2} - 1 > 0, \boldsymbol{C}_{iN} = -h;
$$

或 $h = 0, \boldsymbol{k} = \left(\dfrac{X_{1Ni}}{3\left(\dfrac{x_\mathrm{f}}{2}\right)^2} + \dfrac{X_{2Ni}}{3\left(\dfrac{y_\mathrm{f}}{2}\right)^2} + \dfrac{X_{3Ni}}{3\left(\dfrac{z_\mathrm{f}}{2}\right)^2}\right)(X_{4Ni} \quad X_{5Ni} \quad X_{6Ni})^\mathrm{T} > 0, \boldsymbol{C}_{iN} = -k;$

否则 $h = \dfrac{X_{1Ni}^2}{3\left(\dfrac{a}{2}\right)^2} + \dfrac{X_{2Ni}^2}{3\left(\dfrac{a}{2}\right)^2} + \dfrac{X_{3Ni}^2}{3\left(\dfrac{a}{2}\right)^2} - 1 > 0, \boldsymbol{C}_{iN} = -h;$

或 $h = 0, \boldsymbol{k} = \left(\dfrac{X_{1Ni}}{3\left(\dfrac{a}{2}\right)^2} + \dfrac{X_{2Ni}}{3\left(\dfrac{a}{2}\right)^2} + \dfrac{X_{3Ni}}{3\left(\dfrac{a}{2}\right)^2}\right)(X_{4Ni} \quad X_{5Ni} \quad X_{6Ni})^{\mathrm{T}} > 0, \boldsymbol{C}_{iN} = -k;$

如果 $\dfrac{\sqrt{3}a}{2} \leqslant X_{3Ni} \leqslant \dfrac{a}{2} + l$

$$m = X_{1Ni}^2 + X_{2Ni}^2 > 0, \boldsymbol{C}_{iN} = -m.$$

显而易见,算法的计算量随着离散点数目的增多而增大,而高斯伪谱法是以较少的节点计算出近似最优解,然后通过插值求得多点下的更精确解。

5.4 超近距离相对运动一体化控制

相对运动控制是指依据航天器的控制器配置,以相对运动模型为基础,选取合适的控制方法产生控制指令使航天器沿期望状态运行,包括相对轨道控制和相对姿态控制,如图 5-4 和图 5-5 所示。前者的期望状态就是规划出的转移轨迹或设计好的任务轨迹;后者的期望状态就是航天器任务执行过程中的期望姿态,包括姿态角和姿态角速度。对于在轨服务与操控的超近距离相对运动而言:一方面,需要设计相对姿态控制律,使得主动航天器对目标航天器进行姿态跟踪;另一方面,需要通过设计主动航天器的相对轨道控制律,使得主动航天器沿着目标航天器的对接端口方向逼近目标航天器。

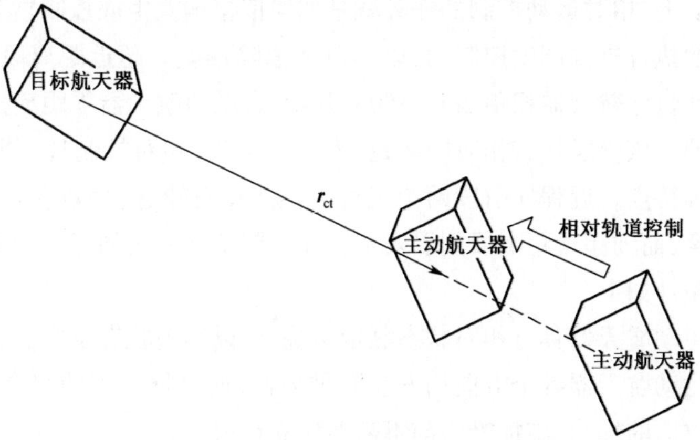

图 5-4 相对轨道控制

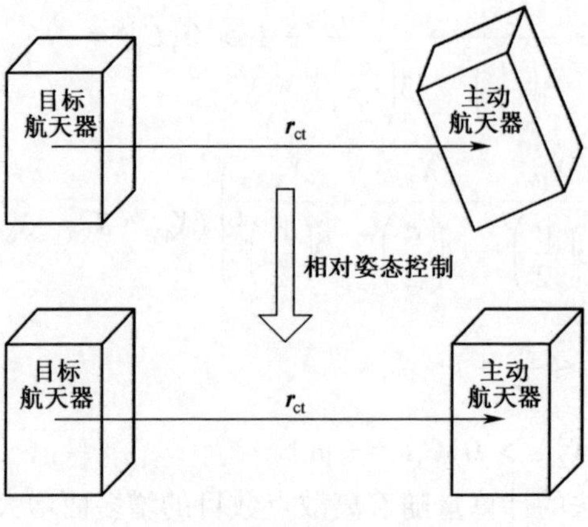

图 5-5　相对姿态控制

由于控制过程比较复杂,假设主动航天器的轨道控制加速度由推力器提供,姿态控制力矩由动量轮提供,从而可以分开推导相对姿态控制律和相对轨道控制律。

在超近距离段,主动航天器一般沿视线方向以准直线轨迹逼近目标航天器,根据飞行轨迹安全性、相对导航视场角及捕获与对接的技术要求,实施相对状态自主控制。相对状态及其变化率由相对导航系统获得,计算机视觉系统是相对状态确定的常用手段。

5.4.1　控制问题描述

在本质上,相对运动控制的任务就是如何依据偏差生成控制指令,驱动主动航天器的执行机构产生控制力,以尽可能消除偏差。超近距离段一般从主动航天器和目标航天器相距 300~100m 开始,直至两航天器零距离接触,实现对接或抓捕。该阶段具有相对距离近、安全性突出、相对控制精度要求高、控制周期短等特点。近程导引段两个飞行器距离相对较远,变轨燃料最少是主要设计因素,而到超近距离段则以安全性和控制精度方面的考虑为主。

假设条件如下。

(1) 主动航天器具有相对状态测量系统,可以实现状态反馈。

(2) 主动航天器各个方向均安装有推力器,通过推力器的组合可以提供任意矢量方向的推力,施加推力前不需要建立点火姿态。

(3) 主动航天器的推力器能够提供连续推力或继电型推力。

这样,问题就转化成如何依据状态偏差推导出连续偏差控制,即控制器的设计。偏差控制原理框图如图 5-6 所示。

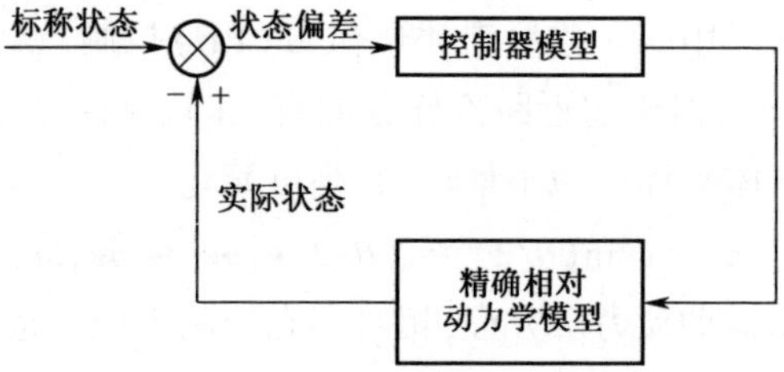

图 5-6　相对运动偏差控制原理框图

相对运动控制仿真涉及两类相对运动模型,分别用于偏差控制律推导和实际状态仿真,称之为控制动力学模型和实际动力学模型。其中,控制动力学模型为简化模型,模型的简化程度影响控制能量消耗,模型越简化,偏差控制计算就越简单,但控制能量消耗越多;精确相对动力学模型用于仿真主动航天器的实际相对状态。

基于相对轨道姿态耦合动力学模型的特性,设计主动航天器与目标航天器进行交会对接的逼近与捕获控制系统时,首先设计姿态控制系统,然后考虑姿态运动的耦合作用,设计具有姿态信息反馈的轨道控制律,从而可获得高精度的交会对接控制。

5.4.2　相对姿态控制律设计

在一般情况下,假设目标航天器相对惯性坐标系或 Hill 坐标系(目标航天器轨道坐标系)保持姿态稳定,作用在目标航天器上的控制力矩只是用来稳定自身的姿态,为最终平移段的接近创造条件,不直接参与交会对接相对姿态机动;而主动航天器以目标航天器姿态为目标姿态(期望姿态),根据交会对接敏感器获得的相对姿态角和相对姿态速度进行相对姿态控制,实际上含有对目标航天器姿态定向偏差的补偿[48]。

目标航天器姿态稳定精度对相对姿态控制算法有重要影响:如果目标航天器的姿态稳定精度很高,则相对姿态控制可简化为主动航天器绝对姿态控制,只需应用主动航天器上惯性测量器件(如陀螺组合);如果目标航天器姿态稳定,精度不是足够高,则相对状态测量系统与主动航天器上姿态测量器件均是必不可少的;若目标航天器姿态稳定,精度较低,将给主动航天器超近距离相对姿态控制带来较大困难。

本书主要针对失效目标的在轨操控,因此需考虑目标的姿态存在偏差的情况,采用在主动航天器上配置相对状态测量系统,进行控制律设计。

相对姿态控制采用四元数反馈比例微分(PD)控制。将相对姿态四元数表示为 $\boldsymbol{Q}_{\mathrm{r}} = q_1 + \boldsymbol{q}_{\mathrm{r}}$,对于超近距离任务而言,在轨操控飞行器本体坐标系相对于目标飞行器本体坐标系为小量转动,则可简化为

$$q_1 \approx 1, \boldsymbol{q}_{\mathrm{r}} = \boldsymbol{e}\sin(\theta/2) \approx (\theta/2)\boldsymbol{e}, \boldsymbol{\omega}_{\mathrm{r}} \approx \dot{\theta}\boldsymbol{e}, \dot{\boldsymbol{\omega}}_{\mathrm{r}} \approx \ddot{\theta}\boldsymbol{e} \tag{5-70}$$

根据相对状态运动动力学方程,相对姿态控制力矩可选取下列形式,即

$$\boldsymbol{T}_{\mathrm{c}} = \boldsymbol{T}_{\mathrm{c1}} + \boldsymbol{T}_{\mathrm{c2}} \tag{5-71}$$

其中,

$$\boldsymbol{T}_{\mathrm{c1}} = [\boldsymbol{\omega}_{\mathrm{c}}^{\times}]\boldsymbol{I}_{\mathrm{c}}\boldsymbol{\omega}_{\mathrm{c}} - \boldsymbol{I}_{\mathrm{c}}\boldsymbol{C}_{\mathrm{cb/tb}}\boldsymbol{I}_{\mathrm{t}}^{-1}[\boldsymbol{\omega}_{\mathrm{t}}^{\times}]\boldsymbol{I}_{\mathrm{t}}\boldsymbol{\omega}_{\mathrm{t}} + \boldsymbol{I}_{\mathrm{c}}[\boldsymbol{\omega}_{\mathrm{c}}^{\times}]\boldsymbol{\omega}_{\mathrm{r}} \tag{5-72}$$

$$\boldsymbol{T}_{\mathrm{c2}} = \boldsymbol{K}\boldsymbol{q}_{\mathrm{r}} + \boldsymbol{D}\boldsymbol{\omega}_{\mathrm{r}} \tag{5-73}$$

式中:$\boldsymbol{D}$ 与 $\boldsymbol{K}$ 为反馈增益系数矩阵。由式(5-71)可见,控制力矩由两部分组成:第一部分 $\boldsymbol{T}_{\mathrm{c1}}$ 为非线性角速率反馈,它精确抵消陀螺(回转)耦合力矩;第二部分 $\boldsymbol{T}_{\mathrm{c2}}$ 为四元数反馈与线性角速率反馈。为实现绕本体轴旋转,令

$$\begin{cases} \boldsymbol{K} = k\,\boldsymbol{I}_{\mathrm{c}} \\ \boldsymbol{D} = d\,\boldsymbol{I}_{\mathrm{c}} \end{cases} \tag{5-74}$$

式中:k 与 d 为正标量。

取 Lyapunov 函数,即

$$V = \frac{1}{2}\boldsymbol{\omega}_{\mathrm{r}}^{\mathrm{T}}\boldsymbol{K}^{-1}\boldsymbol{I}_{\mathrm{c}}\boldsymbol{\omega}_{\mathrm{r}} + 2(1 - \boldsymbol{q}_{\mathrm{r0}}) \tag{5-75}$$

则

$$\dot{V} = -\boldsymbol{\omega}_{\mathrm{r}}^{\mathrm{T}}\boldsymbol{K}^{-1}\boldsymbol{D}\boldsymbol{\omega}_{\mathrm{r}} \tag{5-76}$$

显而易见, $V > 0, \dot{V} < 0$。因此,由式(5-76)控制律确定的系统是稳定的。

将控制力矩式(5-71)代入式(5-13),可得

$$\dot{\boldsymbol{\omega}}_{\mathrm{r}} + d\boldsymbol{\omega}_{\mathrm{r}} + k\boldsymbol{q}_{\mathrm{r}} = 0 \tag{5-77}$$

对于小角度转动,有

$$\boldsymbol{q}_{\mathrm{r}} = \boldsymbol{e}\sin\left(\frac{\phi}{2}\right) \approx \left(\frac{\phi}{2}\right)\boldsymbol{e}, \boldsymbol{\omega}_{\mathrm{r}} \approx \dot{\phi}\boldsymbol{e}, \dot{\boldsymbol{\omega}}_{\mathrm{r}} \approx \ddot{\phi}\boldsymbol{e} \tag{5-78}$$

式中:$\boldsymbol{e}$ 为本体轴的单位矢量; ϕ 为欧拉转角。令

$$\sigma = \frac{d}{2}, \omega_{\mathrm{n}}^2 = \frac{k}{2} \tag{5-79}$$

可得下列典型的线性二阶系统自由振动方程,即

$$\ddot{\phi} + 2\sigma\dot{\phi} + \omega_n^2\phi = 0 \tag{5-80}$$

式中:衰减系数 $\sigma = \xi\omega_n$,ξ 为阻尼比,ω_n 为无阻尼自然频率。

根据系统的动态响应要求,适当选择 ξ 与 ω_n 便可确定 k 与 d 。

控制力矩 $\boldsymbol{T}_c$ 中的第一部分 $\boldsymbol{T}_{c1}$ 与第二部分 $\boldsymbol{T}_{c2}$ 相比可以忽略,因此,$\boldsymbol{T}_c$ 可简化为 $\boldsymbol{T}_{c2}$,即

$$\boldsymbol{T}_c = \boldsymbol{K}\boldsymbol{q}_r + \boldsymbol{D}\boldsymbol{\omega}_r \tag{5-81}$$

5.4.3 相对轨道控制律设计

为了避免发生碰撞,确保任务完成,航天器超近距离相对运动的控制精度要求高,所设计的控制器需要对各种不确定因素(导航误差、推力误差和未知干扰等)具有强鲁棒性。采用基于 LQG 的最优实时闭环反馈控制,可以确保任务的可行性和精度要求。

5.4.3.1 基于 LQG 的实时闭环反馈轨道控制算法

为实现高精度的相对轨道控制,采用最优实时闭环反馈控制方法,以预先规划的路径作为参考量,确保每个控制周期内航天器都能跟踪上预期的相对轨迹。

根据相对轨道动力学方程,选择状态向量为

$$\boldsymbol{X} = [\boldsymbol{\rho} \quad \dot{\boldsymbol{\rho}}]^{\mathrm{T}}$$

则可写成状态空间形式,即

$$\dot{\boldsymbol{X}} = \boldsymbol{A}\boldsymbol{X} + \boldsymbol{B}\boldsymbol{u} \tag{5-82}$$

其中

$$\boldsymbol{A} = \begin{bmatrix} 0 & 0 & 0 & 1 & 0 & 0 \\ 0 & 0 & 0 & 0 & 1 & 0 \\ 0 & 0 & 0 & 0 & 0 & 1 \\ 0 & 0 & 0 & 0 & 0 & 2n \\ 0 & -n^2 & 0 & 0 & 0 & 0 \\ 0 & 0 & 3n^2 & -2n & 0 & 0 \end{bmatrix}, \boldsymbol{B} = \begin{bmatrix} 0 & 0 & 0 \\ 0 & 0 & 0 \\ 0 & 0 & 0 \\ 1 & 0 & 0 \\ 0 & 1 & 0 \\ 0 & 0 & 1 \end{bmatrix}, \boldsymbol{u} = \boldsymbol{C}_{t/cb}(\boldsymbol{u}_c)_{cb} - \boldsymbol{C}_{t/tb}(\boldsymbol{u}_1)_{tb}$$

超近距离的相对轨道控制就是寻找合适的轨道控制律 $\boldsymbol{u}_c$ 将式(5-82)中的状态量 $\boldsymbol{X}$ 控制到 0。这是一个状态调节器问题,可以按照现代控制理论中的线性二次型调节器理论(Linear Quadratic Regulator,LQR)进行设计。下面

将基于 LQR 进行实时闭环轨道控制算法的设计。

式(5-82)的齐次解可以写成

$$\boldsymbol{X}(t)=\boldsymbol{\Phi}(t,0)\boldsymbol{X}(0)=\exp\left(\int_{0}^{t}\boldsymbol{A}(t)\mathrm{d}t\right)\boldsymbol{X}(0) \tag{5-83}$$

式中，$\dfrac{\mathrm{d}\boldsymbol{\Phi}(t,0)}{\mathrm{d}t}=\boldsymbol{A}(t)\boldsymbol{\Phi}(t,0)$ 。将式(5-82)写成离散形式，即

$$\boldsymbol{X}_{k+1}=\boldsymbol{\Phi}_{k+1,k}\boldsymbol{X}_{k}+\boldsymbol{\Gamma}_{k}\boldsymbol{u}_{k} \tag{5-84}$$

对线性系统式(5-82)寻找最优的状态反馈控制律，即

$$\boldsymbol{u}_{k}=-\boldsymbol{K}\boldsymbol{X}_{k} \tag{5-85}$$

使二次型目标函数

$$J=\frac{1}{2}\sum_{k=1}^{\infty}(\boldsymbol{X}_{k}^{\mathrm{T}}\boldsymbol{Q}\boldsymbol{X}_{k}+\boldsymbol{u}_{k}^{\mathrm{T}}\boldsymbol{R}\boldsymbol{u}_{k}) \tag{5-86}$$

达到最小，$\boldsymbol{Q}$ 和 $\boldsymbol{R}$ 分别为状态量和控制量的加权矩阵。

根据极小值原理，可以得到线性二次型调节器的最优控制律的状态反馈增益矩阵，即

$$\boldsymbol{K}=(\boldsymbol{\Gamma}^{\mathrm{T}}\boldsymbol{P}\boldsymbol{\Gamma}+\boldsymbol{R})^{-1}\boldsymbol{\Gamma}^{\mathrm{T}}\boldsymbol{P}\boldsymbol{\Phi} \tag{5-87}$$

式中：$\boldsymbol{P}$ 为对称非负定矩阵，满足离散 Riccati 方程，即

$$\boldsymbol{\Phi}^{\mathrm{T}}\boldsymbol{P}\boldsymbol{\Phi}-\boldsymbol{P}-\boldsymbol{\Phi}^{\mathrm{T}}\boldsymbol{P}\boldsymbol{\Gamma}(\boldsymbol{\Gamma}^{\mathrm{T}}\boldsymbol{P}\boldsymbol{\Gamma}+\boldsymbol{R})^{-1}(\boldsymbol{\Gamma}^{\mathrm{T}}\boldsymbol{P}\boldsymbol{\Phi})+\boldsymbol{Q}=0 \tag{5-88}$$

由 $\boldsymbol{u}_k$ 反解出作用在在轨操控飞行器本体坐标系上的控制加速度为

$$\begin{aligned}(\boldsymbol{u}_{\mathrm{c}})_{cb}&=\boldsymbol{C}_{\mathrm{t}/cb}{}^{-1}(\boldsymbol{u}_{k}+\boldsymbol{C}_{\mathrm{t}/\mathrm{tb}}(\boldsymbol{u}_{1})_{\mathrm{tb}})=\boldsymbol{C}_{\mathrm{t}/cb}{}^{-1}\boldsymbol{u}_{k}+\boldsymbol{C}_{\mathrm{cb}/\mathrm{tb}}(\boldsymbol{u}_{1})_{\mathrm{tb}}\\&=\boldsymbol{C}_{\mathrm{cb}/\mathrm{t}}\boldsymbol{u}_{k}+\boldsymbol{C}_{\mathrm{tb}/cb}^{-1}(\boldsymbol{u}_{1})_{\mathrm{tb}}\end{aligned} \tag{5-89}$$

5.4.3.2 反馈增益矩阵设计

根据前面章节关于矩阵 $\boldsymbol{Q}$、$\boldsymbol{R}$ 选取原则的叙述，最后选取矩阵 $\boldsymbol{Q}$、$\boldsymbol{R}$ 为

$$\boldsymbol{Q}=\begin{bmatrix}100&0&0&0&0&0\\0&100&0&0&0&0\\0&0&100&0&0&0\\0&0&0&1&0&0\\0&0&0&0&1&0\\0&0&0&0&0&1\end{bmatrix},\quad \boldsymbol{R}=10^{6}\times\begin{bmatrix}0.3&0&0\\0&0.3&0\\0&0&0.3\end{bmatrix} \tag{5-90}$$

在满足收敛时间和收敛精度的情况下，推进剂达到消耗最优。此时反馈增益矩阵为

$$
\boldsymbol{K}=\begin{bmatrix} 0.0180837976088415 & 0 & -1.38016101338609\times10^{-5} & 0.19018639097772 & 0 & 6.92359605462598\times10^{-7} \\ 0 & 0.0180837975583038 & 0 & 0 & 0.190186395205331 & 0 \\ 1.38016101431766\times10^{-5} & 0 & 0.0180838134850039 & -6.92429116900772\times10^{-7} & 0 & 0.190186477875088 \end{bmatrix} \tag{5-91}
$$

5.4.3.3 脉宽调制

由 LQG 算法得到轨道控制加速度是连续的，但主动航天器上配置的推力器只能提供恒定的推力，为了解决这一矛盾，采用了脉冲调宽算法。

脉冲调宽的本质就是“通过控制定常推力发动机在每个控制周期内的工作时间，来保证发动机实际作用冲量与控制律在该控制周期内的所需冲量相等”。

具体的实现方法：首先根据 LQG 轨道控制算法求出作用在主动航天器上的控制力加速度为 $(\boldsymbol{u}_{\mathrm{c}})_{cb}$，那么在采样周期内，3 个方向上作用在主动航天器上冲量大小为

$$
I_x = m\cdot(\boldsymbol{u}_{\mathrm{c}})_{\mathrm{c}bx}\cdot\Delta T,\ I_y = m\cdot(\boldsymbol{u}_{\mathrm{c}})_{\mathrm{c}by}\cdot\Delta T,\ I_z = m\cdot(\boldsymbol{u}_{\mathrm{c}})_{\mathrm{c}bz}\cdot\Delta T \tag{5-92}
$$

式中：m 为在轨操控飞行器质量；ΔT 为轨控周期。

根据确定的控制力加速度大小，按照采样周期内冲量相等的原则，3 个方向上发动机推力作用时间应为

$$
t_x = \left|\frac{I_x}{F_x}\right|,\ t_y = \left|\frac{I_y}{F_y}\right|,\ t_z = \left|\frac{I_z}{F_z}\right| \tag{5-93}
$$

式中：F_x、F_y、F_z 为 3 个方向的轨控推力。

假设发动机能提供的最小脉冲宽度为 $\Delta T_{\min}$，采样周期是 ΔT，那么应对式(5-93)得到的 t_x、t_y、t_z 进行以下处理，即

$$
\begin{cases} t_x = 0, \text{当 } t_x \leqslant \Delta T_{\min} \text{ 时}, t_x = \Delta T, \text{当 } t_x \geqslant \Delta T \text{ 时} \\ t_y = 0, \text{当 } t_y \leqslant \Delta T_{\min} \text{ 时}, t_y = \Delta T, \text{当 } t_y \geqslant \Delta T \text{ 时} \\ t_z = 0, \text{当 } t_z \leqslant \Delta T_{\min} \text{ 时}, t_z = \Delta T, \text{当 } t_z \geqslant \Delta T \text{ 时} \end{cases} \tag{5-94}
$$

以上就是利用恒定推力来模拟连续轨控加速度的脉冲调宽算法。

第6章
平台-机械臂协同控制

6.1 概述

在轨操作是未来航天器发展的一个重要趋势,从20世纪50年代以来,各式各样的航天器,如卫星、航天飞机、空间站、探测器被发射升空,对这些航天器的在轨维护与回收成为必不可少的工作。将一些超出服役期或失效的在轨航天器利用空间机器人(平台—机械臂系统)进行回收、维护、再利用,可节约大量的人力资源和资金。

抓取空间目标是空间机器人执行任务中的关键环节,它涉及空间机器人的运动学、动力学及控制等方面的问题,而空间机器人的动力学建模是在轨操作的基础,选取合适的动力学建模方法对动力学模型计算的快速性以及控制器的设计具有决定性作用。凯恩(Kane)方程结合了矢量力学与分析力学的优势,其推导直接、物理意义明确,且相对于其他建模理论效率高,本章将研究平台—机械臂系统凯恩动力学建模的通用方法,该建模方法可以推演于不同参数的机械臂或星体的建模。

由于空间机器人的臂与平台存在动力学耦合,机械臂在抓取目标的过程中可能对平台的姿态和位置造成扰动[49]。在实际应用中,一般希望保持平台具有一定的指向精度和指向稳定度。因此,需要研究多机械臂对平台的扰动抑制,使得机械臂抓捕目标的同时稳定平台的姿态。若使用纯反馈的姿态控制系统抵消机械臂运动干扰力矩,将会产生较大的控制误差。这是因为反馈控制存在一个周期的滞后,而不能根据机械臂的运动施加力矩抵消扰动。另外,因为在实际应用中控制系统需要应对除机械臂运动以外的其他扰动,其控制增益不能为了抑制机械臂扰动而任意调整。因此,本章在独立反馈控制的基础上进一步建立机械臂与平台姿态间的协调关系,推导出平台姿态、机械臂前馈协同控制律。由于机械臂的真实扰动力矩难以估计(受摩擦及其他因素影响),从角动量层面建立这个协调关系。相比扰动力矩,机械臂运动对平台造成的扰动力较小,可以通过反馈控制较好地控制平台与目标航天器的相对位置[50-53]。

在抓取空间目标形成组合体后,某些任务需要对目标进行精细操作,常规的机械臂位置控制方法很难满足任务需求。由于机械臂存在控制误差,因此末端执行器实际位姿与期望操作位姿会存在偏差,且末端执行器和操作对象之间也难以达到相对静止状态。当末端执行器与操作对象距离很近时,由于视场及遮挡等原因,视觉定位方式失效。接触目标时,会使机械臂受到一定的冲击,可能会威胁到稳定和安全。为了解决上述问题,本章将研究机械臂的力柔顺控制,对末端执行器与操作对象之间的接触力进行检测并加以控制,确保实际接触力数值能够稳定在安全范围内,并且通过接触力对末端控制误差进行迭代补偿,实现面向局部小目标的位置与力的综合控制,完成精准操作任务。力柔顺控制的研究使空间机器人可满足更多任务需求,对于空间机器人在空间的应用有很大的促进作用。

6.2 空间机器人运动学与规划

本节给出系统运动学的递推关系及轨迹规划方法,其中,运动学不仅包括内接体及两体间的运动学递推关系,同时包括偏速度矩阵和偏角速度矩阵的递推关系。本节还介绍了机器人关节空间轨迹规划和笛卡儿空间轨迹规划方法。轨迹规划的目的是为机器人控制系统生成参考输入,保证机器人能够按照使用者设置的预定期望路径运动,方法是使用时间相关函数生成一组期望轨迹点列。

6.2.1 空间机器人运动学

6.2.1.1 内接体递推运动学关系

两个相邻刚体的运动学关系如图 6-1 所示,两个体的编号分别为 j 和 $c(j)$。假设其中体 j 相对于 $c(j)$ 体远离根体,则 j 为 $c(j)$ 的外接体,$c(j)$ 为 j 的内接体。此处以两个相邻刚体为例,对运动学递推关系进行详细推导。

两个物体通过铰 h_j 连接。在 j 体上有两个点 O_j 和 Q_j,O_j 点连接着铰 h_j,并

且固连坐标系 $\boldsymbol{O}_j$，$\boldsymbol{Q}_j$ 点通过铰 h_j 与体 j 的外接体相连，并且固连坐标系 $\boldsymbol{O}_{Qj}$。$c(j)$ 体同样设置。

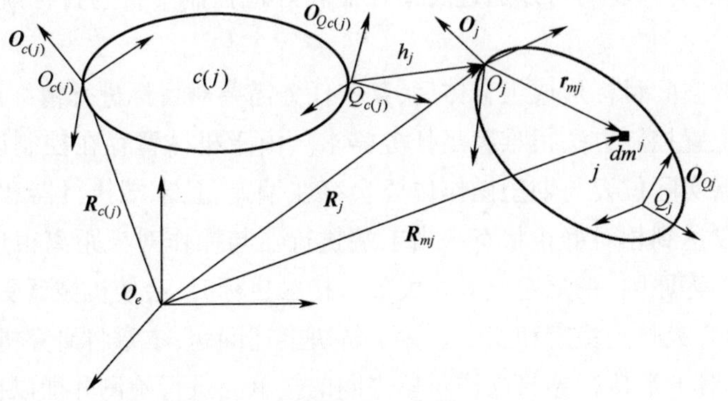

图 6-1　两个相邻刚体的运动学关系

递推的运动学关系就是用坐标系 $\boldsymbol{O}_{c(j)}$ 相对于惯性坐标系的速度、加速度描述坐标系 $\boldsymbol{O}_j$ 相对于惯性坐标系的速度、加速度，从而实现运动学的递推。

为了简化建模，本节假设坐标系 $\boldsymbol{O}_{Qj}$ 和 $\boldsymbol{O}_j$ 3 个坐标轴指向相同，即满足

$$\boldsymbol{A}_{Qj.j} = \boldsymbol{A}_{j.Qj} = \boldsymbol{I}_3 \tag{6-1}$$

坐标系 $\boldsymbol{O}_j$ 和 $\boldsymbol{O}_{c(j)}$ 的角速度的关系为

$$\boldsymbol{\omega}_j = \boldsymbol{\omega}_{c(j)} + \boldsymbol{\omega}_{hj} \tag{6-2}$$

$\boldsymbol{\omega}_j$ 为坐标系 $\boldsymbol{O}_j$ 相对于惯性坐标系 $\boldsymbol{O}_e$ 的角速度，在坐标系 $\boldsymbol{O}_j$ 中描述；$\boldsymbol{\omega}_{c(j)}$ 为坐标系 $\boldsymbol{O}_{c(j)}$ 相对惯性坐标系 $\boldsymbol{O}_e$ 的角速度，在坐标系 $\boldsymbol{O}_{c(j)}$ 中描述；$\boldsymbol{\omega}_{hj}$ 为坐标系 $\boldsymbol{O}_j$ 相对于坐标系 $\boldsymbol{O}_{Qc(j)}$ 的角速度，在坐标系 $\boldsymbol{O}_j$ 中描述。

将式(6-2)写成矩阵形式为

$$\boldsymbol{\omega}_j = \boldsymbol{b}_{c(j)}^{\mathrm{T}} \boldsymbol{\omega}_{c(j)} + \boldsymbol{b}_j^{\mathrm{T}} \boldsymbol{\omega}_{hj} \tag{6-3}$$

式中：$\boldsymbol{b}_{c(j)}$ 为内接体本体坐标系 $\boldsymbol{O}_{c(j)}$ 的单位基向量；$\boldsymbol{b}_j$ 为体 j 的本体坐标系 $\boldsymbol{O}_j$ 的单位基向量。对式(6-3)求导，可得角加速度的递推关系为

$$\dot{\boldsymbol{\omega}}_j = \boldsymbol{b}_{c(j)}^{\mathrm{T}} \dot{\boldsymbol{\omega}}_{c(j)} + \boldsymbol{b}_j^{\mathrm{T}} \dot{\boldsymbol{\omega}}_{hj} + \boldsymbol{b}_j^{\mathrm{T}} \tilde{\boldsymbol{\omega}}_j \boldsymbol{\omega}_{hj} \tag{6-4}$$

即

$$\dot{\boldsymbol{\omega}}_j = \dot{\boldsymbol{\omega}}_{c(j)} + \boldsymbol{b}_j^{\mathrm{T}} \dot{\boldsymbol{\omega}}_{hj} + \boldsymbol{b}_j^{\mathrm{T}} \tilde{\boldsymbol{\omega}}_j \boldsymbol{\omega}_{hj} \tag{6-5}$$

角加速度表示成广义速率导数的线性组合部分和非线性部分，有

$$\dot{\boldsymbol{\omega}}_j = \dot{\boldsymbol{\omega}}_{j0} + \dot{\boldsymbol{\omega}}_{jt} \tag{6-6}$$

根据式(6-5)，推导出角加速度线性部分和非线性部分的递推关系为

$$\dot{\boldsymbol{\omega}}_{j0} = \dot{\boldsymbol{\omega}}_{c(j)0} + b_j^{\mathrm{T}} \dot{\boldsymbol{\omega}}_{hj} \tag{6-7}$$

$$\dot{\boldsymbol{\omega}}_{jt} = \dot{\boldsymbol{\omega}}_{c(j)t} + \boldsymbol{b}_j^{\mathrm{T}} \tilde{\boldsymbol{\omega}}_j \boldsymbol{\omega}_{hj} \tag{6-8}$$

坐标系 $\boldsymbol{O}_j$ 和 $\boldsymbol{O}_{c(j)}$ 的速度关系为

$$\boldsymbol{v}_j = \boldsymbol{v}_{c(j)} + \boldsymbol{\omega}_{c(j)} \times \boldsymbol{l}_{c(j)} + \dot{\boldsymbol{t}}_{hj} + \boldsymbol{\omega}_{c(j)} \times \boldsymbol{t}_{hj} \tag{6-9}$$

式中：$\boldsymbol{v}_j$ 为坐标系 $\boldsymbol{O}_j$ 相对于惯性坐标系 $\boldsymbol{O}_e$ 的平动速度，在坐标系 $\boldsymbol{O}_j$ 中描述；$\boldsymbol{v}_{c(j)}$ 为坐标系 $\boldsymbol{O}_{c(j)}$ 相对于惯性坐标系 $\boldsymbol{O}_e$ 的平动速度，在坐标系 $\boldsymbol{O}_{c(j)}$ 中描述；$\boldsymbol{\omega}_{c(j)}$ 为由点 $Q_{c(j)}$ 指向点 O_j 的矢径，在坐标系 $\boldsymbol{O}_{Qc(j)}$ 中描述；$\dot{\boldsymbol{t}}_{hj}$ 为坐标系 $\boldsymbol{O}_j$ 相对于坐标系 $\boldsymbol{O}_{Qc(j)}$ 的平动速度，在坐标系 $\boldsymbol{O}_{Qc(j)}$ 中描述；$\boldsymbol{l}_{c(j)}$ 为由点 $O_{c(j)}$ 指向点 $Q_{c(j)}$ 的矢径，在坐标系 $\boldsymbol{O}_{c(j)}$ 中描述。

将速度写成矩阵形式为

$$\boldsymbol{v}_j = \boldsymbol{b}_j^{\mathrm{T}} \boldsymbol{A}_{j.c(j)} (\boldsymbol{v}_{c(j)} + \tilde{\boldsymbol{\omega}}_{c(j)} \boldsymbol{l}_{c(j)} + \dot{\boldsymbol{t}}_{hj} + \tilde{\boldsymbol{\omega}}_{c(j)} \boldsymbol{t}_{hj}) \tag{6-10}$$

对式(6-10)求导，可得加速度的递推关系为

$$\begin{aligned}\dot{\boldsymbol{v}}_j = {} & \boldsymbol{b}_j^{\mathrm{T}} \boldsymbol{A}_{j.c(j)} [\dot{\boldsymbol{v}}_{c(j)} - (\tilde{\boldsymbol{l}}_{c(j)} + \tilde{\boldsymbol{t}}_{hj}) \dot{\boldsymbol{\omega}}_{c(j)} + \ddot{\boldsymbol{t}}_{hj}] \\ & + \boldsymbol{b}_{c(j)}^{\mathrm{T}} \tilde{\boldsymbol{\omega}}_{c(j)} [\boldsymbol{v}_{c(j)} + \tilde{\boldsymbol{\omega}}_{c(j)} (\boldsymbol{l}_{c(j)} + \boldsymbol{t}_{hj}) + \dot{\boldsymbol{t}}_{hj}] \\ & + \boldsymbol{b}_j^{\mathrm{T}} \boldsymbol{A}_{j.c(j)} \tilde{\boldsymbol{\omega}}_{c(j)} \dot{\boldsymbol{t}}_{hj}\end{aligned} \tag{6-11}$$

为了得到多体系统的递推动力学关系，将加速度做以下分类：j 体的加速度包含与广义速率的一阶导数相关的线性部分 $\dot{\boldsymbol{v}}_{j0}$，以及与之无关的非线性部分 $\dot{\boldsymbol{v}}_{jt}$，即

$$\dot{\boldsymbol{v}}_j = \dot{\boldsymbol{v}}_{j0} + \dot{\boldsymbol{v}}_{jt} \tag{6-12}$$

其中

$$\dot{\boldsymbol{v}}_{j0} = \dot{\boldsymbol{v}}_{c(j)0} - \boldsymbol{b}_j^{\mathrm{T}} \boldsymbol{A}_{j.c(j)} (\tilde{\boldsymbol{l}}_{c(j)} + \tilde{\boldsymbol{t}}_{hj}) \boldsymbol{b}_{c(j)} \dot{\boldsymbol{\omega}}_{c(j)0} + \boldsymbol{b}_j^{\mathrm{T}} \boldsymbol{A}_{j.c(j)} \ddot{\boldsymbol{t}}_{hj} \tag{6-13}$$

$$\begin{aligned}\dot{\boldsymbol{v}}_{jt} = {} & \dot{\boldsymbol{v}}_{c(j)t} - \boldsymbol{b}_j^{\mathrm{T}} \boldsymbol{A}_{j.c(j)} (\tilde{\boldsymbol{l}}_{c(j)} + \tilde{\boldsymbol{t}}_{hj}) \boldsymbol{b}_{c(j)} \dot{\boldsymbol{\omega}}_{c(j)t} + \boldsymbol{b}_{c(j)}^{\mathrm{T}} \tilde{\boldsymbol{\omega}}_{c(j)} [\tilde{\boldsymbol{\omega}}_{c(j)} (\boldsymbol{l}_{c(j)} + \boldsymbol{t}_{hj}) + \dot{\boldsymbol{t}}_{hj}] \\ & + \boldsymbol{b}_j^{\mathrm{T}} \boldsymbol{A}_{j.c(j)} \tilde{\boldsymbol{\omega}}_{c(j)} \dot{\boldsymbol{t}}_{hj}\end{aligned} \tag{6-14}$$

6.2.1.2 两体间递推运动学关系

动力学建模还需明确偏速度、偏角速度矩阵的递推关系，对于内接体而言，两体间的角速度递推关系为

$$\boldsymbol{\omega}_j = \boldsymbol{\omega}_{c(j)} + \boldsymbol{\omega}_{hj} \tag{6-15}$$

角速度表示成广义速率的线性部分和非线性部分，即

$$\boldsymbol{\omega}_j = {}^p\boldsymbol{\omega}_j \boldsymbol{u} + \boldsymbol{\omega}_{jt} = {}^p\boldsymbol{\omega}_{c(j)} \boldsymbol{u} + \boldsymbol{b}_j^{\mathrm{T}} \boldsymbol{\omega}_{hj} \boldsymbol{u}_j + \boldsymbol{\omega}_{c(j)t} \tag{6-16}$$

假设 u_j 是系统第 x 阶广义速率，则

$$
{}^{p}\boldsymbol{\omega}_{j} = {}^{p}\boldsymbol{\omega}_{c(j)} + \left[\begin{matrix} \mathbf{0}\cdots\mathbf{0} & \underbrace{\boldsymbol{b}_{j}^{\mathrm{T}}\boldsymbol{\omega}_{hj}}_{x} & \mathbf{0}\cdots\mathbf{0} \end{matrix}\right] \tag{6-17}
$$

式(6-17)即为相邻两体的偏角速度矩阵的递推关系。

相邻两体的速度递推关系为

$$
\boldsymbol{v}_{j} = \boldsymbol{v}_{c(j)} + \boldsymbol{\omega}_{c(j)} \times \boldsymbol{l}_{c(j)} + \dot{\boldsymbol{t}}_{hj} + \boldsymbol{\omega}_{c(j)} \times \boldsymbol{t}_{hj} \tag{6-18}
$$

对体 $c(j)$,有

$$
\boldsymbol{v}_{c(j)} = {}^{p}\boldsymbol{v}_{c(j)}\boldsymbol{u} + \boldsymbol{v}_{c(j)t}, \boldsymbol{\omega}_{c(j)} = {}^{p}\boldsymbol{\omega}_{c(j)}\boldsymbol{u} + \boldsymbol{\omega}_{c(j)t} \tag{6-19}
$$

则式(6-18)可以表示为

$$
\begin{aligned}
\boldsymbol{v}_{c(j)} = {}& {}^{p}\boldsymbol{v}_{c(j)}\boldsymbol{u} + \boldsymbol{v}_{c(j)t} - \boldsymbol{b}_{c(j)}^{\mathrm{T}}\tilde{\boldsymbol{l}}_{c(j)}\boldsymbol{b}_{c(j)}{}^{p}\boldsymbol{\omega}_{c(j)}\boldsymbol{u} - \boldsymbol{b}_{c(j)}^{\mathrm{T}}\tilde{\boldsymbol{l}}_{c(j)}\boldsymbol{b}_{c(j)}{}^{p}\boldsymbol{\omega}_{c(j)t} + \\
& \boldsymbol{b}_{j}^{\mathrm{T}}\boldsymbol{t}_{hj}u_{hj} + \boldsymbol{\omega}_{c(j)} \times \boldsymbol{t}_{hj}
\end{aligned} \tag{6-20}
$$

假设 u_{hj} 是系统的第 γ 个广义速率,则

$$
{}^{p}\boldsymbol{v}_{j} = {}^{p}\boldsymbol{v}_{c(j)} - \boldsymbol{b}_{c(j)}^{\mathrm{T}}\tilde{\boldsymbol{l}}_{c(j)}\boldsymbol{b}_{c(j)}{}^{p}\boldsymbol{\omega}_{c(j)} + \left[\begin{matrix} \mathbf{0}\cdots\mathbf{0} & \underbrace{\boldsymbol{b}_{j}^{\mathrm{T}}\boldsymbol{t}_{hj}}_{\gamma} & \mathbf{0}\cdots\mathbf{0} \end{matrix}\right] \tag{6-21}
$$

式(6-21)为相邻两体的偏速度矩阵递推关系。

6.2.2 空间机器人规划

6.2.2.1 关节空间轨迹规划

机器人运动轨迹一般在笛卡儿空间设定,通常使用的参数是初始状态与结束状态下机器人末端位姿,当使用上述参数进行离线规划或者手动示教时,如果使用关节空间轨迹规划则需要使用逆运动学算法将操作空间的相关参数向关节空间转换。

关节空间轨迹规划算法使用函数 $q(t)$ 对每个节点的关节向量进行插值,一般需要具有以下特点。

①生成的轨迹不能过拟合。

②关节位置与速度应该是时间的连续函数(加速度尽可能连续)。

③轨迹上不平滑的点尽可能少。

不失一般性,本节以单关节为例,首先介绍在初始状态、结束状态、期望运动时间已知(点到点)条件下的轨迹规划方法;然后将其推广到路径上多个点状态已知(连续点)的轨迹规划方法。

机械臂运动过程中通过的每个路径点通常是用其工具坐标系相对于目标坐标系的期望位姿确定的,通过逆运动学方法可以将这每个路径点表达为一组期望的关节角。利用该方法可生成经过中间路径点的各关节光滑函数。对于每个关节而言,由于各路径段所需要的时间是相同的,因此所有关节将同时到达各中间点,从而得到机械臂末端在每个中间点上的期望坐标位置。关节空间轨迹规划方法的优势是可避免奇异性问题。

在已知初始位置与目标位置的情况下,应用机械臂逆运动学可求解出对应于目标位置的各个关节角。初始位置已知,并用一组关节角表示,可求解每个关节角关于时间的函数。

该函数用 3 次多项式描述,即

$$\theta(t) = a_0 + a_1 t + a_2 t^2 + a_3 t^3 \tag{6-22}$$

对应该关节的速度和加速度为

$$\begin{cases} \dot{\theta}(t) = a_1 + 2a_2 t + 3a_3 t^2 \\ \ddot{\theta}(t) = 2a_2 + 6a_3 t \end{cases} \tag{6-23}$$

该 3 次多项式有以下约束,即

$$\begin{cases} \theta(0) = \theta_0 \\ \theta(t_{\mathrm{f}}) = \theta_{\mathrm{f}} \\ \dot{\theta}(0) = 0 \\ \dot{\theta}(t_{\mathrm{f}}) = 0 \end{cases} \tag{6-24}$$

将式(6-24)代入式(6-23),可得

$$\begin{cases} \theta_0 = a_0 \\ \theta_{\mathrm{f}} = a_0 + a_1 t_{\mathrm{f}} + a_2 t_{\mathrm{f}}^2 + a_3 t_{\mathrm{f}}^3 \\ 0 = a_1 \\ 0 = a_1 + 2a_2 t_{\mathrm{f}} + 3a_3 t_{\mathrm{f}}^2 \end{cases} \tag{6-25}$$

则

$$\begin{cases} a_0 = \theta_0 \\ a_1 = 0 \\ a_2 = \dfrac{3}{t_{\mathrm{f}}^2}(\theta_{\mathrm{f}} - \theta_0) \\ a_3 = -\dfrac{2}{t_{\mathrm{f}}^3}(\theta_{\mathrm{f}} - \theta_0) \end{cases} \tag{6-26}$$

图 6-2 显示了在边界条件为 $q_0 = 3 \times \pi/4, q_f = \pi/6, \dot{q}_0 = \dot{q}_f = 0$ 时，使用 3 次多项式规划得到的关节角、角速度、角加速度曲线。

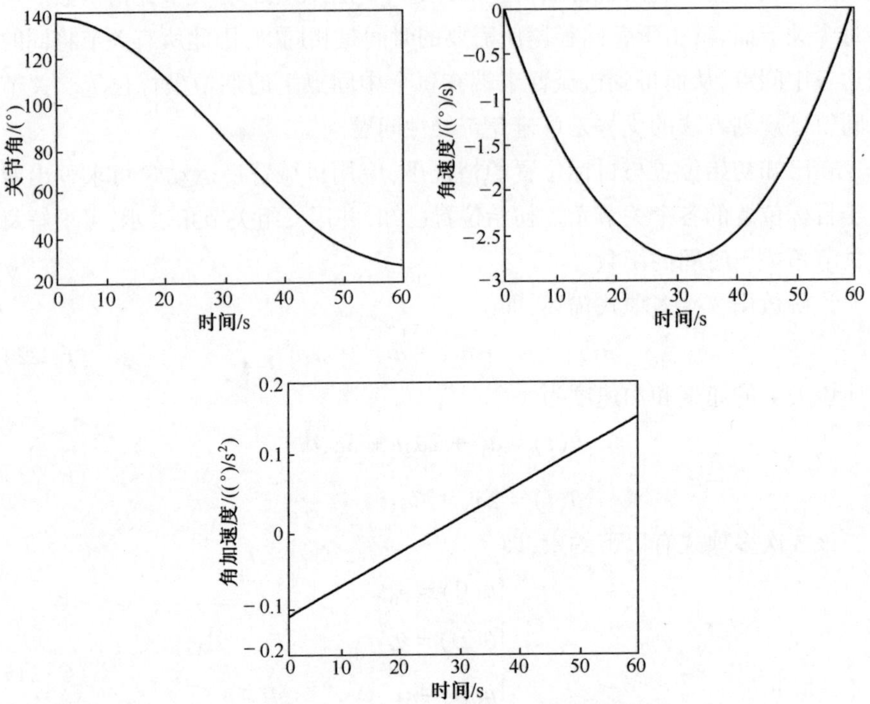

图 6-2　关节角、角速度、角加速度曲线

通常包含中间点的路径更常用。如果机械臂能够停留在每个中间点，那么可以使用前述相关内容的 3 次多项式求解。但是在大多数工况下，机械臂一般连续经过每个中间点，所以应该采用满足上述条件的路径规划方法。

求解方式如下。

(1) 每个中间点的位姿用机械臂逆运动学转换为关节角。

(2) 每段中间点分别构造约束条件。

针对具有中间点的 3 次多项式，其约束条件为

$$\begin{cases} \theta(0) = \theta_0 \\ \theta(t_f) = \theta_f \\ \dot{\theta}(0) = \dot{\theta}_0 \\ \dot{\theta}(t_f) = \dot{\theta}_f \end{cases} \tag{6-27}$$

式(6-27)与前述对应约束的不同，主要体现在初始时刻与终止时刻每个

关节角的速度不再为0,其与上一个中间点的速度有关,并且是已知的。

(3)方程求解,通过上面的相关内容与式(6-27),可得

$$
\begin{cases}
\theta_0 = a_0 \\
\theta_f = a_0 + a_1 t_f + a_2 t_f^2 + a_3 t_f^3 \\
\dot{\theta}_0 = a_1 \\
\dot{\theta}_f = a_1 + 2a_2 t_f + 3a_3 t_f^2
\end{cases}
\tag{6-28}
$$

通过求解式(6-28)中的相关变量,可得

$$
\begin{cases}
a_0 = \theta_0 \\
a_1 = \dot{\theta}_0 \\
a_2 = \dfrac{3}{t_f^2}(\theta_f - \theta_0) - \dfrac{2}{t_f}\dot{\theta}_0 - \dfrac{1}{t_f}\dot{\theta}_f \\
a_3 = -\dfrac{2}{t_f^3}(\theta_f - \theta_0) + \dfrac{1}{t_f^2}(\dot{\theta}_f + \dot{\theta}_0)
\end{cases}
\tag{6-29}
$$

一般中间点速度的选定有以下 3 种方式。

(1) 根据工具坐标系的笛卡儿线速度和角速度求解。

(2) 启发式方法。

(3) 中间点加速度连续的方法。

第(3)种方法采用从当前位置进行线性插值,直到目标位置。对于机械臂关节角而言,单纯的插值会导致关节角速度不连续,因此为了生成一条位置和速度都连续的关节曲线平滑轨迹,需要增加一段抛物线拟合区域,如图 6-3 所示,在运动轨迹拟合区域段,使用常值加速度平滑地改变速度。图 6-3 中的直线段(2)与两个抛物线段(1)和(3)组合成一条完整的位置与速度均连续的路径。

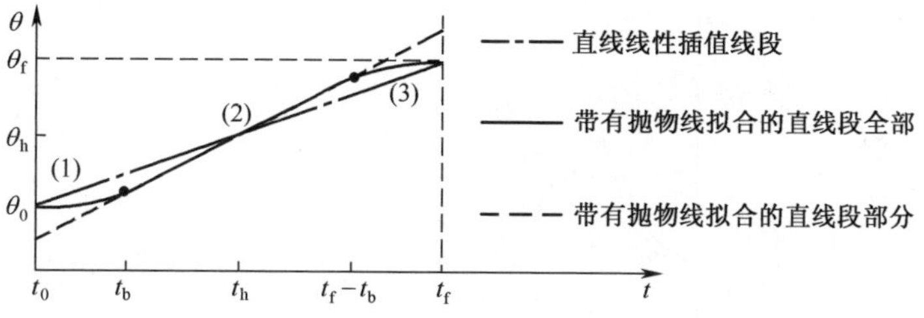

图 6-3　抛物线拟合示意图

为构造上述路径,有以下一条假设即两个抛物段有相同的持续时间 t_b,因此在这两个拟合区域段中采用相同的恒定加速度(方向相反)进行拟合。满足条件的曲线有多种,但是每个结果都对称于中间点 t_h、θ_h ,并且由于拟合区段的起点与终点速度与直线速度相等,有

$$\ddot{\theta} \cdot t_b = \frac{\theta_h - \theta_b}{t_h - t_b} \tag{6-30}$$

式中:θ_b 为拟合段(1)终点的 θ 值; $\ddot{\theta}$ 为拟合段的加速度, θ_b 的值由下式计算,即

$$\theta_b = \theta_0 + \frac{1}{2}\ddot{\theta}t_b^2 \tag{6-31}$$

则

$$\ddot{\theta} \cdot t_b^2 - \ddot{\theta} \cdot t_b \cdot t + (\theta_f - \theta_0) = 0 \tag{6-32}$$

式中:t 为期望运动时间,对于任意给定的 θ_f 、θ_0 和 t ,可以先通过满足式(6-32)的加速度与 t_b 获得任意一条路径,有

$$t_b = \frac{t}{2} - \frac{\sqrt{\ddot{\theta}^2 t^2 - 4\ddot{\theta}(\theta_f - \theta_0)}}{2\ddot{\theta}} \tag{6-33}$$

通常加速度最先选取,选取的加速度必须足够大;否则解不存在。在拟合区段使用的加速度约束条件为

$$\ddot{\theta} \geqslant \frac{4(\theta_f - \theta_0)}{t^2} \tag{6-34}$$

式(6-34)中等号成立的条件是直线部分长度为0,整个路径由两个拟合区域段组成,并且衔接处斜率相等。加速度越大,拟合区长度越短,当处于极限状态时,路径即为直线线性插值。

图 6-4 所示为机械臂某个关节在关节空间的一组中间点,中间点之间使用线性函数连接,而各中间点附近使用抛物线拟合。

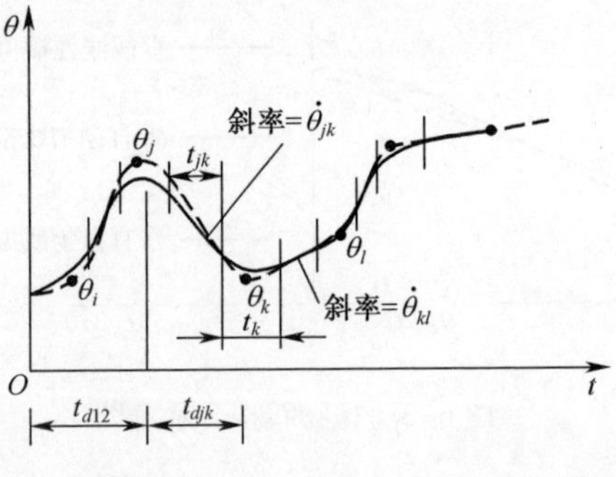

图 6-4　某关节在关节空间的一组中间点的处理

图 6-4 中,i、j、k、l 表示相邻的中间点,位于路径点 k 处的拟合区段的时间间隔为 t_k,位于点 j 和 k 之间的直线段的时间间隔为 t_{jk},点 j 和 k 之间的总时间间隔为 t_{djk}。

已知所有的路径点、期望时间间隔以及各路径点加速度大小,可计算出拟合区段的时间间隔,对于内部路径点,可直接使用下列各式计算,即

$$\dot{\theta}_{jk} = \frac{(\theta_k - \theta_j)}{t_{dkj}} \tag{6-35}$$

$$\ddot{\theta}_k = \text{sign}(\dot{\theta}_{kl} - \dot{\theta}_{jk}) \left| \ddot{\theta}_k \right| \tag{6-36}$$

$$t_k = \frac{\dot{\theta}_{kl} - \dot{\theta}_{jk}}{\ddot{\theta}_k} \tag{6-37}$$

$$t_{jk} = t_{dkj} - \frac{1}{2}t_j - \frac{1}{2}t_k \tag{6-38}$$

式(6-36)中,sign(a)表示符号函数,当 $a>0$ 时,sign=1,当 $a=0$ 时,sign=0,当 $a<0$ 时,sign=-1。

对于第一段路径与最后一段路径,处理上稍微不同,因为路段末端的整个拟合区域都必须计入总路径的时间间隔中。

对于第一段路径,令线性区段速度的两个速度表达式相等,求解 t_1,即

$$\frac{\theta_2 - \theta_1}{t_{12} - \frac{1}{2}t_1} = \ddot{\theta}_1 t_1 \tag{6-39}$$

由此可以解出起始点处的拟合时间后,求解出

$$\ddot{\theta}_1 = \text{sign}(\theta_2 - \theta_1)\ddot{\theta}_1 \tag{6-40}$$

$$t_1 = t_{d12} - \sqrt{t_{d12}^2 - \frac{2(\theta_2 - \theta_1)}{\ddot{\theta}_1}} \tag{6-41}$$

$$\dot{\theta}_{12} = \frac{\theta_2 - \theta_1}{t_{12} - \frac{1}{2}t_1} \tag{6-42}$$

$$t_{12} = t_{d12} - t_1 - \frac{1}{2}t_2 \tag{6-43}$$

同样,对于最后一段路径,有

$$\ddot{\theta}_1 = \text{sign}(\theta_{n-1} - \theta_n) \left| \ddot{\theta}_n \right| \tag{6-45}$$

$$t_n = t_{d(n-1)n} - \sqrt{t_{d(n-1)n}^2 - \frac{2(\theta_n - \theta_{n-1})}{\ddot{\theta}_n}} \tag{6-46}$$

$$\dot{\theta}_{(n-1)n}=\frac{\theta_n-\theta_{n-1}}{t_{d(n-1)n}-\frac{1}{2}t_{n-1}} \tag{6-47}$$

$$t_{(n-1)n}=t_{d(n-1)n}-t_n-\frac{1}{2}t_{n-1} \tag{6-48}$$

本节通过上述各式求出多段轨迹中各个拟合区段的时间和速度。

6.2.2.2 笛卡儿空间规划方案

笛卡儿空间轨迹规划方法与关节空间轨迹规划方法大致相同,但笛卡儿空间轨迹规划容易出现与工作空间和奇异点有关的各种问题,因此需要注意。

尽管操作臂的起始点与目标点都在机械臂工作空间内部,但是很有可能在连接这两个点的直线上某些点不在工作空间中,如图 6-5 所示,对于此种情况,一般采用关节空间来避免。

机械臂处于奇异点时会导致一个或多个关节速度增至无限大,由于机构的速度有上限,因此这通常会导致机械臂偏离路径。对于该难题,一般采用限定关节速度的方法忽略瞬时特性,使得机械臂关节速度在允许范围内。

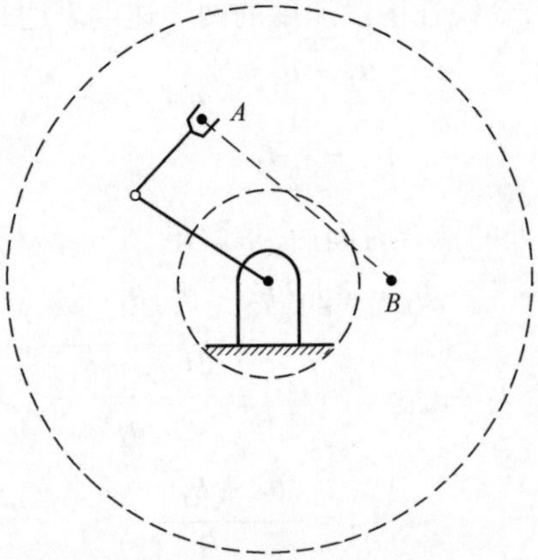

图 6-5　起始点与目标点连线不在工作空间的情况

6.2.2.3 路径生成

在机械臂控制器运行时,控制器不断生成用关节角、角速度、角加速度构造的轨迹,并将其传送至伺服驱动部分,控制器以一定的路径更新频率进行轨迹规划。6.2.2.2 节介绍的几种路径规划方法,其结果都是机械臂各个关节路径的一组数据,这些数据被控制器用来实时计算关节角、关节角速度、关节角加速度。对于3次样条曲线,控制器只需要通过代入时间 t 不断生成上述各个变量,当路径段到达终点之后,若需要新的路径段函数,只需要将时间 t 设为0,继续计算即可。对于带有抛物线拟合的直线样条曲线,每次更新轨迹时,应首先检测时间 t 的值,以判断当前处在路径段的直线区段还是抛物线区段。

在直线区段,对每个关节的路径计算式为

$$\theta = \theta_j + \dot{\theta}_{jk} t \tag{6-49}$$

$$\dot{\theta} = \dot{\theta}_{jk} \tag{6-50}$$

$$\ddot{\theta} = 0 \tag{6-51}$$

式中:t 为自第 j 个中间点算起的时间;$\dot{\theta}_{jk}$ 的值是由路径规划时的相关计算公式计算。

在拟合区段,各个关节轨迹的计算式为

$$t_{\text{inb}} = t - \left(\frac{1}{2} t_j + t_{jk}\right) \tag{6-52}$$

$$\theta = \theta_j + \dot{\theta}_{jk}(t - t_{\text{inb}}) + \frac{1}{2} \ddot{\theta} t_{\text{inb}}^2 \tag{6-53}$$

$$\dot{\theta} = \dot{\theta}_{jk} + \ddot{\theta}_k t_{\text{inb}} \tag{6-54}$$

$$\ddot{\theta} = \ddot{\theta}_k \tag{6-55}$$

笛卡儿空间轨迹规划方法生成路径得到的数值是笛卡儿空间位置与姿态,用 x 代表笛卡儿空间位姿分量,在曲线的直线段 x 中的每个自由度按照式(6-56)计算,即

$$x = x_j + \dot{x}_{jk} t \tag{6-56}$$

$$\dot{x} = \dot{x}_{jk} \tag{6-57}$$

$$\ddot{x} = 0 \tag{6-58}$$

式中:t 为自第 j 个中间点算起的时间,在拟合区段,有

$$t_{\text{inb}} = t - \left(\frac{1}{2} t_j + t_{jk}\right) \tag{6-59}$$

$$x = x_j + \dot{x}_{jk}(t - t_{\text{inb}}) + \frac{1}{2} \ddot{x} t_{\text{inb}}^2 \tag{6-60}$$

$$\dot{x} = \dot{x}_{jk} + \ddot{x}_k t_{\text{inb}} \tag{6-61}$$

$$\ddot{x} = \ddot{x}_k \tag{6-62}$$

最后,笛卡儿空间轨迹按照逆运动学相关算法转换成关节空间轨迹。

6.3 空间机器人动力学建模

动力学分析是机械臂控制、结构设计与驱动器选型的基础,根据机械臂具有多冗余自由度的特点,本节通过自动组集方法结合 Kane 方程,推导空间机器人与平台的动力学模型,该模型可用于平台与机械臂的协调控制。

在航天器发展初期,人们认为各种基础建模理论(如拉格朗日方程、虚功原理、牛顿—欧拉法等)的效率差别并不大,选择哪种方法进行建模,仅仅是力学工作者的个人喜好而已。直至 Kane 提出了一种全新的建模理论——Kane 方程。Kane 指出,使用 Kane 方程相对于其他建模理论的效率高很多,其结合了矢量力学与分析力学的优势,推导直接、物理意义明确。目前,Kane 方程已经成为广泛应用于航天器建模的基础理论[54]。

此外,Kane 方法在建模过程中灵活性较好。在建模时只需要选取系统的广义速度,不必确定系统的广义坐标系,所建立的模型为有关广义速度的一阶微分方程,建模之后系统的运动学关系则可以相对独立地建立,即针对同一组动力学方程,可以选择不同的广义坐标,建立不同的运动学方程,这显然为系统的运动学关系描述带来了便利。此外,采用 Kane 方程时,系统的广义速度选取也具有很好的灵活性,若广义速度选取合理,则可能使建模过程进一步简化。为此,项目研究中,拟采用 Kane 方程作为力学建模原理。

本节通过选取合适的建模方式,建立空间机械臂运动学和动力学方程,这对建模方法提出了以下几个要求:①由于建模需要考虑几种不同的情况,因此建模方法需要具有通用性,可推演不同参数的机械臂/星体;②由于在轨操作机械臂的构型会不断改变,因此建模方法要具有一定的开放性,在系统构型发生改变时,可以方便地建立系统动力学方程,且该过程需要由计算机通过软件自动完成;③由于系统构型较复杂,模型将具有较高的阶数,因此动力学模型要具有较好的计算效率,否则仿真时间将会不可接受;④尽可能地为控制器设计提供模型参考。

针对上述要求,本节采用自动组集算法进行动力学建模(图 6-6)。其依据是:①自动组集算法的基本原理是根据系统不同的构型和运动体个数,计算每个运动体对质量阵和非线性的贡献,之后进行组集,从而获得系统动力学方程。这一基本方法非常适合于针对不同构型系统的计算机软件实现;②自动组集算法的计算效率可接近于递推算法,而又显著优于显式耦合模型;③组集算法尽管不能给出显式表达式的模型,但可给出数值形式的质量阵和非线性耦合，因此仍对控制器设计具有较好的参考价值。

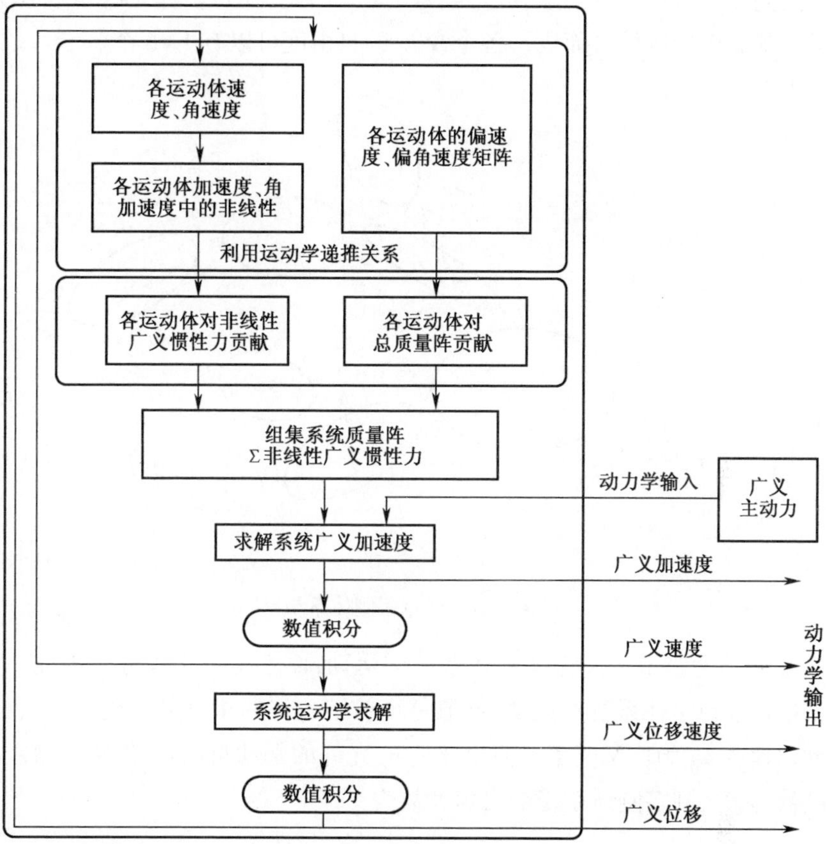

图 6-6　自动组集算法流程框图

6.3.1　多体系统描述

若一个多体系统中没有闭环结构，则称构型为树形。当系统中有闭环时，则需引入最小数量的切开点，使系统退化为树形系统。然后根据该树形系统的结构，对系统进行描述。

本节为了方便地描述多体系统，对每个体进行编号，原则上编号可以任意设定。如图 6-7 所示，视编号为 1 的为根体，体 2、3 通过铰链连接于 1 体，因为其远离根体，所以 2 和 3 为 1 的外接体，1 为 2 和 3 的内接体。同时对铰链进行编号，编号的原则是每个铰的编号与其相连的外接体一致。例如，连接 1

和 2 的铰链编号为 2,连接 3 和 4 的铰链编号为 4。同时定义根体 1 与惯性坐标系之间存在六自由度的虚铰链,编号为 1。因此,任意多体系统可以视为 n 个柔体加 n 个铰链搭接而成。各个铰 h_j 的自由度可以有 1~6 个。

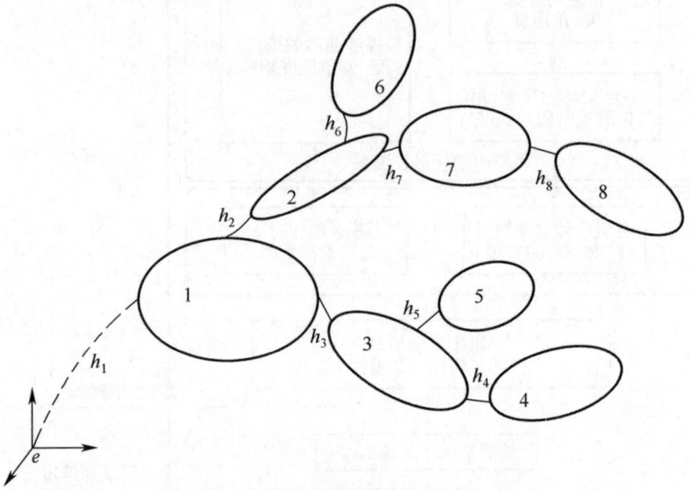

图 6-7　任意多刚体系统

Kane 方程选取广义速率描述系统的运动,而不是广义坐标。因此,本节为了描述任意多体系统的运动,选取每个铰链允许的相对平动速度 u_{tj} 、相对转动角速度 u_{rj} 为广义速率。假设铰链 h_j 允许的平动自由度数为 T_j ,转动自由度数为 R_j ,则多刚体系统的自由度数为

$$n = \sum_{j=1}^{N} (T_j + R_j) \tag{6-63}$$

6.3.2　多体系统广义惯性力自动组集算法

本节提出了广义惯性力的自动组集算法。该算法适用于任意树形构型的多体系统,系统中可以有柔体和刚体,体之间通过铰链连接,铰链的自由度可以有 0~6 个。

广义惯性力自动组集算法的理论基础是 Kane 方程。算法的推导由以下三部分组成。

(1) 求出单体的广义惯性力对系统广义惯性力的贡献,进一步得到单个刚体对系统质量矩阵和广义惯性力非线性项的贡献。

(2) 推导基于广义惯性力自动组集算法的运动学递推关系。

(3) 推导系统的广义主动力和广义内力。

6.3.2.1 系统的 Kane 方程

为便于建模，将 Kane 方程写为

$$\boldsymbol{F}_k^I+\boldsymbol{F}_k^A+\boldsymbol{F}_k^E=\boldsymbol{0}\quad k=1,2,\cdots,n \tag{6-64}$$

式中：$\boldsymbol{F}_k^I$、$\boldsymbol{F}_k^A$ 和 $\boldsymbol{F}_k^E$ 分别为系统第 k 阶广义惯性力、广义主动力和广义弹性力；n 为系统所有广义速率写成分量列阵形式时分量列阵的个数。对于多体系统，第 k 阶广义速率对应的广义惯性力为

$$\boldsymbol{F}_k^I=-\sum_{j=1}^{N}\int_{B_j}{}_k^p\boldsymbol{v}_{mj}\cdot\dot{\boldsymbol{v}}_{mj}\mathrm{d}m\quad k=1,2,\cdots,n \tag{6-65}$$

式中：N 为系统中体的数目；${}_k^p\boldsymbol{v}_{mj}$ 和 $\dot{\boldsymbol{v}}_{mj}$ 分别为第 j 个物体上质量微元的第 k 阶偏速度和加速度。式(6-65)中的积分区域为体 j。

6.3.2.2 多体系统广义惯性力计算

研究多体系统中任意两个相邻的体，如图 6-8 所示，其中 j 体设定为刚体，其上质量微元为 $\mathrm{d}m^j$。j 体的内接体 $c(j)$ 为刚体。

质量微元 $\mathrm{d}m^j$ 对于惯性坐标系 $\boldsymbol{O}_e$ 速度 $\boldsymbol{v}_{mj}$ 为

$$\boldsymbol{v}_{mj}=\boldsymbol{v}_j+\boldsymbol{\omega}_j\times\boldsymbol{r}_{mj} \tag{6-66}$$

式中：$\boldsymbol{v}_j$ 为坐标系 $\boldsymbol{O}_j$ 相对于惯性坐标系 $\boldsymbol{O}_e$ 的速度，在惯性坐标系 $\boldsymbol{O}_e$ 中描述；$\boldsymbol{\omega}_j$ 为坐标系 $\boldsymbol{O}_j$ 相对于惯性坐标系 $\boldsymbol{O}_e$ 的角速度，在坐标系 $\boldsymbol{O}_j$ 中描述；$\boldsymbol{r}_{mj}$ 为质量微元 $\mathrm{d}m^j$ 为变形行前在本体坐标系 $\boldsymbol{O}_j$ 中的矢径，在坐标系 $\boldsymbol{O}_j$ 中描述；

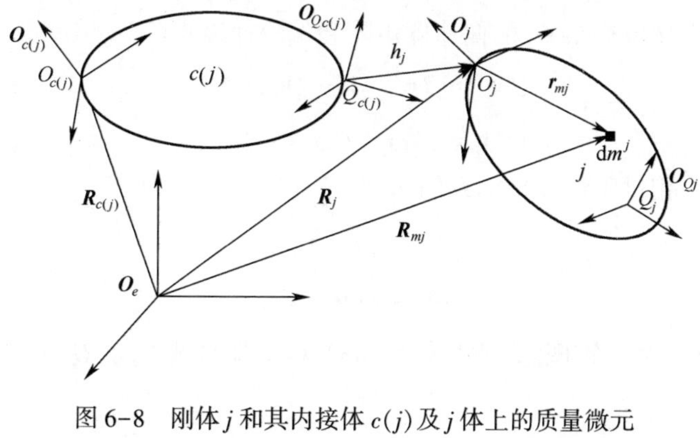

图 6-8 刚体 j 和其内接体 $c(j)$ 及 j 体上的质量微元

质量微元 $\mathrm{d}m^j$ 对于惯性坐标系 $\boldsymbol{O}_e$ 速度 $\boldsymbol{v}_{mj}$ 可表示为广义速率的线性组合

形式,即

$$\boldsymbol{v}_{mj} = \sum_{k=1}^{n} {}_{k}^{p}\boldsymbol{v}_{mj} u_k + \boldsymbol{v}_{mjt} \tag{6-67}$$

式中: ${}_{k}^{p}\boldsymbol{v}_{mj}$ 为 $\mathrm{d}m^j$ 的第 k 阶偏速度; u_k 为系统的第 k 阶广义速率; $\boldsymbol{v}_{mjt}$ 不能表示为 u_k 线性组合的非线性部分,是广义坐标和时间的函数。

坐标系 $\boldsymbol{O}_j$ 相对于惯性系的速度、角速度也可表示为广义速率的线性组合,即

$$\boldsymbol{v}_{j} = \sum_{k=1}^{n} {}_{k}^{p}\boldsymbol{v}_{j} u_k + \boldsymbol{v}_{jt} \tag{6-68}$$

$$\boldsymbol{\omega}_{j} = \sum_{k=1}^{n} {}_{k}^{p}\boldsymbol{\omega}_{j} u_k + \boldsymbol{\omega}_{jt} \tag{6-69}$$

式中: ${}_{k}^{p}\boldsymbol{v}_{mj}$ 为 $\boldsymbol{O}_j$ 的第 k 阶偏速度; ${}_{k}^{p}\boldsymbol{\omega}_{j}$ 为 $\boldsymbol{O}_j$ 的第 k 阶偏角速度, $\boldsymbol{v}_{jt}$ 和 $\boldsymbol{\omega}_{jt}$ 与 $\boldsymbol{v}_{mjt}$ 的意义相同。

为了推导方便,引入 3 个概念,即偏速度矩阵、偏角速度矩阵和模态选择矩阵。

定义质量微元 $\mathrm{d}m^j$ 的偏速度矩阵 ${}^{p}\boldsymbol{v}_{mj}$ 和偏角速度矩阵为

$$\begin{cases} {}^{p}\boldsymbol{v}_{mj} = [\,{}_{1}^{p}\boldsymbol{v}_{mj} \quad {}_{2}^{p}\boldsymbol{v}_{mj} \cdots {}_{n}^{p}\boldsymbol{v}_{mj}\,] \\ {}^{p}\boldsymbol{\omega}_{mj} = [\,{}_{1}^{p}\boldsymbol{\omega}_{mj} \quad {}_{2}^{p}\boldsymbol{\omega}_{mj} \cdots {}_{n}^{p}\boldsymbol{\omega}_{mj}\,] \end{cases} \tag{6-70}$$

则质量微元 $\mathrm{d}m^j$ 相对于惯性坐标系的速度可以写为

$$\boldsymbol{v}_{mj} = {}^{p}\boldsymbol{v}_{mj}\boldsymbol{u} + \boldsymbol{v}_{mjt} \tag{6-71}$$

式中: $\boldsymbol{u}$ 为系统广义速度依次排列组成的列阵,即

$$\boldsymbol{u} = [\,\boldsymbol{u}_1^{\mathrm{T}} \quad \boldsymbol{u}_2^{\mathrm{T}} \quad \cdots \quad \boldsymbol{u}_n^{\mathrm{T}}\,]^{\mathrm{T}} \tag{6-72}$$

同理,定义坐标系 $\boldsymbol{O}_j$ 的偏速度矩阵和偏角速度矩阵为

$$\begin{cases} {}^{p}\boldsymbol{v}_{j} = [\,{}_{1}^{p}\boldsymbol{v}_{j} \quad {}_{2}^{p}\boldsymbol{v}_{j} \cdots {}_{n}^{p}\boldsymbol{v}_{j}\,] \\ {}^{p}\boldsymbol{\omega}_{j} = [\,{}_{1}^{p}\boldsymbol{\omega}_{j} \quad {}_{2}^{p}\boldsymbol{\omega}_{j} \cdots \ {}_{n}^{p}\boldsymbol{\omega}_{j}\,] \end{cases} \tag{6-73}$$

则坐标系 $\boldsymbol{O}_j$ 相对于惯性坐标系的速度、角速度可以写为

$$\begin{cases} \boldsymbol{v}_{j} = {}^{p}\boldsymbol{v}_{j}\boldsymbol{u} + \boldsymbol{v}_{jt} \\ \boldsymbol{\omega}_{j} = {}^{p}\boldsymbol{\omega}_{j}\boldsymbol{u} + \boldsymbol{\omega}_{jt} \end{cases} \tag{6-74}$$

使用以上引入的概念,质量微元 $\mathrm{d}m^j$ 对于惯性坐标系 $\boldsymbol{O}_e$ 速度 $\boldsymbol{v}_{mj}$ 可以写为

$$\begin{aligned} \boldsymbol{v}_{mj} &= {}^{p}\boldsymbol{v}_{j}\boldsymbol{u} + \boldsymbol{v}_{jt} + ({}^{p}\boldsymbol{\omega}_{j}\boldsymbol{u} + \boldsymbol{\omega}_{jt}) \times \boldsymbol{r}_{mj} \\ &= {}^{p}\boldsymbol{v}_{j}\boldsymbol{u} + {}^{p}\boldsymbol{\omega}_{j}\boldsymbol{u} \times \boldsymbol{r}_{mj} + \boldsymbol{v}_{jt} + \boldsymbol{\omega}_{jt} \times \boldsymbol{r}_{mj} \end{aligned}$$

$$= ({}^{p}\boldsymbol{v}_j + {}^{p}\boldsymbol{\omega}_j \times \boldsymbol{r}_{mj})\boldsymbol{u} + (\boldsymbol{v}_{jt} + \boldsymbol{\omega}_{jt} \times \boldsymbol{r}_{mj}) \tag{6-75}$$

对比式(6-71)和式(6-75),得到偏速度矩阵的重要关系为

$${}^{p}\boldsymbol{v}_{mj} = {}^{p}\boldsymbol{v}_j + {}^{p}\boldsymbol{\omega}_j \times \boldsymbol{r}_{mj} \tag{6-76}$$

式(6-76)是广义惯性力的自动组集算法的核心,有了它的成立,才能够完成式(6-65)中的积分操作。

对式(6-66)进行求导,可得质量微元 $\mathrm{d}m^j$ 的加速度:

$$\dot{\boldsymbol{v}}_{mj} = \dot{\boldsymbol{v}}_j + \dot{\boldsymbol{\omega}}_j \times \boldsymbol{r}_{mj} + \boldsymbol{\omega}_j \times \boldsymbol{\omega}_j \times \boldsymbol{r}_{mj} \tag{6-77}$$

根据式(6-65),定义体 j 对系统广义惯性力的贡献为

$$\boldsymbol{F}_j^I = -\int_{Bj}^{p} \boldsymbol{v}_{mj} \cdot \dot{\boldsymbol{v}}_{mj} \mathrm{d}m \tag{6-78}$$

式中: ${}^{p}\boldsymbol{v}_{mj}$ 为质量微元 $\mathrm{d}m^j$ 的偏速度矩阵; $\dot{\boldsymbol{v}}_{mj}$ 为其加速度。

将式(6-76)和式(6-77)代入式(6-78),可得

$$\begin{aligned}
\boldsymbol{F}_j^I &= -\int_{Bj} {}^{p}\boldsymbol{v}_{mj} \cdot \boldsymbol{v}_{mj} \mathrm{d}m^j \\
&= -\int_{Bj} [{}^{p}\boldsymbol{v}_j + {}^{p}\boldsymbol{\omega}_j \times \boldsymbol{r}_{mj}] \cdot [\dot{\boldsymbol{v}}_j + \dot{\boldsymbol{\omega}}_j \times \boldsymbol{r}_{mj} + \boldsymbol{\omega}_j \times (\boldsymbol{\omega}_j \times \boldsymbol{r}_{mj})] \mathrm{d}m^j \\
&= -{}^{p}\boldsymbol{v}_j \cdot [m_j \dot{\boldsymbol{v}}_j - \boldsymbol{S}_j \times \dot{\boldsymbol{\omega}}_j + \boldsymbol{\omega}_j \times \boldsymbol{\omega}_j \times \boldsymbol{S}_j] - {}^{p}\boldsymbol{\omega}_j \cdot [\boldsymbol{S}_j \times \dot{\boldsymbol{v}}_j - \boldsymbol{J}_j \dot{\boldsymbol{\omega}}_j - \boldsymbol{\omega}_j \times \boldsymbol{J} \cdot \boldsymbol{\omega}_j]
\end{aligned} \tag{6-79}$$

式(6-79)中的一些项定义如下:

$\boldsymbol{S}_j = \int_{Bj} \boldsymbol{r}_{mj} \mathrm{d}m^j$ 物体 j 相对于本体坐标系的静矩。

$\boldsymbol{J}_j = \int_{Bj} [\boldsymbol{r}_{mj} \cdot \boldsymbol{r}_{mj} \boldsymbol{I}_3 - \boldsymbol{r}_{mj} \boldsymbol{r}_{mj}] \mathrm{d}m^j$ 物体 j 相对于本体坐标系的惯性张量。

式(6-74)对时间求导,可得

$$\begin{cases} \dot{\boldsymbol{v}}_j = {}^{p}\boldsymbol{v}_j \dot{\boldsymbol{u}} + \dot{\boldsymbol{v}}_{jt} \\ \dot{\boldsymbol{\omega}}_j = {}^{p}\boldsymbol{\omega}_j \dot{\boldsymbol{u}} + \dot{\boldsymbol{\omega}}_{jt} \end{cases} \tag{6-80}$$

其中,包含一步更新

$$\begin{cases} \dot{\boldsymbol{v}}_{jt} \leftarrow {}^{p}\dot{\boldsymbol{v}}_j \boldsymbol{u} + \dot{\boldsymbol{v}}_{jt} \\ \dot{\boldsymbol{\omega}}_{jt} \leftarrow {}^{p}\dot{\boldsymbol{\omega}}_j \boldsymbol{u} + \dot{\boldsymbol{\omega}}_{jt} \end{cases} \tag{6-81}$$

将式(6-80)代入式(6-79),便把 j 体对系统广义惯性力的贡献表示为广义速率的函数。将 $\boldsymbol{F}_j^I$ 分为两部分,带有下角标“0”的是广义速率一阶导数的线性项,带有下角标“t”的是非线性项,即

$$\boldsymbol{F}_j^I = -\boldsymbol{F}_{j0}^I - \boldsymbol{F}_{jt}^I \tag{6-82}$$

其中,线性部分可以写为

$$\boldsymbol{F}_{j0}^{I}=\boldsymbol{M}_{j}\dot{\boldsymbol{u}} \tag{6-83}$$

式中: $\boldsymbol{M}_j$ 为体 j 对系统质量矩阵的贡献,它的表达式为

$$\boldsymbol{M}_{j}={}^{p}\boldsymbol{v}_{j}\cdot[m_{j}{}^{p}\boldsymbol{v}_{j}-\boldsymbol{S}_{j}\times{}^{p}\boldsymbol{\omega}_{j}]+{}^{p}\boldsymbol{\omega}_{j}\cdot[\boldsymbol{S}_{j}\times{}^{p}\boldsymbol{v}_{j}-\boldsymbol{J}_{j}{}^{p}\boldsymbol{\omega}_{j}] \tag{6-84}$$

非线性部分 $\boldsymbol{F}_{jt}^{I}$ 为体 j 对系统广义惯性力非线性项的贡献,即

$$\begin{aligned}\boldsymbol{F}_{jt}^{I}={}&{}^{p}\boldsymbol{v}_{j}\cdot[m_{j}\dot{\boldsymbol{v}}_{jt}-\boldsymbol{S}_{j}\times\dot{\boldsymbol{\omega}}_{jt}+\boldsymbol{\omega}_{j}\times\boldsymbol{\omega}_{j}\times\boldsymbol{S}_{j}]\\&+{}^{p}\boldsymbol{\omega}_{j}\cdot[\boldsymbol{S}_{j}\times\dot{\boldsymbol{v}}_{jt}-\boldsymbol{J}_{j}\dot{\boldsymbol{\omega}}_{jt}-\boldsymbol{\omega}_{j}\times\boldsymbol{J}\cdot\boldsymbol{\omega}_{j}]\end{aligned} \tag{6-85}$$

因为系统的广义惯性力为

$$\boldsymbol{F}^{I}=\sum_{j=1}^{N}\boldsymbol{F}_{j}^{I} \tag{6-86}$$

所以系统总体的质量矩阵和广义惯性力的非线性项通过下式计算,即

$$\begin{cases}\boldsymbol{M}=\sum\limits_{j=1}^{N}\boldsymbol{M}_{j}\\ \boldsymbol{F}_{t}^{I}=\sum\limits_{j=1}^{N}\boldsymbol{F}_{jt}^{I}\end{cases} \tag{6-87}$$

6.3.2.3 多体系统广义主动力及广义弹性力计算

假设系统受到 S 个外力 $\boldsymbol{F}_s(s=1,2,\cdots,S)$ 和 T 个外力矩 $\boldsymbol{T}_t(t=1,2,\cdots,T)$,则系统广义主动力的表达形式为

$$\boldsymbol{F}^{A}=\begin{bmatrix}\boldsymbol{F}_{1}^{A\mathrm{T}} & \cdots & \boldsymbol{F}_{i}^{A\mathrm{T}} & \cdots & \boldsymbol{F}_{n}^{A\mathrm{T}}\end{bmatrix}^{\mathrm{T}} \tag{6-88}$$

$$\boldsymbol{F}_{k}^{A}=\sum_{s=1}^{S}{}_{k}^{p}\boldsymbol{v}_{s}\boldsymbol{F}_{s}+\sum_{t=1}^{T}{}_{k}^{p}\boldsymbol{\omega}_{t}\boldsymbol{T}_{t}\quad k=1,2,\cdots,n$$

式(6-88)的物理意义是分别求得作用在系统上每个外力、外力矩的对应于各阶广义速率的广义主动力,然后再依次堆叠成广义主动力。式(6-88)的形式虽然复杂,但是经过推导,可以得到一些形式简单的结论。

空间机器人的运动选取以下的广义速率描述,即

$$\boldsymbol{u}=[\boldsymbol{v}_{1}^{\mathrm{T}},\boldsymbol{\omega}_{1}^{\mathrm{T}},\dot{q}_{1},\cdots,\dot{q}_{2m-1},\dot{q}_{2},\cdots,\dot{q}_{2m}]^{\mathrm{T}} \tag{6-89}$$

式中: $\boldsymbol{v}_1$ 和 $\boldsymbol{\omega}_1$ 分别为平台速度和角速度; $\dot{q}_{2i-1}(i=1,2,\cdots,m)$ 为第 i 个电机转子的输出角速率; $\dot{q}_{2i}(i=1,2,\cdots,m)$ 为第 i 个链接相对于电机转子的弹性转角的一阶导数,即相对转动速率。系统共有 $2+2m$ 阶广义速率。

作用在平台的力 $\boldsymbol{F}_1$ 的广义主动力为

$$F^A = [\,F_1^{\mathrm{T}} \quad (\tilde{r}F_1)^{\mathrm{T}} \quad \underbrace{0^{\mathrm{T}} \quad \cdots \quad 0^{\mathrm{T}}}_{2m}\,]^{\mathrm{T}} \tag{6-90}$$

式中：F_1 为 $\boldsymbol{F}_1$ 在平台本体系中的分量列阵；$\boldsymbol{r} = \boldsymbol{b}^{\mathrm{T}}r$ 为 $\boldsymbol{F}_1$ 作用点在平台本体系中的矢径；$\boldsymbol{b}^{\mathrm{T}}$ 是平台本体系的单位基向量，r 是其 3 个分量。其中 0 矩阵具有其对应的广义速率相容的维数，下标“$2m$”表明有 $2m$ 个 0 矩阵，以下表达式中作同样的定义。

作用在平台本体的力矩 $\boldsymbol{T}_1$ 的广义主动力为

$$F^A = [\,0^{\mathrm{T}} \quad T_1^{\mathrm{T}} \quad \underbrace{0^{\mathrm{T}} \quad \cdots \quad 0^{\mathrm{T}}}_{2m}\,]^{\mathrm{T}} \tag{6-91}$$

式中：T_1 为 $\boldsymbol{T}_1$ 在平台本体系中的分量列阵。

第 i 个电机转子施加的控制力矩 $\boldsymbol{T}_i$ 的广义主动力为

$$F^A = [\,0^{\mathrm{T}} \quad 0^{\mathrm{T}} \quad \underbrace{0^{\mathrm{T}} \quad \cdots \quad 0^{\mathrm{T}}}_{i-1} \quad \mathrm{T}_i^{\mathrm{T}} \quad \underbrace{0^{\mathrm{T}} \cdots 0^{\mathrm{T}}}_{2m-i}\,]^{\mathrm{T}} \tag{6-92}$$

式中：T_i 是 $\boldsymbol{T}_i$ 在第 i 个电机转子坐标系中的分量。

由于在轨操作机械臂考虑了关节柔性，其关节是由弹性力驱动的，弹性力作用在电机转子和机械臂连接上，因此系统广义弹性力可以写成

$$F^E = [\,\underbrace{0^{\mathrm{T}} \cdots 0^{\mathrm{T}}}_{m+2} \; - k_1 q_2 \cdots - k_m q_{2m}\,]^{\mathrm{T}} \tag{6-93}$$

式中：k_i为第 i 个弹性关节的弹性刚度。

系统动力学方程的最终形式为

$$M\dot{u} = F \tag{6-94}$$

式中：$F = - F_t^I + F^A + F^E$，即 F 中包含广义惯性力非线性项、广义主动力、广义内力（本节指的是广义弹性力）。

由此得到动力学关系，各体对系统质量阵和广义惯性力非线性项中还需要获得系统的运动学递推关系。内接体为刚性体情况下的运动学递推关系较简单，不再单独列出。

6.4 空间机器人协调控制算法

多臂航天器的多体效应从 20 世纪 80 年代起已受到大量的关注与研究，并且形成了丰富、成熟的解决方案，已应用到实际型号中。本节基于 6.2 节所述空间机器人运动学模型以及 6.3 节所述空间机器人多体动力学模型，针对机械臂与平台之间的耦合扰动问题，综合考虑手眼视觉误差等实际因素，采用角动量前馈实现机械臂与平台协调控制。

6.4.1 相关控制模型建立

6.4.1.1 目标航天器–平台相对运动模型

目标航天器与平台相对运动的示意图如图 6-9 所示。

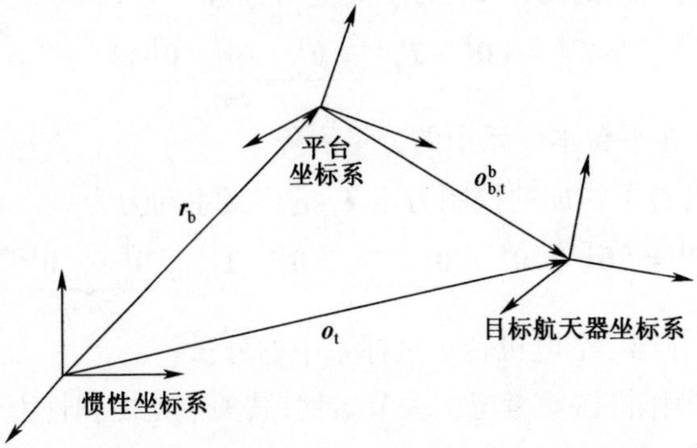

图 6-9 目标航天器与平台相对运动关系

目标航天器坐标系原点相对平台运动的关系为

$$\boldsymbol{o}_{b,t}^{b} = \boldsymbol{R}^{b}(\boldsymbol{o}_{t} - \boldsymbol{r}_{b}) \tag{6-95}$$

$$\dot{\boldsymbol{o}}_{b,t}^{b} = \boldsymbol{R}^{b}\dot{\boldsymbol{o}}_{t} - \boldsymbol{v}_{b} - \boldsymbol{\omega}_{b}^{\times}\boldsymbol{o}_{b,t}^{b} \tag{6-96}$$

$$\ddot{\boldsymbol{o}}_{b,t}^{b} = \boldsymbol{R}^{b}\ddot{\boldsymbol{o}}_{t} - \dot{\boldsymbol{v}}_{b} - \boldsymbol{\omega}_{b}^{\times}\boldsymbol{v}_{b} - \dot{\boldsymbol{\omega}}_{b}^{\times}\boldsymbol{o}_{b,t}^{b} - \boldsymbol{\omega}_{b}^{\times}\boldsymbol{\omega}_{b}^{\times}\boldsymbol{o}_{b,t}^{b} - 2\boldsymbol{\omega}_{b}^{\times}\dot{\boldsymbol{o}}_{b,t}^{b} \tag{6-97}$$

式中：$\boldsymbol{o}_t$ 为目标航天器坐标系原点在惯性坐标系中的位置，在惯性坐标系中表示；$\boldsymbol{o}_{b,t}^{b}$ 为目标航天器坐标系原点在平台坐标系中的位置，在平台坐标系中表示。

6.4.1.2 平台姿态运动模型

在协调控制方案中，平台姿态控制系统独立于机械臂系统进行设计，协调体现为姿态控制回路中增添的前馈机制。因此，需要平台姿态控制的设计模型。

在研究中使用单刚体姿态运动模型作为协调控制情况下平台姿态控制系统的设计模型。假设：

(1) 本体坐标系原点在平台质心；

(2) 本体坐标系各轴为惯量主轴。

则平台姿态运动模型为

$$I_0\dot{\omega}_0 + \omega_0^{\times} I_0\omega_0 = t_0 \tag{6-98}$$

$$\dot{\Theta}_0 = G^{-1}(\Theta_0)\,\omega_0 \tag{6-99}$$

式中：I_0 为平台的主轴惯量矩阵，由假设其为对角阵；ω_0 为角速度在主轴坐标系的投影；t_0 为对质心的力矩在主轴坐标系的投影；Θ_0 为主轴坐标系姿态角，按第1、2、3次旋转排列；G 为与转序转矩相关的姿态变换矩阵。

6.4.1.3 手眼相机测量模型

在机械臂对抓捕点进行抓捕的过程中，常使用安装在机械臂末端作用器上的手眼相机对抓捕点进行拍摄、测量其与相机坐标系间的相对位置、姿态。在实际中，相对位置、姿态的测量值从图像信息中抽取；而在轨迹规划与控制的研究中，假设这些测量值可以直接获得。在仿真中，需要从系统与目标的状态中计算得到这些测量值作为控制器的输入，因此本节从运动学角度给出计算公式。

作以下假设。

(1) 相机坐标系 c 与末端作用器坐标系 e 重合。

(2) 目标航天器相对惯性坐标系的位置 o_o、姿态 R^o 作为连续变化的输入给出。则抓捕点坐标系相对相机坐标系的位置 $o_{c,o}^c$、姿态 R_o^c 由下式给出，即

$$\begin{cases} o_{c,o}^c = R^e(o_o - o_e) \\ R_o^c = R^e\,(R^o)^{\mathrm{T}} \end{cases} \tag{6-100}$$

式中：R^e 为惯性坐标系到末端作用器坐标系的方向余弦矩阵；o_e 为末端作用器在惯性坐标系中的位置。这两个量可以通过多臂航天器的正运动学计算得到。

6.4.2 协调控制方法

在协调控制方案中，将机械臂控制器、平台姿态控制器和平台位置控制器作为相互独立的控制系统，并通过控制系统间的通信与补偿，实现对双臂抓捕和平台姿态稳定的控制。对平台相对位置控制，拟使用单独的相平面方法进行设计。平台与机械臂协调控制策略如图6-10所示。

(1) 机械臂控制系统由路径规划结果估计机械臂运动对平台姿态造成的影响。结合姿态控制系统传送的姿态控制状态，若机械臂规划运动超出平台控制能力，则降低机械臂的移动速度或停止运动等待平台恢复平稳；若在平台

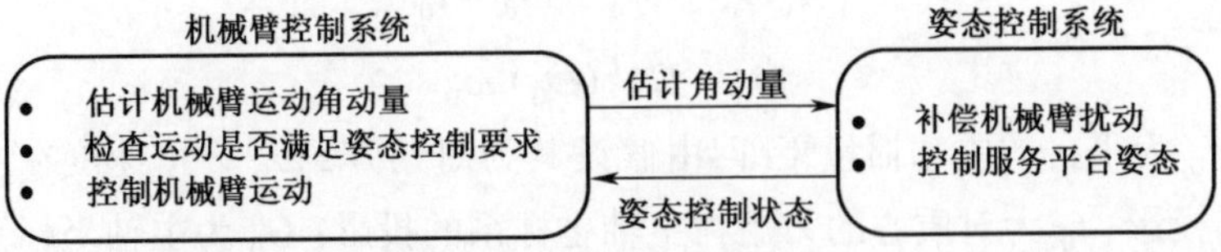

图 6-10　协调控制方案[55]

控制能力范围内,则将对机械臂角动量的估计输送给姿态控制系统做角动量补偿,同时,控制系统驱动机械臂运动。

(2) 姿态控制系统综合姿态误差和机械臂控制系统输送的角动量估计值,对平台姿态进行控制;同时,其将姿态控制情况输送给机械臂控制系统,供其判断姿态控制情况。

在本节建立的协调控制方案中:首先建立平台相对位置和姿态的反馈控制律;然后给出系统的角动量方程;最后建立机械臂与平台姿态运动间的协调关系和建立前馈角动量补偿控制律。角动量补偿与反馈控制系统一起作用,减小平台姿态的控制误差。此处协调的意义在于姿态控制回路能够获取机械臂期望运动的信息(规划轨迹)。

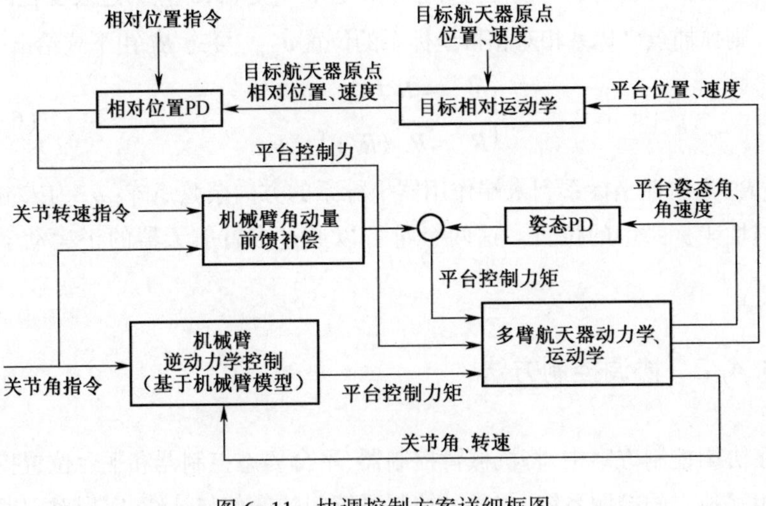

图 6-11　协调控制方案详细框图

6.4.2.1　平台控制

平台控制的主要任务是保持目标航天器和平台的相对位置、稳定平台姿态。其中,第一项任务需要考虑目标航天器与平台的相对运动关系;第二项任务则需考虑平台的姿态运动方程。在设计中作以下假设(细化):控制输入为控制力和对平台质心的力矩;平台坐标系为质心主轴坐标系;相对位置控制的目标是保持目标航天器坐标系原点在平台坐标系中的位置;目标航天器坐标系原点在惯性空间中静止或等速运动(无加速度);姿态控制的目标是保持平台坐标系与惯性坐标系指向一致。另外,本节中将表示平台的下标 b 替换为 0,以体现平台坐标系为质心主轴坐标系的假设,区别于系统模型和一体化控制中可任意选择的平台坐标系。

取 3-2-1 姿态角(偏航 ψ 、俯仰 θ 、滚转 ϕ),在小姿态角/角速度的假设式(6-98)和式(6-99)简化为

$$\boldsymbol{I}_0\begin{bmatrix}\ddot{\phi}\\ \ddot{\theta}\\ \ddot{\psi}\end{bmatrix}=\boldsymbol{t}_0 \tag{6-101}$$

则对于姿态稳定问题可以使用 PD 控制器,即

$$\boldsymbol{t}_0=-\boldsymbol{K}_{\mathrm{p}}\begin{bmatrix}\ddot{\phi}\\ \ddot{\theta}\\ \ddot{\psi}\end{bmatrix}-\boldsymbol{K}_{\mathrm{d}}\boldsymbol{\omega}_0 \tag{6-102}$$

式中: $\boldsymbol{K}_{\mathrm{p}}$ 、$\boldsymbol{K}_{\mathrm{d}}$ 为对称正定矩阵。注意:式(6-102)角加速度形成的列向量按对应 x、y、z 轴的角度排列,与设计模型中按第 1、2、3 次旋转排列不同。

根据目标航天器相对惯性坐标系无加速度的假设,并进一步假设平台的姿态运动和目标坐标系原点相对平台坐标系的运动为小运动(但目标坐标系原点在平台系的距离不为小量),则有

$$\dot{\boldsymbol{v}}_0=-\ddot{\boldsymbol{o}}_{0,\mathrm{t}}^{0}+\boldsymbol{o}_{0,\mathrm{t}}^{0\times}\dot{\boldsymbol{\omega}}_0 \tag{6-103}$$

设目标航天器坐标系原点在平台坐标系中的期望位置为 $\bar{\boldsymbol{o}}_{0,\mathrm{t}}^{0}$,则可取 PD 控制

$$\dot{\bar{\boldsymbol{v}}}_0=\boldsymbol{o}_{0,\mathrm{t}}^{0\times}\dot{\boldsymbol{\omega}}_0-\boldsymbol{K}_{\mathrm{p}}(\bar{\boldsymbol{o}}_{0,\mathrm{t}}^{0}-\boldsymbol{o}_{0,\mathrm{t}}^{0})+\boldsymbol{K}_{\mathrm{d}}\dot{\boldsymbol{o}}_{0,\mathrm{t}}^{0} \tag{6-104}$$

式中: $\boldsymbol{K}_{\mathrm{p}}$ 、$\boldsymbol{K}_{\mathrm{d}}$ 为对称正定矩阵。由刚体质心动力学定理,有

$$\boldsymbol{f}_0=m\dot{\boldsymbol{v}}_0+m\boldsymbol{\omega}_0^{\times}\boldsymbol{v}_0 \tag{6-105}$$

而同样由平台姿态运动和目标航天器相对平台运动较小的假设,有

$$\boldsymbol{f}_0=m\dot{\boldsymbol{v}}_0 \tag{6-106}$$

综合式(6-104)、式(6-106),取相对位置控制律为

$$\boldsymbol{f}_0=m\boldsymbol{o}_{0,\mathrm{t}}^{0\times}\dot{\boldsymbol{\omega}}_0-\boldsymbol{K}_{\mathrm{p}}(\bar{\boldsymbol{o}}_{0,\mathrm{t}}^{0}-\boldsymbol{o}_{0,\mathrm{t}}^{0})+\boldsymbol{K}_{\mathrm{d}}\dot{\boldsymbol{o}}_{0,\mathrm{t}}^{0} \tag{6-107}$$

式(6-107)中后两项中 m 融入了控制参数中。由式(6-107)以发现,控制律中需要当前平台的角加速度,但这个变量一般不能得到。由小运动假设,有

$$\dot{\boldsymbol{\omega}}_0 \approx \begin{bmatrix} \ddot{\phi} \\ \ddot{\theta} \\ \ddot{\psi} \end{bmatrix} \tag{6-108}$$

当扰动力矩(机械臂、环境)较小时,可以用式(6-101)估计角加速度,因此可取相对位置控制律的最终形式为

$$\boldsymbol{f}_0 = m\boldsymbol{o}_{0,\mathrm{t}}^{0\times} \boldsymbol{I}_0^{-1} \boldsymbol{t}_0 - \boldsymbol{K}_\mathrm{p}(\bar{\boldsymbol{o}}_{0,\mathrm{t}}^0 - \boldsymbol{o}_{0,\mathrm{t}}^0) + \boldsymbol{K}_\mathrm{d}\dot{\boldsymbol{o}}_{0,\mathrm{t}}^0 \tag{6-109}$$

式(6-109)中的第一项(补偿项)仅用平台的控制力矩估计,当机械臂运动较快时,平台的角加速度由机械臂扰动力矩主导,这时这一补偿的作用有限;而当机械臂停止运动后,这一项利于实现平台相对运动的稳定控制。当引入前馈补偿后,由于机械臂扰动力矩被很大程度上抵消,这一项的作用又会变得明显。

6.4.2.2 系统的动量与角动量

由于摩擦等因素,机械臂对平台的扰动力矩难以估计,本节从系统的角动量层面建立机械臂与平台的协调关系,实现协调控制方案[56]。

系统具有 l 部机械臂,第 k 部机械臂具有 n_k 个自由度。其系统动量和关于平台质心的角动量为(所有变量均在某一个坐标系中表示)

$$\begin{bmatrix} \boldsymbol{P}_0 \\ \boldsymbol{L}_0 \end{bmatrix} = \begin{bmatrix} w\boldsymbol{E} & w\tilde{\boldsymbol{r}}_{0\mathrm{g}}^{\mathrm{T}} \\ w\tilde{\boldsymbol{r}}_{0\mathrm{g}} & \boldsymbol{H}_\omega \end{bmatrix} \begin{bmatrix} \boldsymbol{v}_0 \\ \boldsymbol{\omega}_0 \end{bmatrix} + \sum_{k=1}^{l} \begin{bmatrix} \boldsymbol{J}_{\mathrm{T}w}^k \\ \boldsymbol{H}_{\omega\varphi}^k \end{bmatrix} \dot{\boldsymbol{\phi}}^k \tag{6-110}$$

式中:$\boldsymbol{P}_0$ 为系统的动量;$\boldsymbol{L}_0$ 为系统对平台质心的角动量;$\boldsymbol{v}_0$ 为平台质心的速度;$\boldsymbol{\omega}_0$ 为平台角速度;$\boldsymbol{\phi}^k$ 为第 k 部机械臂关节角组成的列阵。各系数定义为

$$w \equiv \sum_{k=1}^{l}\sum_{i=1}^{n_k} m_i^k + m_0$$

$$\boldsymbol{H}_\omega \equiv \sum_{k=1}^{l}\sum_{i=1}^{n_k} (\boldsymbol{I}_i^k + m_i^k (\tilde{\boldsymbol{r}}_{0i}^k)^{\mathrm{T}} \tilde{\boldsymbol{r}}_{0i}^k) + \boldsymbol{I}_0$$

$$\boldsymbol{H}_{\omega\phi}^k \equiv \sum_{i=1}^{n_k} [\boldsymbol{I}_i^k \boldsymbol{J}_{\mathrm{R}i}^k + m_i^k \tilde{\boldsymbol{r}}_{0i}^k \boldsymbol{J}_{\mathrm{T}i}^k]$$

$$\boldsymbol{J}_{\mathrm{T}w}^k \equiv \sum_{i=1}^{n_k} m_i^k \boldsymbol{J}_{\mathrm{T}i}^k$$

$$J_{Ti}^k \equiv \underbrace{[k_1^k \times (r_i^k - p_1^k) \quad k_2^k \times (r_i^k - p_2^k) \quad \cdots \quad k_i^k \times (r_i^k - p_i^k) \quad 0 \quad \cdots \quad 0]}_{n_k\text{列}}$$

$$J_{Ri}^k \equiv \underbrace{[k_1^k \quad k_2^k \quad \cdots \quad k_i^k \quad 0 \quad \cdots \quad 0]}_{n_k\text{列}}$$

$$r_{0g} \equiv r_g - r_0$$

$$r_{0i}^k \equiv r_i^k - r_0$$

式中：m_i^k 、I_i^k 分别为第 k 部机械臂第 i 个臂杆的质量和对质心的惯量；I_0 为平台对其质心的惯量；r_i^k 为第 k 部机械臂第 i 个臂杆质心在惯性坐标系中的位置；r_0 为平台质心在惯性坐标系中的位置；r_g 为系统质心在惯性坐标系中的位置；p_i^k 第 k 部机械臂第 i 个旋转关节在惯性坐标系中的位置；k_i^k 为第 k 部机械臂第 i 个旋转关节的转轴单位矢量。

当系统所受外力系主矢为 0 且初始动量为 0 时，可消去平动项的影响，即

$$L_0 = I_s \omega_0 + \sum_{k=1}^{l} I_{mk} \dot{\phi}^k \tag{6-111}$$

其中

$$I_s = \sum_{k=1}^{l} \sum_{i=1}^{n_k} (I_i^k + m_i^k (\tilde{r}_{0i}^k)^T \tilde{r}_{gi}^k) + I_0$$

$$I_{mk} \equiv \sum_{i=1}^{n_k} (I_i^k J_{Ri}^k + m_i^k \tilde{r}_{gi}^k J_{Ti}^k)$$

为得到上述公式中的各量，需要计算 r_{gi}^k 、$r_i^k - p_j^k$ 和 r_{0i}^k 。$r_i^k - p_j^k$ 可转化为

$$r_i^k - p_j^k = r_{gi}^k - (r_{gj}^k + l_j^k) \tag{6-112}$$

式中：l_j^k 为第 k 部机械臂第 j 个臂杆质心到第 j 个关节的矢量。r_{0i}^k 可转化为

$$r_{0i}^k = r_{0g} + r_{gi}^k \tag{6-113}$$

式中：r_{gi}^k 、r_{0g} 需要采用文献[57]的方法计算。本节首先用文献[57]中的符号给出结果；然后建立文献[57]中符号与文献[56]中符号的对应关系。编号的方式与文献[56]中有所不同，系统机械臂数为 n ，第 i 部机械臂的自由度数为 N_i ，则

$$\rho_0 = c_0^* + \sum_{i=1}^{n} \sum_{j=1}^{N_i} l_j^{*i} \tag{6-114}$$

$$\rho_k^m = r_0^{*m} + \sum_{\substack{i=1 \\ i \neq m}}^{n} \sum_{j=1}^{N_i} l_j^{*i} + \sum_{i=1}^{N_m} v_{ik}^m \tag{6-115}$$

式中：$\boldsymbol{\rho}_0$ 为系统质心到平台质心的矢量；$\boldsymbol{\rho}_k^m$ 为系统质心到第 m 部机械臂第 k 个臂杆质心的矢量；其余各量为

$$\boldsymbol{v}_{ik}^m \equiv \begin{cases} \boldsymbol{r}_i^{*m} & i < k \\ \boldsymbol{c}_i^{*m} & i = k \\ \boldsymbol{l}_i^{*m} & i > k \end{cases}$$

$$\boldsymbol{r}_i^{*m} \equiv \boldsymbol{r}_i^m - \boldsymbol{c}_i^m$$

$$\boldsymbol{c}_i^{*m} \equiv - \boldsymbol{c}_i^m$$

$$\boldsymbol{l}_i^{*m} \equiv \boldsymbol{l}_i^m - \boldsymbol{c}_i^m$$

$$\boldsymbol{c}_0^* = - \boldsymbol{c}_0$$

$$\boldsymbol{r}_0^{*m} = \boldsymbol{r}_0^m - \boldsymbol{c}_0$$

$$\boldsymbol{c}_0 = \sum_{i=1}^{n} \boldsymbol{r}_0^i \boldsymbol{\mu}_1^{*i}$$

$$\boldsymbol{c}_i^m = \boldsymbol{l}_i^m (1 - \boldsymbol{\mu}_i^{*m}) + \boldsymbol{r}_i^m \boldsymbol{\mu}_{i+1}^{*m}$$

$$\boldsymbol{\mu}_i^{*m} \equiv \begin{cases} \displaystyle\sum_{j=i}^{N_m} \frac{m_j^m}{M} & i = 1,2,\cdots,N_m \\ 0 \quad i = N_m + 1 \end{cases}$$

$$M = m_0 + \sum_{i=1}^{n} \sum_{j=1}^{N_i} m_j^i$$

式中：$\boldsymbol{l}_i^m$ 为第 m 部机械臂第 i 个臂杆质心到第 i 个旋转关节的矢量；$\boldsymbol{r}_i^m$ 为第 m 部机械臂第 i 个臂杆质心到第 $i+1$ 个旋转关节的矢量。

上述公式中，$\boldsymbol{\rho}_0$ 与文献[56]中的 $-\boldsymbol{r}_{0g}$ 对应；$\boldsymbol{\rho}_k^m$ 与文献[56]中的 $\boldsymbol{r}_{gi}^k$ 对应。

6.4.2.3 协调关系与角动量前馈补偿

为了补偿机械臂运动对平台姿态造成的扰动，本节通过角动量层面的协调关系建立前馈补偿控制。

当系统初始角动量为0，且无外力矩作用时，系统角动量始终为0，由式(6-111)可得

$$\boldsymbol{L}_0 = \boldsymbol{I}_s \boldsymbol{\omega}_0 + \sum_{k=1}^{l} \boldsymbol{I}_{mk} \dot{\boldsymbol{\phi}}^k = \boldsymbol{0} \tag{6-116}$$

式(6-116)给出了平台姿态运动与机械臂运动的协调关系，当平台不受

控制时,机械臂的运动将引起平台的姿态运动,这一运动的幅度取决于机械臂的运行速度和机械臂与平台的惯量比。

因为多条机械臂均要执行运动,所以不能通过式(6-116)设计各机械臂间的运动补偿,而只能通过外力矩作用补偿机械臂运动产生的角动量。为了引入力矩的作用,对式(6-111)进行微分,得到系统角动量的变化与平台控制力矩(控制力对平台质心的矩)的关系为

$$\dot{\boldsymbol{L}}_0+\tilde{\boldsymbol{\omega}}_0\boldsymbol{L}_0=\boldsymbol{t}_0 \tag{6-117}$$

此时选择 $\boldsymbol{L}_0$、$\boldsymbol{\omega}_0$ 和 $\boldsymbol{t}_0$ 均在平台系内表示。为了导出平台控制力矩需补偿的角动量,假设平台在机械臂运动的过程中保持姿态不变,且初始角动量为0,则有

$$\int_0^t \boldsymbol{t}_0\mathrm{d}t=\sum_{k=1}^{l}\boldsymbol{I}_{\mathrm{m}k}\dot{\boldsymbol{\phi}}^k \tag{6-118}$$

式(6-118)给出了平台姿态控制角动量前馈补偿的补偿量。

为了使姿态控制系统能够接受角动量指令,可以在姿态控制回路中增加一个角动量回路,即

$$\boldsymbol{t}_0=\boldsymbol{K}_{\mathrm{m}}\left(\boldsymbol{h}_{\mathrm{d}}-\int_0^t \boldsymbol{t}_0\mathrm{d}t\right) \tag{6-119}$$

式中:$\boldsymbol{h}_{\mathrm{d}}$ 为指令角动量;$\boldsymbol{K}_{\mathrm{m}}$ 为对称正定矩阵。

6.5 空间机器人力控制

针对超近距离下的精细操作,本节研究末端视觉失效、机械臂本体存在定位误差的情况下,机械臂与目标、环境之间进行有效操作的力柔顺控制方法。

机器人运动可分为自由运动和受力运动,前者机器人不和外界接触,如喷漆、焊接等工作,此类运动的控制已取得良好成果。但在实际生产中机器人常常需要和外界接触来完成指定功能,像打磨、钻孔、抓取物体,甚至太空对接。这类工作中,如果系统不能适当控制力就不能完成任务甚至损坏目标,所以进行精确位置控制的同时也必须恰当地控制接触力,这样机器人对外界空间力的变化有力响应的能力,称机器人具有对环境的柔顺性。

6.5.1 机器人与环境的作用关系

当机器人末端工具必须与环境表面接触才能进行某些操作或者完成某

些任务时,机器人与环境的接触力控制就对任务能否成功显得至关重要。当机器人末端与环境接触期间,环境会对机器人末端产生约束,此时,若机器人采用单纯的位置控制往往会造成任务失败。例如,仅使用机器人位置控制完成如抛光、打磨、加工、装配等典型任务时,只有当环境已知、任务具体细节被事先设计时,上述操作任务才有可能被完成,而环境已知、任务具体细节被事先设计的前提是机器人模型(动力学、运动学)与环境模型(几何、刚度)精确已知。虽然机器人模型可以通过多次辨识得到,但是环境的具体细节难以获得。

特别地,在误差存在的条件下,运动误差可能会导致接触力急剧增大,使得末端实际运动与期望运动轨迹背离,但是,控制系统会减小背离,最终导致一种内建接触力,这种内建接触力会一直存在,除非机器人关节控制到位或接触发生时接触部位被损坏。环境刚度越高,机器人位置控制越精确,上述情况发生的可能性越大。但如果机器人在接触时能够保持柔顺特性,那么上述缺点就能够被克服。

接触控制策略大体上可以分为两类:一类是间接力控制;另一类是直接力控制。两种策略的主要区别:前者通过运动控制完成力控制,不需要外在的力反馈闭环;后者通过力反馈闭环得到可能的控制指令,进而控制接触力到达期望值。下面介绍与上述策略相关的柔顺控制、阻抗控制、力控制以及力、位置混合控制。

6.5.2 柔顺控制

当接触发生时,在位置控制架构下考虑系统的行为对详细分析机器人末端操作器与环境的接触关系非常有意义。由于接触通常表述在操作空间,因此通常也表述为操作空间控制架构。

机器人的动力学模型为

$$\boldsymbol{B}(\boldsymbol{q})\ddot{\boldsymbol{q}} + \boldsymbol{C}(\boldsymbol{q},\dot{\boldsymbol{q}})\dot{\boldsymbol{q}} + \boldsymbol{F}\dot{\boldsymbol{q}} + \boldsymbol{g}(\boldsymbol{q}) = \boldsymbol{u} \tag{6-120}$$

设操作空间控制误差为

$$\tilde{\boldsymbol{x}} = \boldsymbol{x}_{\mathrm{d}} - \boldsymbol{x}_{\mathrm{e}} \tag{6-121}$$

选取 Lyapunov 方程,即

$$V(\dot{\boldsymbol{q}},\tilde{\boldsymbol{x}}) = \frac{1}{2}\dot{\boldsymbol{q}}^{\mathrm{T}}\boldsymbol{B}(\boldsymbol{q})\dot{\boldsymbol{\theta}} + \frac{1}{2}\tilde{\boldsymbol{x}}^{\mathrm{T}}\boldsymbol{K}_{\mathrm{p}}\tilde{\boldsymbol{x}} > 0, \forall \dot{\boldsymbol{q}},\tilde{\boldsymbol{x}} \neq 0 \tag{6-122}$$

式中:$\boldsymbol{K}_{\mathrm{p}}$ 为正对称阵矩阵。

对式(6-122)求导,即

$$\dot{V}=\dot{\boldsymbol{q}}^{\mathrm{T}}\boldsymbol{B}(\boldsymbol{q})\ddot{\boldsymbol{q}}+\frac{1}{2}\dot{\boldsymbol{q}}^{\mathrm{T}}\dot{\boldsymbol{B}}(\boldsymbol{q})\dot{\boldsymbol{q}}+\dot{\tilde{\boldsymbol{x}}}^{\mathrm{T}}\boldsymbol{K}_{\mathrm{p}}\tilde{\boldsymbol{x}}>0 \tag{6-123}$$

由于,$\dot{\boldsymbol{x}}_{\mathrm{d}}=0$,因此有

$$\dot{\tilde{\boldsymbol{x}}}=-\boldsymbol{J}_{A}(\boldsymbol{q})\dot{\boldsymbol{q}} \tag{6-124}$$

故

$$\dot{V}=\dot{\boldsymbol{q}}^{\mathrm{T}}\boldsymbol{B}(\boldsymbol{q})\ddot{\boldsymbol{q}}+\frac{1}{2}\dot{\boldsymbol{q}}^{\mathrm{T}}\dot{\boldsymbol{B}}(\boldsymbol{q})\dot{\boldsymbol{q}}-\dot{\boldsymbol{q}}^{\mathrm{T}}\boldsymbol{J}_{A}^{\mathrm{T}}(\boldsymbol{q})\boldsymbol{K}_{\mathrm{p}}\tilde{\boldsymbol{x}} \tag{6-125}$$

进而

$$\dot{V}=-\dot{\boldsymbol{q}}^{\mathrm{T}}\boldsymbol{F}\dot{\boldsymbol{q}}+\dot{\boldsymbol{q}}^{\mathrm{T}}(\boldsymbol{u}-\boldsymbol{g}(\boldsymbol{q})-\boldsymbol{J}_{A}^{\mathrm{T}}(\boldsymbol{q})\boldsymbol{K}_{\mathrm{p}}\tilde{\boldsymbol{x}}) \tag{6-126}$$

因此,机器人控制系统可以写为

$$\boldsymbol{u}=\boldsymbol{g}(\boldsymbol{q})+\boldsymbol{J}_{A}^{\mathrm{T}}(\boldsymbol{q})\boldsymbol{K}_{\mathrm{p}}\tilde{\boldsymbol{x}}-\boldsymbol{J}_{A}^{\mathrm{T}}(\boldsymbol{q})\boldsymbol{K}_{\mathrm{D}}\boldsymbol{J}_{A}^{\mathrm{T}}(\boldsymbol{q})\dot{\boldsymbol{q}} \tag{6-127}$$

当机器人末端与环境接触时,动力学方程可以改写为

$$\boldsymbol{B}(\boldsymbol{q})\ddot{\boldsymbol{q}}+\boldsymbol{C}(\boldsymbol{q},\dot{\boldsymbol{q}})\dot{\boldsymbol{q}}+\boldsymbol{F}\dot{\boldsymbol{q}}+\boldsymbol{g}(\boldsymbol{q})=\boldsymbol{u}-\boldsymbol{J}^{\mathrm{T}}(\boldsymbol{q})\boldsymbol{h}_{\mathrm{e}} \tag{6-128}$$

式中:$\boldsymbol{h}_{\mathrm{e}}$ 为机械臂末端操作工具施加在环境的接触力向量。

因此,可以预见,当 $\boldsymbol{h}_{\mathrm{e}}\neq 0$ 时,基于位置闭环的控制架构无法保证机器人末端操作器到达期望位姿。

事实上,$\boldsymbol{J}_{A}^{\mathrm{T}}(\boldsymbol{q})\boldsymbol{K}_{\mathrm{p}}\tilde{\boldsymbol{x}}=\boldsymbol{J}^{\mathrm{T}}(\boldsymbol{q})\boldsymbol{h}_{\mathrm{e}}$,当假设雅克比矩阵满秩时,可得到 $\tilde{\boldsymbol{x}}=\boldsymbol{K}_{\mathrm{p}}^{-1}\boldsymbol{T}_{A}^{T}(\boldsymbol{x}_{\mathrm{e}})\boldsymbol{h}_{\mathrm{e}}=\boldsymbol{K}_{\mathrm{p}}^{-1}\boldsymbol{h}_{A}$,式(6-128)表明,使用位置控制架构,操作空间内平衡状态下,机器人末端表现同刚度为 $\boldsymbol{K}_{\mathrm{p}}$ 弹簧类似。假设 $\boldsymbol{K}_{\mathrm{p}}$ 为对角矩阵,通过末端雅克比到几何雅克比的转换关系,可以得出力柔顺与构型独立,而力矩柔顺与当前构型相关的结论。另外,如果 $\boldsymbol{h}_{\mathrm{e}}\in \boldsymbol{N}(\boldsymbol{J}^{\mathrm{T}})$,则有 $\tilde{\boldsymbol{x}}=0$ 而 $\boldsymbol{h}_{\mathrm{e}}\neq 0$,即接触力完全被末端机械结构平衡。通过式 $\boldsymbol{h}_{A}=\boldsymbol{K}_{\mathrm{p}}\tilde{\boldsymbol{x}}$,可得机器人末端工具的柔顺表现可以通过虚拟控制得到,这种柔顺表现又可以分为主动柔顺控制与被动柔顺控制。

6.5.3 被动柔顺控制

被动柔顺是利用一些可以使机器人在与环境作用时能够吸收或储存能量的机械器件,如弹簧、阻尼等,而构成的机构。本节介绍一种典型的被动柔顺装置(Remote Compliance Center,RCC)。

RCC 由 MIT Draper 实验室设计[54],是一种基于远端中心柔顺原理的柔

顺性手腕，如图 6-12 所示，其最初的应用场合是在轴孔装配过程中，确保轴安全地插入带有倒角的孔中。远端中心控制柔顺原理的主要特点是能够确定一个柔顺中心点，当轴在此中心点受到来自孔的侧向力时，仅仅产生同向的侧移而不会产生伴随的角位移，当轴受到来自孔的扭矩时，仅仅产生角位移而不会产生伴随的侧移。RCC 手腕的结构可以看作 6 个自由度上的弹簧，弹簧的刚度在任务之前得到调整以确保在中心点处为对角阵。一般来说，RCC 手腕中的弹簧刚度在任务过程中不再改变，这使得其拥有响应速度快、价格低的优点，但是鲁棒性也随之变差。

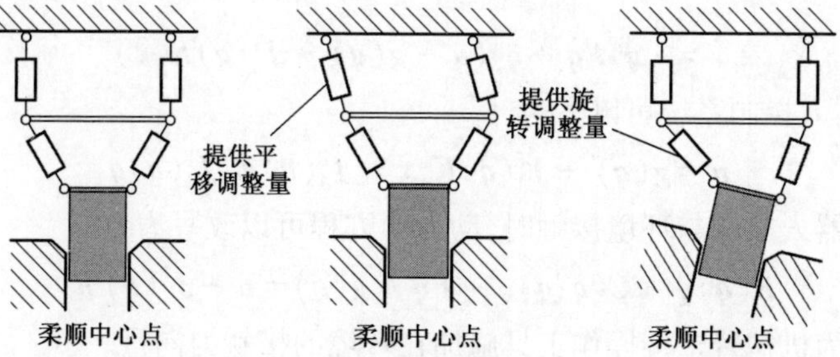

（a）轴孔正常插入　（b）轴受到孔的横向力　（c）轴受到孔的转矩

图 6-12　RCC 结构示意图[58]

由于被动柔顺控制方法不需要力/力矩传感器，因此应用简单，但也存在一定的问题。

（1）无法根除机器人高刚度与高柔顺之间的矛盾。

（2）被动柔顺装置的专用性强，适应能力差，使用范围受到限制。

（3）机器人加上被动柔顺装置，其本身并不具备控制能力，给机器人控制带来了极大的困难，尤其在既需要控制作用力又需要严格控制定位的场合中更为突出。

（4）无法使机器人本身产生对力的反应动作，成功率较低。

6.5.4　主动柔顺控制

为克服被动柔顺控制存在的不足，主动柔顺控制应需而生，成为机器人研究的一个主要方向。主动柔顺通过力传感器或者关节电流检测实现对接触力的估计，并设计相应的控制算法来获得期望的柔顺性能。从机器人实现依从运动的特点来看，一般可归结为四大类，即阻抗控制、力/位混合控制、自适应控制和智能控制。阻抗控制又分为基于力的阻抗控制和基于位置的阻抗控制。

6.5.4.1 阻抗控制

阻抗控制算法首先是由 Hogan 于 1985 年提出的[59]，阻抗控制将力和位置纳入统一控制体系。该控制器的设计必须建立力、位置、速度的阻抗关系式。通过输入力矩值，使机器人输出位置和力，来实现设定的阻抗关系式，因此调节机器人的阻抗参数便是该算法研究的难点和重点之一。阻抗控制力可以表示如下：

$$\boldsymbol{F}_{\exp} = \boldsymbol{M}\ddot{\boldsymbol{E}} + \boldsymbol{B}\dot{\boldsymbol{E}} + \boldsymbol{K}\boldsymbol{E} \tag{6-129}$$

式(6-129)中包含惯性系数 $\boldsymbol{M}$、阻尼系数 $\boldsymbol{B}$、刚度系数 $\boldsymbol{K}$。$\boldsymbol{E}=\boldsymbol{X}_{\mathrm{d}}-\boldsymbol{X}$ 为计算实际反馈回来的位置和输入期望的位置差。阻抗控制可以形象地描述为由导纳性质的外界系统输入到有阻抗性质的设定系统，两者间产生补充的效果，以此来抵消位置和力上的双向偏差。由此可见，导纳的补充量即时反馈在式(6-129)中，实现了阻抗系统和导纳系统的动态平衡。

根据式(6-129)中的阻抗思想，要想使系统达到期望的动态性能，就必须保证控制方程中的惯性系数 $\boldsymbol{M}$、阻尼系数 $\boldsymbol{B}$、刚度系数 $\boldsymbol{K}$ 取到最优值才能使算法精确跟踪上期望的位置。

阻抗控制根据外环和内环控制量的不同，可以分为基于位置的阻抗控制和基于力的阻抗控制两种，如图 6-13 和图 6-14 所示。基于力的阻抗控制策略利用的是内部力控制器来补偿机器人非线性动力学的影响，适用于期望刚度比较低的情况下使用。由于大部分工业机器人都是以位置控制为内部控制结构，也就是说，需要向机器人的控制器输出位置信号，因此基于位置的阻抗控制策略在实际中获得了广泛的应用。基于位置的阻抗控制需要在高阻抗参数的场合中应用，对于小阻抗参数的场合容易引起不稳定的现象。

空间卫星捕获操作的最重要阶段之一是接触阶段。在末端执行器和抓取点间的接触期间，存在通过接触力将目标和机器人彼此推开的风险。相对于惯性坐标系的阻抗控制对于保持与靶的接触是有效的。2007 年，Nakanishi 等提出了一种用于空间操纵器的阻抗控制方法[60]。该阻抗控制是相对于惯性坐标系的，有效保持了与目标的接触。尽管有相对于基座的相对运动，机械臂的末端作动器被控制像一个固定在空间一点上的质量-阻尼-弹簧系统。

近年来，阻抗控制仍是空间机器人柔顺控制研究领域的一大热点。

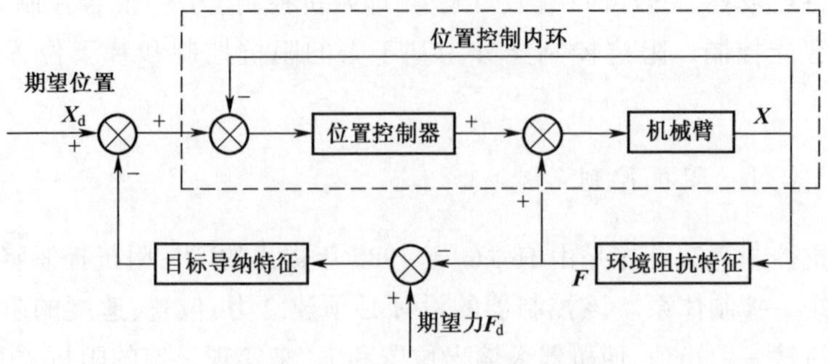

图 6-13　基于位置的阻抗控制框图

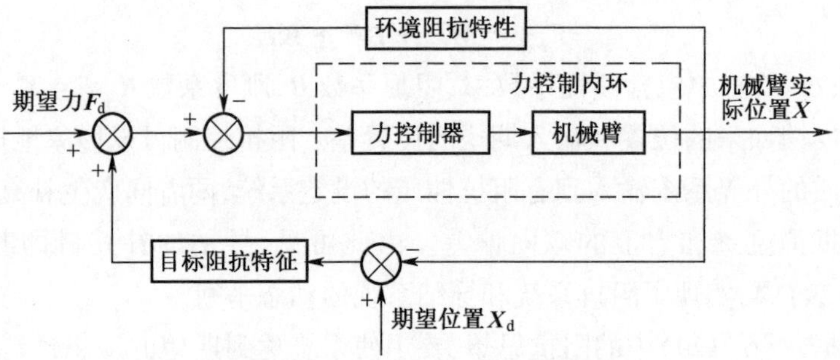

图 6-14　基于力的阻抗控制框图

2016 年，N. Uyama 等提出了一种自由飞行空间机器人的混合阻抗/位置控制方法[61]，用于非合作卫星（目标卫星上没有供抓捕的抓手，且其没有可用的姿态控制）的消旋。这种新型的混合控制方案，在与非机动卫星表面正交的方向上使用基于位置的阻抗控制，保持机器人操纵器的末端与卫星上的所需接触点；而其他方向的 PID 位置控制将末端位置和方向保持在同一个接触点处。该混合控制策略中用到的向量是相对于采用固定在非合作卫星上的参考坐标系中的，如图 6-15 所示。在二维平面中的仿真结果表明，这种混合阻抗/位置的方法可以成功实现非合作卫星的零角速度。

在在轨服务、活动碎片清除和小行星探测等太空任务中，两个机构之间的接触力的控制是任务成功的一个重大挑战，特别是必须采用自主机器人系统时。事实上，接触力和两个物体之间的相对运动必须严格控制，以避免机器人系统，即追踪器卫星和目标卫星的意外碰撞或损坏。控制接触现象的主要方法之一是阻抗控制，即调节机械手的机械阻抗。A. Stolfi 等研究了在执行实际抓捕之前，末端执行器和目标卫星之间保持第一次接触稳定的问题[62]。所选择的方法是阻抗控制算法的改进版本：控制末端执行器以使无论基座的反

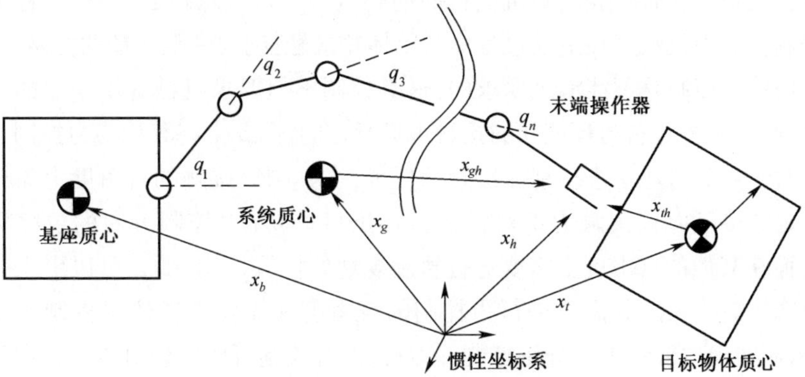

图 6-15　机械臂示意图[61]

应运动如何,末端作动器都表现得像一个质量-弹簧-阻尼系统,以便吸收冲击能量,如图 6-16 所示。对于此类问题,通常科研工作者们采取的方法是考虑点质量目标和一维接触动力学,然而,机械抓手和目标之间的联系可能会对目标的姿态产生扰动。

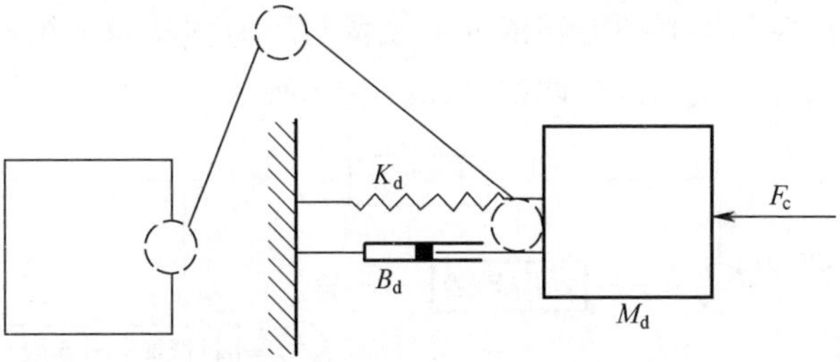

图 6-16　阻抗控制示意图[62]

阻抗控制不会对机械臂基座的行为施加控制。对基座运动要求严格的情况下,这是不可接受的。为解决该问题,一个合适的解决方案是制定一个控制策略,其中阻抗控制包含联合电机,而单独的控制策略应用于基座。用于控制机械臂基座的一种常用方法是 LQR 算法,这是一种需要系统动力学线性化的技术。另一个选择是使用 PD 算法。

6.5.4.2　力/位混合控制

工业中所使用的机械臂,如上料、下料、喷漆等,都只是具有简单的轨迹控制,轨迹控制主要是要求机械臂末端在自由空间中沿某一规定的路径运动,在运动过程中,机械臂末端不与任何外界物体相接触。这类控制主要是以机器人运动学为基础,以机械臂末端或是每个自由度的位置、速度和加速度为期望,设计出适当的控制器,对机械臂的期望轨迹进行跟踪控制,因此常称为位置控制。而当机械臂在运动过程中与物体相接触,则为受限运动的控制,此时仅使用轨迹控制是不能满足要求的,这类控制不但要求机械臂沿一定的轨迹运动,而且还要对它与环境间的接触力进行控制,因此常将其称为力控制。

对于需要与环境进行刚性接触的任务,在其刚性接触的自由度上需要保持一定的接触力且接触力不对机械臂输出机械功(力控制方向的位移可忽略),而在其他的自由度上需要进行轨迹规划的位置控制,那么可以引入一个柔顺选择矩阵来区分需要进行力控制的自由度和需要进行位置控制的自由度,从而实现位置和力的分别控制。力/位混合控制可以实现对机械臂力和位置同时进行控制,也是实现机械臂柔顺控制的重要方法。

机械臂力/位置混合控制是同时实现机械臂末端的接触力和位置跟踪控制,它根据接触力与位置的正交原理,在笛卡儿坐标系下将机械臂末端的运动进行分解:在受约束的方向上进行力控制,在不受约束的方向上进行位置控制。在力控制方向上采用力反馈的形式,对接触力与期望力的偏差进行控制,实现了机械臂末端的作用力跟随期望值变化的效果。当机械臂工作在不同的受限空间上时,控制器必须能够依据机械臂与环境的动力学结构和动力学特性,针对不同的接触状态进行调整,如图 6-17 所示。

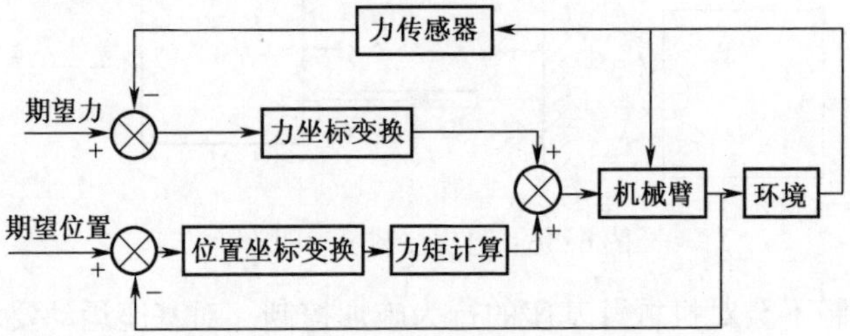

图 6-17　力/位混合控制示意框图

力/位混合控制仍然存在一些问题。

(1) 柔顺选择矩阵是该方案的基础,选择正确的矩阵依赖于环境和具体任务,因此在未知的工作环境中此种方法的使用受到了限制。

(2) 位置控制和力控制对于刚度参数的要求是完全不同的,前者期望高的刚度;后者期望低的刚度,所以一旦任务有所改变,或者与环境的接触情况发生变化,那么控制方法将很难再对机械臂进行精确控制,控制的鲁棒适应性差。

因此,在实际控制的过程中,此种力/位混合控制的方法具有其局限性。

参考文献

[1] 卢山．航天器自主交会的相对轨道动力学与控制研究[D]．北京:北京航空航天大学,2009.

[2] 林来兴．空间交会对接技术[M]．北京:国防工业出版社,1995.

[3] Zimpfer D,Kachmar P,Tuohy S. Autonomous Rendezvous,Capture and In-Space Assembly:Past,Present and Future[R]. AIAA 2005-2523,2005.

[4] 崔乃刚,王平,郭继峰．空间在轨服务技术发展综述[J]．宇航学报,2007,28(4):33-39.

[5] 卢山,徐世杰．发动机失效状态下空间交会的主动防撞设计[J]．宇航学报,2009,30(3):1265-1270.

[6] 朱彦伟,杨乐平．航天器在轨服务接近策略研究[J]．中国空间科学技术,2007(2):14-20.

[7] 刘付成,卢山,孙玥．椭圆轨道航天器导航制导与控制技术[M]．北京:国防工业出版社,2016.

[8] 张玉琨．卫星编队飞行的动力学与控制技术研究[D]．长沙:国防科技大学,2002.

[9] Schaub H. Relative Orbit Geometry Through Classical Orbit Element Differences[J]. Journal of Guidance,Control,and Dynamics,2004,V27(5): 839-848.

[10] 肖业伦．航天器飞行动力学原理[M]．北京:中国宇航出版社,1995.

[11] Alfriend K T,Schaub H,Gim D-W. Gravitational Perturbations,Nonlinearity and Circular Orbit Assumption Effects on Formation Flying Control Strategies. American Astronautical Society,23rd Annual AAS Guidance and Control Conference,AAS 00-012,Feb,2000.

[12] Gim D W,Alfriend K T. State Transition Matrix of Relative Motion for the Perturbed Non-Circular Reference Orbit. Journal of Guidance, Control and Dynamics, 2003, 26 (6): 956-971.

[13] Vadali S R. An Analytical Solution for Relative Motion of Satellites. Conference on Dynamics and Control of Space Systems,Cranfield University,Cranfield UK,July,2002.

[14] 卢山,徐世杰．航天器椭圆轨道自主交会的自适应学习控制策略[J]．航空学报,

2009,30(1):127-131.

[15] Lu Shan, Xu Shijie. Adaptive Control for Autonomous Rendezvous of Spacecraft on Elliptical Orbit[J]. Acta Mechanica Sinica, 2009, 25(4):539-545.

[16] Yan H, Sengupta P, Vadali S R, et al. Development of a State Transition Matrix for Relative Motion using the Unit Sphere Approach. Paper AAS 04-163, 14th AAS/AIAA Space Flight Mechanics Meeting, Hawaii, 2004.

[17] Yamanaka Koji, Ankersen Finn. New State Transition Matrix for Relative Motion on an Arbitrary Elliptical Orbit. Journal of Guidance, Control and Dynamics, 2002, 1(25):60-66.

[18] Alfriend K T, Schaub H. Dynamics and Control of Spacecraft Formations: Challenges and Some Solutions[J]. Journal of the Astronautical Sciences, 2000, V48(2):249-267.

[19] 章仁为. 卫星轨道姿态动力学与控制[M]. 北京:北京航空航天大学出版社,1998.

[20] 李立涛,杨旭,李顺利. 针对非合作目标的中距离相对导航方法[J]. 吉林大学学报:工学版,2008,38(4):986-990.

[21] 何英姿,谌颖,韩冬. 基于交会雷达测量的相对导航滤波器[J]. 航天控制,2004,22(6):17-20.

[22] Badu R, Wang J I, Rao G. Analys is of Ultra-tight GPS/INS Integrated System for Navigation Performance[C]//Piscataway, N J, USA: IEEE, 2008, 234-237.

[23] 王惠南. GPS导航原理与应用[M]. 北京:科学出版社:2003,141-147.

[24] 田少雄,卢山,刘宗明,等. 基于LM算法的相对测量相机非线性标定技术[J]. 上海航天,2015,32(6):30-33.

[25] Liu Z M, Lu S, Zhang Yu, et al. The Error Distribution Modeling for Stereo Vision System [J]. Journal of Beijing Institute of Technology, 2016, 25(S02): 139-142.

[26] Cao S Q, Lu S, Liu Z M, Feature extraction of target docking round face for the space debris removal et al. approaching phase[J]. Journal of Beijing Institute of Technology, 2016, 25(S02): 113-117.

[27] Xing G Q, Shabbir A. Parvez Relative Attitude Kinematics & Dynamics Equations and its Applications To the General Spacecraft Attitude State Tracking Control Problem[J]. 前沿科学,2008.

[28] 郝云彩. 空间自主交会对接光学导航敏感期测量组合技术发展与设计概要[C]. 全国第十二届空间及运动体控制技术学术年会,2006,408-413.

[29] 卢山,徐世杰. 卫星远距离伴飞的变结构控制[J]. 航天控制,2007,25(6):56-61.

[30] 孟云鹤. 近地轨道航天器编队飞行控制与应用研究[D]. 长沙:国防科技大学,2006.

[31] Schaub H, Junkins J L. Analytical Mechanics of Space Systems. AIAA Education Series, 2003.

[32] Quieroz M S D, Kapila V, Yan Q. Nonlinear Control of Multiple Spacecraft Formation Flying. AIAA Paper 99-4270, Aug 1999.

[33] 卢山,徐世杰. 基于 Lyapunov 最小—最大方法的卫星编队飞行队形保持[J]. 航天控制,2009,27(2):30-35.
[34] 杨勤利,卢山,朱思莉. 目标机动情况下的定点伴飞控制方法研究[J]. 上海航天,2014,31(3):11-15.
[35] 卢山,徐世杰. 非合作目标的自主接近控制律研究[J]. 中国空间科学技术,2008,28(5):7-12.
[36] Hablani H B. Multiaxis Tracking and Attitude Control of Flexible Spacecraft with Reaction Jets[J]. Journal of Guidance Control and Dynamics,1994,17(4):831-839.
[37] Long M R, Hall C D. Attitude Tracking Control for Spacecraft Formation Flying. In Proceedings of the Flight Mechanics Symposium, May, 18-20, 1999.
[38] Pan H Z, Kapila V. Adaptive Nonlinear Control for Spacecraft Formation Flying with Coupled Translational and Attitude Dynamics[C]. Proceedings of the 40th IEEE Conference on Decision and Control, Orlando Florida USA, December, 2001.
[39] 陈小前,袁建平,姚雯,等. 航天器在轨服务技术[M]. 北京:中国宇航出版社,2009.
[40] Sebastian G. Modeling the coupled translational and rotational relative dynamics for formation flying control[R]. AIAA 2005-6091, 2005.
[41] Pah K, Kapila V. Adaptive nonlinear control for spacecraft formation flying with coupled translational and attitude dynamics[C]. Proceedings of the 40th IEEE Conference on Decision and Control, 2001, 3:2057-2062.
[42] 吴云华,曹喜滨,张世杰. 编队卫星相对轨道与姿态一体化耦合控制[J]. 南京:南京航空航天大学学报,2010,42 (1):13-20.
[43] Subbarao K, Welsh S. Nonlinear control of motion synchronization for satellite proximity operations[J]. Journal of Guidance, Control, and Dynamics, 2008, 31(5):1284-1294.
[44] 卢山,徐帷,刘宗明,等. 面向高轨航天器的在轨操控技术[J]. 宇航学报,2014,35(4):425-431.
[45] 郭雯婷,卢山. 在轨服务的超近距离姿轨联合控制研究[J]. 上海航天,2015,32(6):17-23.
[46] Lu Shan, Sun Yue, Wu Hailei, et al. Security Approaching Method for Debris Capture Based on Artificial Potential Function[J]. Journal of Beijing Institute of Technology, 2016, 25 (S02):37-40.
[47] Chu Xiaoyu, Zhang Jingrui, Lu Shan, et al. The composite hierarchical control of multi-link multi-DOF space manipulator based on UDE and improved sliding mode control[J]. Acta Astronautica, 2016, 128: 363-376.
[48] 朱仁璋. 航天器交会对接技术[M]. 北京:国防工业出版社,2007.
[49] 冯骁,卢山,侯月阳,等. 多臂空间机器人的视觉伺服与协调控制[J]. 宇航学报,2018,39(2): 206-215.

[50] 侯月阳,卢山,于学文,等. 带有触觉的空间机械臂操控未知载荷特性识别[J]. 宇航学报,2016,37(10):9-15.

[51] 王奉文,侯月阳,贺亮,等.3D 双臂空间机器人广义雅克比矩阵推导与运动学特性分析[J]. 载人航天, 2016,22(1):29-33.

[52] Chu Z Y, Li J C, Lu S. The composite hierarchical control of multi-link multi-DOF space manipulator based on UDE and improved sliding mode control[J]. Journal of Aerospace Engineering, 2015, 229(14): 2634-2645.

[53] 楚中毅,周苗,胡健,等. 主被动复合驱动自适应指爪机构的抓取模式分析[J]. 航空学报,2014,35(12):3451-3458.

[54] Mitsushige O. Motion control of the satellite mounted robot arm which assures satellite attitude stability[J]. Acta Astronautica, 1997, 41(11): 739-750.

[55] Kane T R, Levinson D A. Formulation of Equations of Motion for Complex Spacecraft [J]. Guidance, Control and Dynamics, 1980, 3(2):99-112.

[56] Yoshida K. Practical coordination control between satellite attitude and manipulator reaction dynamics based on computed momentum concept[C]. Intelligent Robots and Systems' 94. 'Advanced Robotic Systems and the Real World', IROS'94. Proceedings of the IEEE/RSJ/GI International Conference on. IEEE, 1994, 3: 1578-1585.

[57] Papadopoulos E G. Large payload manipulation by space robots[C]. IEEE/RSJ International Conference on Intelligent Robots and Systems'93, IROS. IEEE, 1993, 3:2087-2094.

[58] 董晓星. 空间机械臂力柔顺控制方法研究[D]哈尔滨:哈尔滨工业大学,2013.

[59] Hogan N. Impedancecontrol: An approach to manipulation: Part II Implementation[J]. Journal of dynamic systems, measurement and control, 1985, 107: 8-16.

[60] Nakanishi H, Yoshida K. Impedance control for free-flying space robots-basic equations and applications[C]. Intelligent Robots and Systems, 2006 IEEE/RSJ International Conference on. IEEE, 2006: 3137-3142.

[61] Uyama N, Narumi T. Hybrid Impedance/Position Control of a Free-Flying Space Robot for Detumbling a Noncooperative Satellite [J]. IFAC - PapersOnLine, 2016, 49 (17): 230-235.

[62] Stolfi A, Gasbarri P, Sabatini M. A combined impedance-PD approach for controlling a dual-arm space manipulator in the capture of a non-cooperative target[J]. Acta Astronautica, 2017, 139: 243-253.